国际制造业经典译丛

面向产品设计的制造工艺解决方案

——162种工艺实例

（原书第3版）

［英］克里斯·莱夫特瑞（Chris Lefteri） 著

庄新村 韩先洪 译

机械工业出版社

本书从产品设计的角度出发，针对来自14个国家75种具有不同特征的产品，介绍了162种制造工艺。全书共分9章，分别介绍了6种固态切割加工工艺、20种板材加工工艺、10种连续长度材料的加工工艺、19种薄壁中空件加工工艺、11种其他态转固态的材料加工工艺、16种具有复杂形状和表面的制品的加工工艺、微模电铸等14种新工艺、40种表面处理技术，以及26种连接技术。

全书涵盖了所有与大规模和批量生产有关的近现代制造技术，覆盖面之广超出了绝大部分同类书籍。书中所介绍的各类技术均包括工艺总结、产量、单价与投资成本、加工速度、表面质量、形状类型/复杂程度、尺寸规格、精度、相关材料、典型产品、类似方法、可持续问题等内容，且图文并茂，好读易懂。

本书适用面广，可供产品设计人员、制造人员使用，也可供需要了解产品制造技术的管理人员、投资人员阅读，还可供高等院校相关专业师生参考。

Making It: Manufacturing Techniques for Product Design, 3rd Edition
by Chris Lefteri
Copyright © Text 2019 Chris Lefteri and Central Saint Martins College of Art & Design
First published in Great Britain in 2007
Second edition published 2012
Third Edition published 2019
Simplified Chinese Translation Copyright © 2025 China Machine Press. This edition is authorized for sale in the Chinese mainland (excluding Hong Kong SAR, Macao SAR and Taiwan).
All rights reserved.

此版本仅限在中国大陆地区（不包括香港、澳门特别行政区及台湾地区）销售。未经出版者书面许可，不得以任何方式抄袭、复制或节录本书中的任何部分。
北京市版权局著作权合同登记　图字：01-2023-4749号。

图书在版编目（CIP）数据

面向产品设计的制造工艺解决方案：162种工艺实例：原书第3版/（英）克里斯·莱夫特瑞（Chris Lefteri）著；庄新村，韩先洪译. -- 北京：机械工业出版社，2025.4. --（国际制造业经典译丛）. -- ISBN 978-7-111-78045-8

Ⅰ. TH16
中国国家版本馆CIP数据核字第2025G4W497号

机械工业出版社（北京市百万庄大街22号　邮政编码100037）
策划编辑：孔　劲　　　　　责任编辑：孔　劲　王春雨
责任校对：韩佳欣　刘雅娜　　封面设计：马精明
责任印制：任维东
北京宝隆世纪印刷有限公司印刷
2025年7月第1版第1次印刷
169mm×239mm·19.25印张·461千字
标准书号：ISBN 978-7-111-78045-8
定价：129.00元

电话服务　　　　　　　　　　网络服务
客服电话：010-88361066　　　机　工　官　网：www.cmpbook.com
　　　　　010-88379833　　　机　工　官　博：weibo.com/cmp1952
　　　　　010-68326294　　　金　　书　　网：www.golden-book.com
封底无防伪标均为盗版　　　　机工教育服务网：www.cmpedu.com

引言

未知世界总是那么让人好奇，指引我们探索各种奥秘，挖掘现实世界所隐藏的本质。在儿时，电视节目让我们了解了巧克力曲奇和牛奶瓶是如何被生产出来的。如今，旅行者们喜欢参观家庭手工业作坊，观看手工艺品的制作过程。更有甚者，喜欢去观看DVD的"影片花絮"，以发现制片人的影片特效技巧为乐趣。对于设计师们而言，他们更是不停地在探索新旧方法之间的转变与融合，并将这些技术应用于设计领域。

现如今，已有机器每分钟可制造2000个灯泡，有的机器可生产出极其细小的柔性光缆。这些机器的发明总是令作者无比惊奇，感慨它们的产生根源。究竟是怎样一种创新思想，孕育了这些工艺：将热黏的熔融态玻璃悬浮在塔楼内，以非常慢的速率滴落，从而在拉应力的作用下制成管壁厚度小于1mm的光学玻璃纤维；或者是以每分钟300个的速度将钢丝弯成"宝石牌"回形针；又或者是那种带涡旋色彩玻璃球的制作工艺，所制成的玻璃球样式各异。不过，这些特殊物品都只针对特定的生产工艺，这不是本书要讲的内容。本书致力于阐述与任意给定物体的生产制造所相关的方法，简言之，就是介绍与工业设计相关的方法。

自第1版出版至今，工业界出现了许许多多的创新发明，其中一部分内容被挑选了出来，在本版（以下简称本书）中做了介绍。有些方法是高度专业化的，如电磁成形；有些是古老方法的再评估，如工业折叠；还有一些是多种工艺的组合，如挤注成型，它结合了注射成型和挤压成型两种工艺的特点。此外，还有一些现有生产方法的特殊应用，如Marcel Wanders的斯帕克林椅子，使用于塑料瓶产业的注射吹塑成型工艺得到了极大提升，可用于家具制作。

我们一直在寻求更具可持续性的设计方法。为阐述能源利用、物质匮乏以及良心制造的重要性，作者在本书中增加了一些细节内容，以便于读者对这些复杂体系及考虑的关键点有所了解。此外，本书还增加了一个关于精加工技术的全新章节，很多时候产品通过着色、喷涂或者是功能叠加，会很容易带来创新。本书第6页到第13页给出了各种技术关键因素（如产量）的快速导览，使得读者对这些技术能有一个直观的比较，并能快速获取相应的核心信息。

本书的目的是在工业设计的范畴内探索隐藏在产品设计背后的故事。通过深入机器世界，探索集成的创新性工艺是如何将液体、固体、板材、粉末以及大块的金属变成三维形状的产品的。作者试图通过一种全新的方式，聚焦这些方法在用于大规模生产时的内在特质，并将这些方法呈现给大家。本书意在鼓舞设计师们将生产作为设计的一个创新环节而非仅仅是一种方法，从而制造出更好的产品。

本书汇集了现存的工程领域技术手册、贸易杂志以及协会网站中的相关信息，将其整理成适用于设计师们的指导手册，以便他们能够快速了解产品制造领域的相关知识。从某种意义上而言，本书作者希望在产品变革这一重要时刻,向读者呈现所有与大规模和批量生产相关的方法。旧的制造观念正在被设计工业界重新审视,每天都会有新的可能出现,它们正高度影响着我们制造、选择和消费产品的方式。过去,设计更多地以制造从属物的形式出现,创意受限于成形以及成本方面的约束。尽管目前在大多数情况下上述问题依然存在,但是制造工艺已越来越多地被设计师们视为一种设计工具,将新材料和新概念引入新的制造方法,并按预期的产量进行试生产。

书中给出的一部分例子反映了在某个发展阶段设计师和制造商们的新工具并非是自然界的工具,而是工厂的设施。以 Malcolm Jordan 的曲面制品为例,它在某种程度上引领了一种全新的木料成型方法。此外,作者增加了一些非传统的工艺方法,这些方法可能无法适用于那些大规模生产的产品,但它能指引一些新的发展方向,形成一些工业化生产技术与手工业方法相结合的思路,以及小型常规设备重组的指导方案。

在工业革命之前,手工业产品通常受周边地形地貌的影响。以陶瓷为例,它的设计与制造主要在富含黏土的地域,如英国西北部特伦特河畔的斯托克城,这里是 Wedgwood 和其他不计其数的陶瓷工厂的诞生地。与之类似,拥有大量林地的地域通常会有大量专业化的家具生产群体。材料取自本地资源,技术逐步形成并代代相传。全球化经济打破了这一现象,给地域化群体带来了很大的冲击。然而,如今技术的发展又重新将生产控制权交回到了小型手工业者和消费者手中。很多时候,这种回归是由新产品和新技术驱动的。有些时候,是由于人们跨越了机器的使用范畴,从而生产出了意料之外的产品。利用简易喷墨打印机进行原型制造就是一个典型的例子。

这类产品或技术的重新使用是革新的重要组成部分。人们不停地进行试验,把事物混合并加以交换,不断突破传统。这种创造的欲望正处于全速前行的状态。如果说旧时代的手工业者采用手工工具实现材料成形的

话,那么现在的工具则是机器。只要花费约100英镑,就可以购得一台喷墨打印机,安装好墨盒后,接着就可以开始运行,利用 CAD 数据驱动来生成全新的东西。最初人们在进行造物时,先是从某种程度上弄清楚所捡木头的特性,然后将其劈成可用的物品。如今,对于许多人而言,木头变成了喷墨打印机,或是某种技术,通过将其拆解或更多时候是打乱,从而创造出大量的产品。

这类技术中最为独特的当属用喷墨打印机来构建活体组织。来自世界各地的多个科学家团队正在开展这项工作。根据已有认知,细胞靠在一起的时候会结合在一起,因此,在制备组织时需要使用一种可逆的热塑性凝胶作为细胞的支架。来自南卡罗莱纳医科大学的研究团队就是利用这种凝胶来布置细胞的。这种凝胶本身就很有意思,它能在温升等刺激下瞬间从液体变为胶状。基于此,所制成的组织可以被植入躯体,利用凝胶来支撑。这些凝胶随后会溶解。

不过,本书的核心内容仍是大规模工业化生产技术,有些已经非常成熟,有些则是全新的。为便于读者使用这些技术,需要涉及它们的方方面面,并以一种与设计相关的方式呈现给读者,以此触发创新思想,并将某种技术应用到新的领域或工业中。本书的结构和内容安排非常直观,可供需要初步了解产品制造的读者使用。期待本书能给读者带来全新的视角,并对消费者世界背后的领域有更为深入的认识。

如何来使用本书?

本书按照各种工艺所能制造的产品形状来分配每个章节的内容。书中的内容虽然无法解答读者关于各种加工工艺的所有问题,但是通过文字、图表、产品以及生产这些产品过程中的图片,对每一种工艺都做了清晰而直观的介绍,其中,用图表的形式概述地给出了工艺原理以及生产出最终产品的具体步骤。需要说明的是,书中对于制图的精度未做考虑。

本书对每种工艺分两个部分进行了介绍。第一部分是特定工艺的总结，第二部分是该工艺相关的关键信息列表。

赞成和反对的理由

书中对每种生产方法进行了注解，读者可快速了解其关键信息。

产量

书中还给出了不同工艺方法适用的产量范围，从一次性原型制造到几十万件不等。

单价与投资成本

当指定某种特定生产方法时，主要的依据之一是了解其所需的初始投资成本。从塑料成型方法（如各种注射成型）到CAD驱动的方法（无须工装且准备成本极低），初始投资成本的差异会很大。

加工速度

加工速度是了解生产规模以及一定时间内所能生产产品数量的重要因素。例如，如果你想生产10000个玻璃瓶，那么每小时可生产5000个玻璃瓶的自动化玻璃吹制成型工艺就不适合了，因为生产准备以及工装成本无法接受如此短的生产时间。

表面质量

简单描述了可以通过某种特定工艺所能获得的产品表面质量类型。不同的工艺之间差异很大，意味着有些时候需要使用二次加工工艺来获取想要的表面质量。

形状类型/复杂程度

这一部分内容提供了有关影响产品形状及设计细节的限制性的指导建议。

尺寸规格

这部分给出了由特定工艺制造出的产品的尺寸规格。有时候会有一些令人惊奇的情况，例如有的旋轮可旋压成形直径达3.5m的金属板。

精度

工艺所能获得的精度通常取决于材料。例如，金属机械加工或塑料注射成型可以获得高度可控的精度。然而，某些陶瓷加工工艺则难以取得高精度的成品尺寸。这部分内容就是提供类似精度的范例。

相关材料

这部分内容给出了相关工艺能够成形的材料类型和范围。

典型产品

提供了典型的采用该生产方法得到的产品和行业的列表。"典型"这个词是经过深思熟虑的，因为列表中的例子有限，但已足以说明该工艺。

类似方法

与本书所介绍的其他类似工艺进行了关联，可用作所描述工艺的替代工艺。

可持续问题

简要总结了可持续性发展领域的几个关键问题。有利于读者综合能源利用、有毒化学物质和材料消耗等方面的信息，做出更为可靠的决定。

更多信息

给出了可供扩展阅读的网站资源。其中包括本书的一些资料来源。此外，还有一些可访问的相关协会信息。

工艺对比

下表便于用户比较不同的工艺，找出最适合用户产品的生产工艺。工艺顺序的安排完全按照章节的排序方式。查阅每个章节即可获取相关工艺的详细信息。

程度		*= 低 **= 中 ***= 高	投资成本	小时产量	表面质量
1. 固态切割 ——用切割工具进行制品的加工	机械加工		*	*/**	***
	计算机数控（CNC）切割		*	*/**	***
	电子束加工（EBM）		**	*	*
	车削		*	*/**	**
	旋坯成形和盘车拉坯成形		*	**/***	***
	等离子弧切割		*	**/***	***（边部表面质量）
2. 板材 ——以板材为原料的制品的加工	化学蚀刻		*	***	**
	模切		**	**	**（边部表面质量）
	水射流切割		*	*/**	**（边部表面质量）
	电火花线切割（EDM）		*	*/**	**
	激光切割		*	*/**	**（木材）/***（金属）
	氧乙炔焰切割		*	**	*
	板料成形		**/***	*/**	*
	热弯玻璃		***	*	***
	钢板电磁成形		***	***	***
	金属旋压		**	*/**	*
	金属切割		**	***	*
	工业折叠		*/**/***	*/**/***	***
	热成型		*/**/***	*/**/***	**（取决于模具）
	爆炸成形		**	*/**/***	*
	铝板超塑成形		***	**	**
	钢的无模内压成形		*	**	**
	金属胀形		*	**	***

形状类型	尺寸 S= 小 M= 中等 L= 大	精度	相关材料
固态络合物	S、M、L	***	木材、金属、塑料、玻璃、陶瓷
固态络合物，基于CAD可生成的任何形状	S、M、L	***	几乎所有材料
固态络合物，基于CAD可生成的任何形状	S、M	***	几乎所有材料（高熔点会降低加工速度）
对称	S、M	***（金属） **（其他材料）	陶瓷、木材、金属、塑料
固态	S、M	*	陶瓷
板材	S、M、L	**	导电金属
板材	S、M	***	金属
板材	S、M	***	塑料
板材	S、M、L	**	玻璃、金属、塑料、陶瓷、石材、大理石
板材	S、M、L	***	导电金属
板材	S、M	***	金属、木材、塑料、纸、陶瓷、玻璃
板材	S、M、L	**	黑色金属、钛
板材	S、M、L	**	金属
板材	S、M、L	*	玻璃
板材		***	磁性金属
板材	S、M、L	*	金属
板材	S、M、L	***	金属
板材/复杂形状	S、M、L	***	金属、塑料、复合材料
板材	S、M、L	**	热塑性
复杂形状	S、M、L	***	金属
板材/复杂形状	S、M、L	**	超塑性铝材
中空	M、L	*	金属
板材	S、M、L	***	金属、塑料

程度		投资成本	小时产量	表面质量
*= 低 **= 中 ***= 高				
	胶合板弯曲	**/***	*/**/***	*/**/***（取决于木材）
	胶合板深度三维成型	***	***	*
	胶合板模压成型	**	*	***
3. 连续——由连续长度的材料所制成的制品的加工	压延	***	***	***
	吹塑薄膜	***	***	***
	挤注成型	***	***	***
	挤压成型®	*	*	***
	拉挤成型	**	*	**
	拉挤复合成型™	**	***	**
	辊压成形	***	***	***
	旋转锻造	*	**/***	***
	预弯成形金属丝编织	*	*/**/***	**
	单板剪裁	N/A	N/A	**
4. 薄壁中空——薄壁中空制品的加工	手工吹制玻璃	*/**/***	*/**	***
	烧拉玻璃管	*	*/**/***	***
	机吹玻璃吹制成型	***	**/***	***
	机压玻璃吹制成型	***	**/***	***
	塑料吹塑成型	***	***	***（分型线可见）
	注射吹塑成型和注拉吹塑成型	***	***	***
	挤出吹塑成型和共挤吹塑成型	***	*	***
	浸渍成型	*	**/***	*
	旋转铸塑	**	**/***	**
	注浆成型	*/**（取决于零件数量）	*/**/***	**
	金属液压成形	***	***	*/**（取决于材料）
	反向冲击挤压	*	*/**	**
	纸浆成型	***	***	*
	接触成型	***	*	**/***（取决于方法）
	真空浇注工艺（VIP）	**	*	***

形状类型	尺寸 S= 小 M= 中等 L= 大	精度	相关材料
板材	M、L	*	木材
板材	S、M	*	薄木片
板材	S、M	N/A	薄木片
板材	L	N/A	织物、复合材料、塑料、纸
板材 / 管材	L	***	LDPE、HDPE、PP
连续 / 复杂形状	S、M、L	***	木材、塑料、金属
板材 / 复杂形状 / 连续	M、L	***	塑料、木质塑料、复合材料、铝、铜、陶瓷
等厚度的任意形状	S、M、L	***	含玻璃碳纤维的热固塑料
各种连续挤出截面	L	***	含玻璃、碳或芳族聚酰胺的热固性塑料
板材	M、L	**/***（取决于厚度）	金属、玻璃、塑料
管材	S、M	**	韧性金属
板材	M、L	N/A	可编织合金，主要是不锈钢或镀锌钢
板材 / 连续	M、L	N/A	木材
任意形状	S	*	玻璃
对称	S、M	*	硼玻璃
简单形状	S、M	*	玻璃
简单形状	S、M	**	玻璃
简单圆形	S、M、L	***	HDPE、PE、PET、VG
简单形状	S	***	PC、PET、PE
复杂形状	S、M	**	PP、PE、PET、PVC
软、柔、简单形状	S、M	*	PVC、乳胶、聚亚安酯、弹性体
任意形状	S、M、L	*	PE、ABS、PC、NA、PP、PS
涵盖简单到复杂的形状	S、M	*	陶瓷
管材，T 形截面	S、M、L	***	金属
对称	S、M	***	金属
复杂形状	S、M、L	**/***（取决于工艺）	纸：报纸和纸板
开口薄壁截面	S	*	碳、芳族聚酰胺、玻璃纤维和天然纤维、热固塑胶
复杂形状	M、L	*	树胶、玻璃纤维

程度		*= 低 **= 中 ***= 高	投资成本	小时产量	表面质量
4. 薄壁中空 ——薄壁中空制品的加工	高压釜成型		**	**	*/**（如果使用凝胶）
	缠绕成型		*	*/**/***	**（需要精加工）
	离心铸造		*/**/*** （取决于模具材料）	*/**	*/**（取决于工艺）
	电铸		*	*	***
5. 其他态转固态 ——将材料转变为固态制品的加工	烧结		**/***	**	***
	热等静压（HIP）		**	*	***
	冷等静压（CIP）		**	*	**
	模压成型		**	***	***
	传递模塑成型		**/***	***	***
	发泡成型		***	***	*
	胶合板壳发泡成型		**	**	N/A
	膨胀木材法		*	*	N/A
	锻造		*/**/***	*/**/***	*
	粉末锻造		***	**/***	**
	精密铸造原型（pcPRO®）		*	*	*
6. 复杂 ——具有复杂形状和表面的制品的加工	注射成型		***	***	***
	反应注射成型（RIM）		***	**	***
	气体辅助注射成型		***	***	***
	Mucell® 微发泡注射成型		***	***	***
	嵌件成型		***	***	***
	多重注射成型		***	***	***
	模内装饰		***	***	***
	模外装饰		***	***	***
	金属注射成型（MIM）		***	**	***
	高压压铸		***	***	***
	陶瓷注射成型（CIM）		***	**	***
	熔模铸造		***	**	***
	砂型铸造		*	**	*
	玻璃压制		**	***	**
	压力辅助注浆成型		***	***	***
	黏塑性加工（VPP）		***	***	***

形状类型	尺寸 S=小 M=中等 L=大	精度	相关材料
简单形状	S、M、L	*	纤维和热固性聚合物
中空对称	L	***	纤维和热固性聚合物
管状	S、M、L	***（取决于工艺）	金属、玻璃、塑料
复杂形状	S、M、L	***	可电镀合金
复杂形状/固体	S、M	**	陶瓷、玻璃、金属、塑料
复杂形状/固体	S、M、L	**	陶瓷、金属、塑料
复杂形状/固体	S、M	**	陶瓷、金属
固体	S	**	陶瓷、塑料
复杂形状/固体	M、L	***	热塑性复合材料
复杂形状/固体	S、M、L	**	塑料
固体	M、L	**	木材、塑料
固体	M、L	**	木材、塑料
固体	S、M、L	*	金属
复杂形状/固体	S、M、L	**	金属
复杂形状/固体	S	***	塑料
复杂形状	S、M	***	塑料
复杂形状	S、M、L	***	塑料
复杂形状/固体	S、M、L	***	塑料
复杂形状	S、M、L	***	塑料
复杂形状	S、M	***	塑料、金属、复合材料
复杂形状	S、M	***	塑料
复杂形状	S、M	***	塑料、金属、复合材料
复杂形状	S、M	***	塑料、金属、复合材料
复杂形状	M	***	金属
复杂形状	S、M、L	***	金属
复杂形状	S、M、L	***	陶瓷
复杂形状	S、M、L	***	金属
复杂形状	S、M、L	*	金属
中空	S、M、L	***	玻璃
中空	S、M、L	**	陶瓷
复杂形状	S、M、L	**	陶瓷

程度		*= 低 **= 中 ***= 高	投资成本	小时产量	表面质量
7. 先进 ——先进的加工技术	喷墨打印		*	*	**
	纸基快速原型		*	*	*
	轮廓工艺		*	*	*
	立体光刻（SLA）		*	*	*
	微模电铸		*	***	***
	选择性激光烧结（SLS）		*	*	*
	用于纤维缠绕的 Smart Mandrels™ 工艺		**	*	N/A
	金属板料渐进成形		*	**	***
	3D 针织		*	***	N/A
	数字光合成		*	**	***
	用于活性材料的 FDM 工艺		*	*	*
	多射流熔融		*	*	**
	多喷头打印		*	*	***
	快速液体打印		*	*	*

形状类型	尺寸	精度	相关材料
	S= 小		
	M= 中等		
	L= 大		
板材	S	***	其他材料
复杂形状	S	***	其他材料
复杂形状	L	***	陶瓷、复合材料
复杂形状	S、M	***	塑料
平板	S	***	塑料
复杂形状	S、M	***	金属、塑料
中空	S、M、L	**	塑料
板材	S、M、L	*	金属
复杂形状	S、M	**	
复杂形状	S、M	***	
复杂形状	S、M	***	
复杂形状	S、M	***	
复杂形状	S、M	***	
复杂形状	S、M	***	

目录

- 3　引言
- 6　工艺对比

16　1：固态切割——用切割工具进行制品的加工

- 18　机械加工
- 21　计算机数控（CNC）切割
- 24　电子束加工（EBM）
- 26　车削
- 29　旋坯成形和盘车拉坯成形
- 33　等离子弧切割

36　2：板材——以板材为原料的制品的加工

- 38　化学蚀刻
- 40　模切
- 42　水射流切割
- 44　电火花线切割（EDM）
- 46　激光切割
- 48　氧乙炔焰切割
- 50　板料成形
- 52　热弯玻璃
- 54　钢板电磁成形
- 56　金属旋压
- 59　金属切割
- 61　工业折叠
- 64　热成型
- 67　爆炸成形
- 70　铝板超塑成形
- 73　钢的无模内压成形
- 76　金属胀形
- 78　胶合板弯曲
- 81　胶合板深度三维成型
- 84　胶合板模压成型

86　3：连续——由连续长度的材料所制成的制品的加工

- 88　压延
- 90　吹塑薄膜
- 92　挤注成型
- 94　挤压成型®
- 97　拉挤成型
- 100　拉挤复合成型™
- 102　辊压成形
- 104　旋转锻造
- 106　预弯成形金属丝编织
- 110　单板剪裁

112　4：薄壁中空——薄壁中空制品的加工

- 114　手工吹制玻璃
- 116　烧拉玻璃管
- 118　机吹玻璃吹制成型
- 122　机压玻璃吹制成型
- 125　塑料吹塑成型
- 127　注射吹塑成型和注拉吹塑成型
- 130　挤出吹塑成型和共挤吹塑成型
- 132　浸渍成型
- 135　旋转铸塑
- 138　注浆成型
- 141　金属液压成形
- 144　反向冲击挤压
- 147　纸浆成型
- 150　接触成型
- 152　真空浇注工艺（VIP）
- 154　高压釜成型
- 156　缠绕成型
- 159　离心铸造
- 162　电铸

164　5：其他态转固态——将材料转变为固态制品的加工

- 166　烧结
- 168　热等静压（HIP）
- 170　冷等静压（CIP）
- 172　模压成型
- 174　传递模塑成型
- 176　发泡成型
- 179　胶合板壳发泡成型
- 182　膨胀木材法
- 185　锻造
- 188　粉末锻造
- 190　精密铸造原型（pcPRO®）

192	**6：复杂——具有复杂形状和表面的制品的加工**	278	功能
		278	i-SD 系统
		278	模内装饰技术
194	注射成型	279	自愈合涂层
197	反应注射成型（RIM）	279	防液涂层
199	气体辅助注射成型	280	陶瓷涂层
201	MuCell® 微发泡注射成型	280	粉末涂层
204	嵌件成型	281	磷酸盐涂层
207	多重注射成型	281	热喷涂
210	模内装饰	282	表面硬化
212	模外装饰	282	高温涂层
214	金属注射成型（MIM）	283	厚膜金属化
217	高压压铸	283	防护涂层
220	陶瓷注射成型（CIM）	284	喷丸
222	熔模铸造	284	等离子弧喷涂
226	砂型铸造	285	镀锌
229	玻璃压制	285	去毛刺
232	压力辅助注浆成型	286	化学抛光
234	黏塑性加工（VPP）	286	金属蒸镀
		287	汽蒸
236	**7：先进——先进的加工技术**	287	酸洗
		288	不粘涂料（有机）
238	喷墨打印	288	不粘涂料（无机）
240	纸基快速原型	289	装饰与功能
242	轮廓工艺	289	镀铬
244	立体光刻（SLA）	289	阳极氧化
248	微模电铸	290	收缩性薄膜包装
250	选择性激光烧结（SLS）	290	浸涂
253	用于纤维缠绕的 Smart Mandrels™ 工艺	291	陶瓷上釉
255	金属板料渐进成形	291	搪瓷
258	3D 针织		
260	数字光合成	292	**9：连接**
262	用于活性材料的 FDM 工艺		
264	多射流熔融	294	连接方法
266	多喷头打印	296	金属包覆
268	快速液体打印	296	UV 粘合
		297	高频 (HF) 焊接
270	**8：表面加工工艺**	297	超声波焊接
		298	点焊
272	装饰	298	气焊
272	染料升华印染	299	电弧焊
272	真空金属喷涂	299	氩弧焊
273	植绒	300	钎焊
273	酸蚀	300	摩擦焊（线性和旋转）
274	激光雕刻	301	等离子表面处理
274	丝印	301	塑料和金属的纳米粘合
275	电解抛光	302	激光焊
275	移印	302	热塑性焊接
276	绒面涂料	303	搅拌摩擦焊
276	热箔冲印	303	摩擦点焊
277	包覆成型	304	黏合剂粘合
277	喷砂	305	纺织品连接技术
		305	组装

1:

固态切割

——用切割工具进行制品的加工

- 18　机械加工
- 21　计算机数控（CNC）切割
- 24　电子束加工（EBM）
- 26　车削
- 29　旋坯成形和盘车拉坯成形
- 33　等离子弧切割

本章介绍了一些历史悠久的材料加工工艺。这类工艺有一个显而易见的共同点，即利用工具进行材料的切割、成形和去除。如今，这类工艺中最为棘手的部分已逐渐由计算机辅助设计驱动的自动化设备来实施。这类设备可以毫不费力地切开大多数材料，为快速原型技术的开发提供了新的途径，同时可很大程度地替代那些长期致力于某些产品制造的工匠们。

机械加工
（包括：车削、镗削、面切削、钻孔、铰孔、铣削和拉削）

　　机械加工属于生产制造的一个分支，属于有屑成形的一类，泛指任何会产生材料切屑的切割技术。所有的机械加工工艺有一个共同点，即它们都包含某种形式的切割操作。机械加工可用作后成形方法，也可用于精加工，如添加螺纹这类次要的细节特征。

　　就"机械加工"这个术语本身而言，它涵盖了许多不同的工艺方法。这些工艺方法包含采用多种形式的机床来切割加工材料，如车削、镗削、面切削和车螺纹等。所有这些操作均涉及切割刀具与旋转中的材料表面相接触的现象。车削（见第26页）通常用于加工外表面；而镗削则用于加工内部型腔；面切削则可利用切割刀具加工旋转工件的平直端面，这种方法可用于清理端面；也可用于去除多余的材料。车螺纹可采用尖的、边缘呈锯齿状的刀具在预钻的孔内加工出螺纹。

产品	迷你镁光（Mini Maglite®）手电筒
设计师	Anthony Maglica
材质	铝
生产商	Maglite Instruments Inc.
产地	美国
日期	1979年

　　这款具有独特工程设计美学属性的镁光手电筒在制造过程中使用了多种金属切削成形技术，特别是车削技术。手柄处的纹理图案是由滚花工艺制成的。

– 产量

产量随生产类型而变化。但是，当利用计算机数控（CNC）自动铣削和车削进行生产时，可利用多个切割工具对多个工件进行同时加工，因此具有相当高的产量。单个零件的手工加工也可参与到这类大规模技术集成当中。

– 单价与投资成本

通常情况下，这里不考虑工具成本，但从设备上安装与拆卸工件会降低生产率。尽管如此，短流程特性依然使该工艺具有良好的经济性。计算机数控自动化铣削和车削通过CAD文件实现了工艺的自动化，可用于加工复杂形状的零件，并用于小批量或大批量生产。尽管标准切割工具能够适用于大部分的加工任务，但有时候仍需定制特殊的切割工具，这会使得成本上升。

– 加工速度

加工速度取决于特定的工艺。

– 表面质量

广义而言，机械加工也包含抛光，因而无须后处理就能得到很好的表面质量。切割工具还可用于加工工程上平整度要求极高的平面。

– 形状类型/复杂程度

车削加工时，由于工件围绕固定中心旋转，所以在车床上加工的零件都是轴对称的。对于铣削而言，零件从毛坯金属块开始，因而可以加工更为复杂的形状。

– 尺寸规格

机械加工零件的尺寸范围可以从细小的手表零件到大型涡轮机。

– 精度

机械加工可获得非常高的精度，常规公差可达到0.01mm以内。

– 相关材料

机械加工常用于金属材料的加工，但也适用于塑料、玻璃、木材甚至陶瓷的加工。就陶瓷而言，存在一些特殊设计的玻璃陶瓷，它们既可进行机械加工，也适用于新的加工方法。这其中，Macor是一个知名品牌。此外，由总部位于美国的Mykroy公司研制出来的一种玻璃云母Mycalex，也可以进行机械加工，从而无须进行烧制。

– 典型产品

常用于活塞、螺杆和涡轮这类工业零件，以及其他大大小小不同行业的零件。合金轮毂通常需要进行表面精加工。

– 类似方法

"机械加工"这个术语的内涵非常宽泛，它本身就是一系列方法的集合。传统车削可由动态车削（见第26页）加以替代。

– 可持续问题

上述工艺都依赖于机械能而非热能，因此能耗较低。但是，这类工艺的本质在于去除多余的材料，因此会造成材料的浪费。依据不同的材料类型，可对废料进行回收或再利用。

– 更多信息

www.pma.org

www.nims-skills.org

www.khake.com/page88.html

钻孔和铰孔也属于常规的车床操作，但刀具有所不同。它们也能在铣床上实施或者采用手工方式进行。与所有的车床操作一样，工件需要夹持在旋转卡盘的中心位置。不过，钻孔采用直接的方式进行孔的加工，而铰孔则是将一个预制孔扩大为一个表面光洁的孔。铰孔需要用到特殊的铰刀，它具有多个刀刃。

其他机械加工工艺还有铣削和拉削。类似于钻孔，铣削需要用到旋转的刀具，常用于切入金属表面。当然，该工艺也可以用于其他固体材料的加工。拉削可用于加工孔、槽以及其他复杂的内形特征（例如，锻造扳手的内部形状，见第 185 页）。

1. 用于金属块铣削的简易装置。切割工具为平钻头，固定于所夹持工件的上方。

2. 一种用于车床操作的简易装置。待加工的金属管材被夹持在旋转卡盘中。

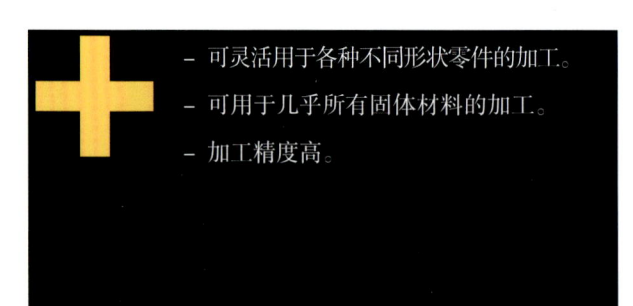

- 可灵活用于各种不同形状零件的加工。
- 可用于几乎所有固体材料的加工。
- 加工精度高。

- 加工速度慢。
- 零件受限于可用材料的尺寸规格。
- 切屑导致材料利用率低。

计算机数控（CNC）切割

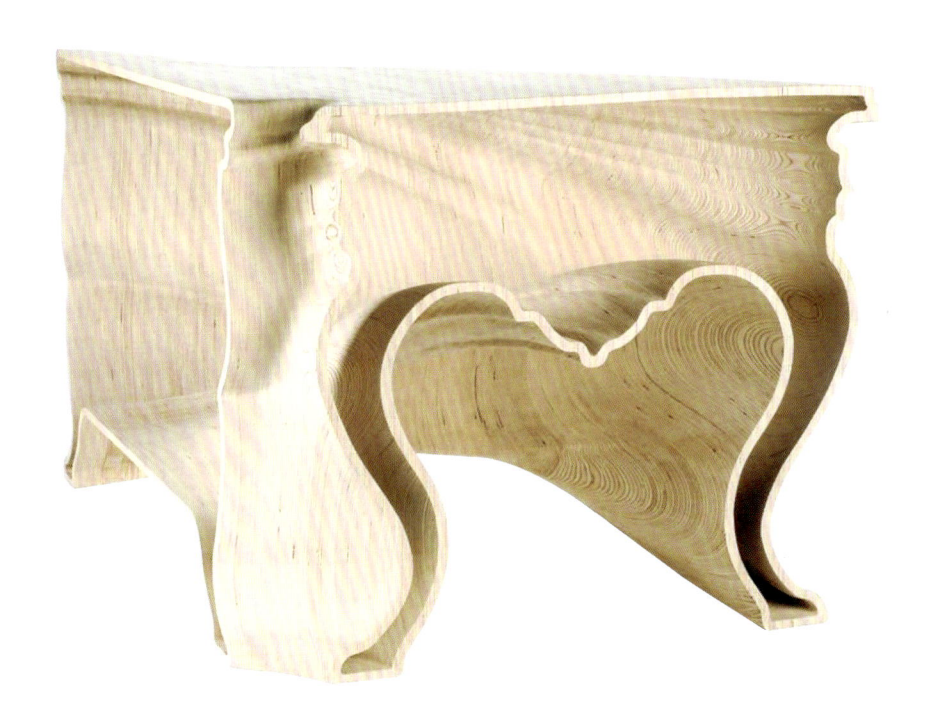

计算机数控设备可以毫不费力地切割固体材料，犹如切黄油一般。将切割刀具安装在具有六个旋转自由度的刀头上，可加工出不同的形状。这种表现犹如全自动的机器人雕刻家。

这款家具的设计者是Jeroern Verhoeven，来自于荷兰设计集团Demakersvan。它的特点在于多层结构。Demakersvan认为，"当你近距离审视工业产品所带给我们的神奇变化时，你会发现它极其绝妙。这些高科技设备恰似神秘的灰姑娘，我们仅仅将其用于自动化生产线，然而，它们却能带给我们更多的惊喜。"

产品	Cinderella 木桌
设计师	Jeroen Verhoeven
材料	桦木胶合板
生产商	Demakersvan
产地	荷兰
日期	2004 年

这款木桌的灵感源自"灰姑娘"系列，其超现实主义的结构和形状与制造商所秉持的理念，即高科技设备是我们神秘的灰姑娘，实现了完美契合。可以说，这款木桌是现代制造技术与传统、浪漫主义家具有机融合的佳作。

固态切割——计算机数控（CNC）切割

这个想法在 Cinderella 木桌的生产过程中得以验证。这张木桌由 57 层复合桦木组成。每块板都经过独立切割、胶合，然后利用计算机数控设备进行二次切割而成。这张桌子完美印证了多轴计算机数控设备可以在 CAD 文件提供的信息支撑下，进行极其复杂三维形状雕刻的能力。同时，这也是一个创造全新形状的独特案例：利用加工方法将传统材料制成任意形状。这张木桌在某种程度上向人们展示了 Demakersvan 所描述的"高科技生产技术背后的奥秘"。

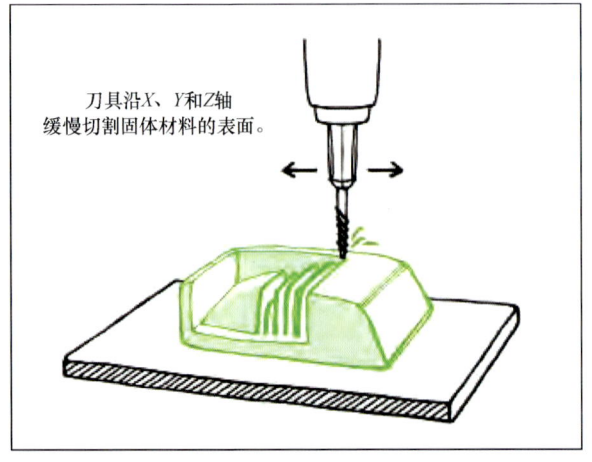

刀具沿 X、Y 和 Z 轴缓慢切割固体材料的表面。

1. 在机械加工前，需要将切割下来的胶合板夹紧在一起。

2. 经机械加工后的内部结构视图（外表面尚未加工）。

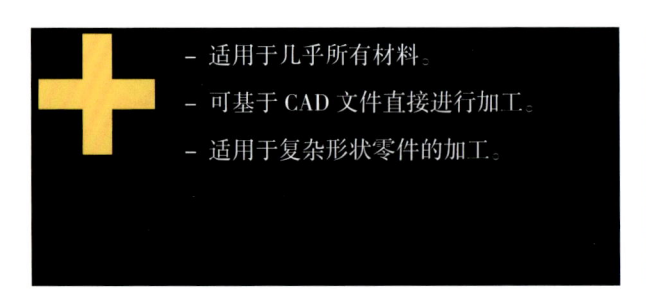

+
- 适用于几乎所有材料。
- 可基于 CAD 文件直接进行加工。
- 适用于复杂形状零件的加工。

−
- 不适用于大批量生产。
- 加工效率低。

– 产量
计算机数控切割由于加工效率低,仅适用于单件或小批量生产。

– 单价与投资成本
没有工具成本,仅考虑切割以及利用 CAD 软件创建三维模型数据所消耗的时间。

– 加工速度
加工速度由几个因素决定,包括材料类型、产品形状复杂程度和表面精度要求。

– 表面质量
表面质量总体不错。依据材料,可能需要做一些后处理。

– 形状类型 / 复杂程度
很多形状都能利用计算机构建出来。

– 尺寸规格
从小零件到庞然大物均可。美国的 CNC Auto Motion 公司是几家生产巨型机床的公司之一。这些巨型机床的横向进刀行程超过 15m,纵向进刀行程达 3m,龙门跨度达 6m。

– 精度
很高。

– 相关材料
计算机数控技术可用于切割许多不同的材料,包括木头、金属、塑料、花岗石和大理石。此外,它还可用来切割泡沫和黏土。

– 典型产品
适用于加工复杂的定制化结构,如注塑模、切刀、家具组件以及高品质扶手。在汽车设计工作室,该工艺可用于泡沫或黏土材质的全尺寸汽车快速原型制作。

– 类似方法
将激光器安装在多轴头上时进行激光切割(见第 46 页)可能是最接近的方法。

– 可持续问题
设备的切割精度非常高,加工过程产生的废品极少。此外,通过合理设计工件布局,可使余料最少。依据不同的材料类型,可对废料进行回收或再利用。

– 更多信息
www.demakersvan.com
www.haldeneuk.com
www.cncmotion.com
www.tarus.com

电子束加工（EBM）

产品	定制式法兰型植入物
材质	钛
产地	瑞典
日期	2005 年

图示钛制髋骨板的溅射表面是电子束加工工艺的典型结果。

电子束加工（EBM）是一种可用于切割、焊接、钻孔或对零件进行退火处理的多用途的加工工艺。当用作机械加工工艺时，电子束加工的优点之一在于其超高的切割精度，可达到微米级。电子束加工利用透镜将

- 精度高。
- 与被切割材料没有直接接触，因此夹紧要求低。
- 可用于小批量生产。
- 用途广泛，同一工具既可用于切割，又可进行焊接或热处理。

- 与激光切割相比，电子束加工需要真空环境。
- 对于加工精度要求不高的情况，效率不如激光切割。
- 高耗能。

高能电子束聚集起来,然后以极高的速度(约为光速的50%~80%)投射到零件的特定区域,使得材料变热、熔化和汽化。上述过程需在真空环境下完成,以确保电子不会被空气分子干扰。

- **产量**

适用于单件或小批量生产。

- **单价与投资成本**

没有工具成本,加工样式由 CAD 文件来驱动,因此投资成本低。但是,电子束设备本身非常昂贵。

- **加工速度**

电子束以高速移动,因此切割速度很快。可瞬间在一块厚1.25mm的板上加工出直径125μm的孔。当然,材料种类和厚度都会影响加工时间。为了在一块厚0.175mm的不锈钢板上切割一条宽为100mm的槽,所采用的切割速率约为50mm/min。本节开始处描述的植入物的加工时间约为4h。

- **表面质量**

该工艺会造成不同的表面印痕。取决于不同的应用,有些印痕(例如靠近切口处的飞溅)可能会限制其应用范围。

- **形状类型/复杂程度**

适用于在薄板材料上切割细纹孔。电子束可聚焦范围为$\phi 10$-$\phi 200\mu m$,意味着成本主要由所要求的精度决定。

- **尺寸规格**

由于加工时需要用到真空环境,真空室的大小限制了工件的尺寸。

- **精度**

加工精度极高,切割时可达到10μm。当材料的厚度超过0.13mm时,切口会有一个大约2°的锥度。

- **相关材料**

适用于任何材料,但在加工高熔点材料时速度会变慢。

- **典型产品**

除工程应用及图示的医疗植入物外,电子束加工最有意思的应用之一是用于碳纳米管的连接。虽然试图在纳米尺度进行材料的连接会非常困难,但是电子束加工由于不会发生材料接触,因而可以在不压垮管材的情况下实现两者的有效连接。

- **类似方法**

激光切割(见第46页)和等离子弧切割(见第33页)。

- **可持续问题**

要产生如此高密度和高速的电子束需要消耗大量的能量。然而,电子束加工的灵活性又让我们深信这些能量的消耗是有效的。同时,可以在同一个生产周期内采用多种工艺。此外,由于切割过程中不会发生材料接触,因而对于设备不会产生任何损耗或者磨损,从而可降低设备保养中的材料消耗。

- **更多信息**

www.arcam.com
www.sodick.de

车削
（动态车削）

早在远古时代，将材料固定在旋轮上，以薄片形式将材料层层去除的工艺方法就已被人们所熟识。最常用的车削材料当属木材。不过，绿色陶瓷也常被工业界用来制造类似回转对称性零件。

针对陶瓷车削，陶瓷体中会被混入一种黏土，经挤出后成为"泥料"。随后，这种半干状的黏土块会被固定在车床上并进行旋转。此时，采用手工或者自动切割工具即可进行车削。

为适应工业生产规模，工程师们开发了一种动态车削（dynamic lathing）工艺，用来加工非轴对称的工程用金属零件。整个加工过程无须手工拆卸与置换零件。产品造型由 CAD 程序来完成，并直接传送至车床。这类车床允许切割工具以横轴为基准进行上下移动。

产品	杵
材质	木柄粗陶杵
生产商	Wade Ceramic
生产国	英国

该杵的两个组成部分，即木柄和陶瓷研磨头均采用车削方式制成。

– 产量

一件或一件以上。当用于单件生产时，取决于特定的需求，模具和工装的成本可能会很高。对于产量比较大的情况，应尽可能采用自动化生产方式。目前，动态车床仍处于发展初期，更适用于小批量生产或单件生产。

– 单价与投资成本

单价取决于产量。相比其他陶瓷生产方法，如热/冷等静压和浇铸，动态车削的单价要低一些。这是由于在动态车削过程中不需要使用模具，从而可有效降低成本。

– 加工速度

加工速度取决于产品本身。加工一个简单的烛台耗时 45s；加工研钵耗时 1min；加工杵棒则需要 50s。零件的加工深度与长度关系决定了动态车削过程中所能采用的加工速度。所需加工的尖顶越多、高度越高，则加工过程越慢。

– 表面质量

表面光洁，但其程度取决于材料本身。例如，本节图示的木柄表面质量就没有陶瓷研磨头的表面质量好。

– 形状类型／复杂程度

只能用于形状对称的零件。动态车床较传统金属加工车床而言，已有了长足的进步。它能用来加工极其复杂的零件，此类零件在以往常用铸造方式来制造。

– 尺寸规格

以英国 Wade Ceramics 生产的标准最大尺寸为例，工件的最大直径为 350mm，长度达 600mm。对于最大长度和最大工作直径均为 350mm 的工件来说，动态车削工艺属于合理的选择。

– 精度

尺寸偏差在 ±2% 或 0.2mm 以内，取其大者。在加工金属时，如采用计算机数控方式，则尺寸偏差会大一些。对于动态车床，其尺寸偏差在 ±1mm 以内。

– 相关材料

陶瓷和木头是车削加工的常用材料，但很多的固体材料都适用。除了硬质碳钢外，大多数金属材料和塑料均可用动态车削工艺进行加工。

– 典型产品

碗状物、盘、门把手、杵、陶瓷绝缘体和家具等。

– 类似方法

对于陶瓷，在盘车拉坯（见第 29 页）工艺中使用了类似的旋转装置。

– 可持续问题

该工艺采用去除材料的方式构建零件的三维造型，因而会造成大量的废料。这些废料能否回收再利用取决于材料本身。

– 更多信息

www.wade.co.uk

固态切割——车削

1. 手工制作砂浆碗。轮廓的精确成形依靠具有某种形状的金属工具来保证。

2. 利用平滑工具对陶瓷杵进行抛光。

+
- 既可小批量生产，又可用于大批量生产。
- 适用材料范围广。
- 工装成本低。
- 动态车削工艺可在一次车削过程中实现非圆形状产品的加工。

−
- 传统车削仅能加工圆形轮廓的零件。
- 动态车削工艺所能获得的零件表面质量，受切割深度以及尖顶数量的影响。这些因素同样会影响动态车削的加工速度。

旋坯成形和盘车拉坯成形

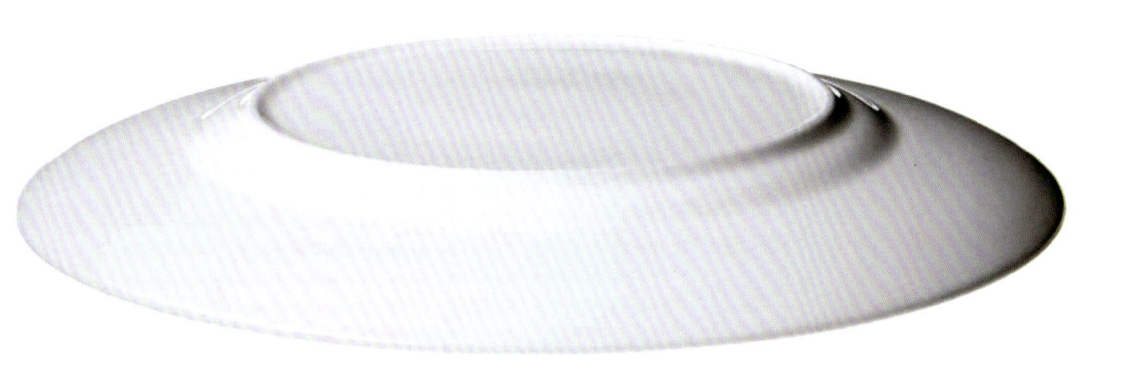

旋坯成形和盘车拉坯成形是用于批量生产中空形状陶瓷制品（例如，碗）或扁平状陶瓷制品（例如，盘子）的两种类似的工艺方法。对于这类工艺方法，可以简单将其比作使用陶工旋盘进行手工拉坯的过程。但是，为使其成为一种工业生产方法，工匠的手会由成形刀具所取代。当泥坯随转盘转动时，可实现黏土的刮除。对于旋坯成形，模具限定了内形，外形则由刀具加工而成。对于盘车拉坯，内形由刀具加工而成。

盘车拉坯成形常被用来制作深腔类形状的产品。第一步挤出黏土块，并将其切成圆盘状，随后用于衬垫的成形。这些衬垫呈杯状，面积与最终工件尺寸一致。接着，将这些衬垫放入固定在盘车拉坯转轴上的杯形模具内。与手工拉坯一样，黏土会沿着模具内壁向上挺直，形成筒壁。随后，将刀具头伸入杯中对黏土进行刮除操作，最终可得到表面光洁、尺寸精度高的内形轮廓。

产品	陶瓷盘
材料	骨质瓷
制造商	Wedgwood
国家	英国
日期	1920 年

这款来自 Wedgwood 公司的经典设计是由旋坯成形工艺制成的。自 1759 年 Josiah Wedgwood 陶瓷品牌创立至今，这项工艺除了引入了电力来驱动旋盘外，基本上没有其他变化。将盘子翻转过来，你可以清晰地看到刀具去除材料的轨迹。

旋坯成形与盘车拉坯成形的过程非常相似，但它是用来成形扁平类形状而非深腔类形状的产品。它的工作方式与盘车拉坯成形不同，成形刀具的加工对象是外表面而非内表面。但过程类似，首先挤出黏土块，并将其置于称为"摊铺机"的旋转工作台上。此时，可用平头刀具成形出等厚度的圆饼状坯。将这种形似"球拍"的圆饼状坯取下并置于成形模具上，可成形出零件的内部轮廓。随后，将整个装置处于旋转状态，利用轮廓刀具即可进行陶土外表面材料的去除，成形出精度高、均一性好的外形轮廓。

– 产量
可用于小批量和大规模生产。许多大型陶瓷工厂均采用这类方法作为生产碗和盘子的标准工艺。

– 单价与投资成本
用于批量生产时，工具成本可接受。该工艺也可用于小规模的手工制作。

– 加工速度
盘车拉坯成形平均每分钟可生产8件，而旋坯成形平均每分钟可生产4件。

– 表面质量
生成的表面质量可直接进行上釉和烧制，无须中间处理过程。

– 形状类型/复杂程度
注浆成型的零件内壁细节完全依赖于外部形状。相比于此，这两种工艺方法可独立控制内部和外部轮廓的成形。

– 尺寸规格
机器制造的西餐用餐盘最大烧制直径可达300mm。

– 精度
±2mm。

– 相关材料
所有陶瓷。

– 典型产品
两种工艺方法原则上都用于餐具的生产，区别在于产品的深浅不同。盘车拉坯成形常用来生产罐子、杯子和碗这类深腔容器，而旋坯成形被用来制作盘子、碟子和浅碗这类器皿。

– 类似方法
除陶轮的使用，与旋坯成形和盘车拉坯成形最相近的加工方法是动态车削（见第26页）。车削可用于回转零件的加工，并且通过附加一些成本不高的复杂装置即可实现复杂轮廓的加工。可替代的工艺方法还有热等静压和冷等静压（见第168页和第170页），以及注浆成型（见第138页）。

– 可持续问题
从模具上刮除下来的黏土可再利用，由此可降低材料的综合消耗。高温烧制属于高耗能过程，但预成形则不是。不过可以在一个窑内放置几百件坯体同时进行烧制，尽可能提高能源的利用率。

– 更多信息
www.wades.co.uk
www.royaldoulton.com
www.wedgwood.co.uk

固态切割——旋坯成形和盘车拉坯成形　　31

1. 将黏土块放置在工作台上。

2. 用平头刀具成形出等厚度的圆饼状坯。

3. 手工将圆饼状坯从工作台上取下。

4. 将圆饼状坯手工放置在模具上。

5. 利用轮廓刀具和圆饼状坯的相对旋转，即可刮除陶土外表面的材料。

6. 汤碗是典型的旋坯成形制品，图中是即将进行烧制的坯件。

固态切割——旋坯成形和盘车拉坯成形

1. 将粗坯压入深腔模具内。

2. 利用轮廓成形头使坯料与旋转模具均匀贴合。

3. 对之前与模具接触的零件外表面进行手工抛光。

+
- 可控制工件壁厚与截面形状。
- 相比于注浆成型,成本更低。
- 相比于铸罐,不易变形。

−
- 烧制时的收缩现象会导致尺寸精确不够。
- 两种工艺方法均依赖陶轮原理,因此只能生产轴对称件。

等离子弧切割

这类工艺给人最深刻的印象就是"工人穿着罩衣,戴着特制的头盔"。与氧乙炔焰切割(见第48页)工艺一样,等离子弧切割工艺主要应用于重工业。它属于一种不产生切屑的热切割工艺,依赖于高温电离气体束使得金属逐渐汽化,从而实现材料的切割。

该工艺的名字源自于术语"等离子",它是气体被加热至极高温度时的一种状态。在工作过程中,气体束(通常是氮气、氩气和氧气)经由内含不活泼电极的割炬喷嘴芯部的细小通道吹出。当电极获得能量,且喷嘴头与待切割金属相接触后,即可形成一个回路。由此,会在电极与金属工件之间产生一股高能量焰流,即电弧。它可以将气体加热至等离子状态。电弧的温度

图中加工过程体现了这种特殊切割工艺的重工业特性。管状物绕着中心轴旋转,进行局部的短距离切割分离。

可高达 27800℃，从而可熔（汽）化喷嘴经过处的金属材料。

在设计特定的形状时，需要考虑切割线的宽度，即切口。由于金属板料的厚度不同，切口的深度可在 1mm 至 4mm 之间变化，因而会影响产品的尺寸精度。

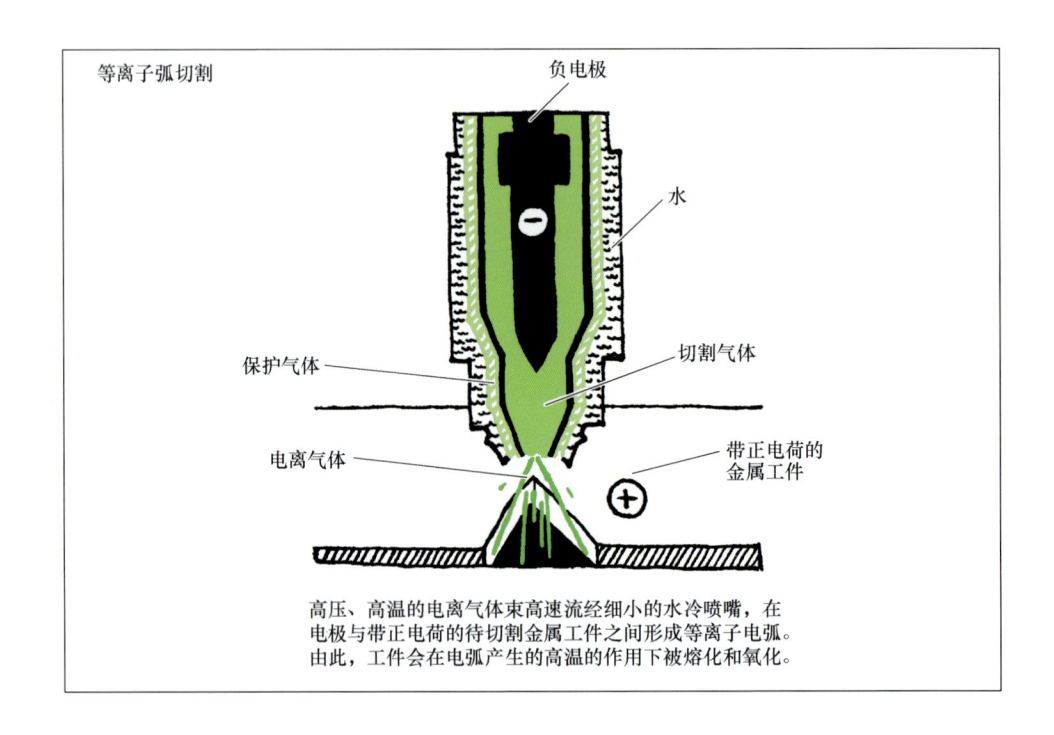

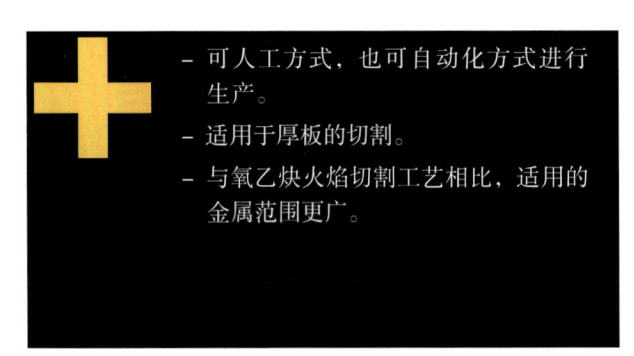

等离子弧切割

- 负电极
- 水
- 切割气体
- 带正电荷的金属工件
- 保护气体
- 电离气体

高压、高温的电离气体束高速流经细小的水冷喷嘴，在电极与带正电荷的待切割金属工件之间形成等离子电弧。由此，工件会在电弧产生的高温的作用下被熔化和氧化。

- 可人工方式，也可自动化方式进行生产。
- 适用于厚板的切割。
- 与氧乙炔火焰切割工艺相比，适用的金属范围更广。

- 无法用于厚度小于 2mm 的板料。

– 产量

由于无须使用刀具进行切割，等离子弧切割属于适合于小批量生产的经济型工艺。

– 单价与投资成本

除引入的切割模板外，等离子弧切割工艺无须使用任何工具。在自动化生产中，形状信息由 CAD 文件提供。

– 加工速度

一般无须任何准备时间，但加工速度很大程度上受材料类型及其厚度的影响。例如，切割一块厚 25mm，长 300mm 的钢板需要耗时 1min，而切割一块 2mm 厚的钢板时，切割速度可达 2400mm/min。

– 表面质量

即便用于硬质不锈钢，等离子弧切割工艺的切边也比氧乙炔火焰切割工艺更为光滑与干净。通过控制切割工艺参数，可以得到不同的切割表面质量。切割时间越长表面质量越好。

– 形状类型/复杂程度

这一工艺适合用于厚的材料。使用该工艺切割厚度小于 8mm 的材料时，易在较薄且狭长的断面处发生扭曲。与其他切割工艺一样，形状嵌套（就像在做饼干的时候，尽可能地使饼干的外形可以互相嵌合，两块饼干可以贴得很近，这样被切掉的面片很少，充分利用了擀好的面片）可提高材料的利用率。

– 尺寸规格

采用手持方式时，没有最大尺寸限制。当厚度小于 8mm 时，板料易发生扭曲。

– 精度

取决于材料厚度。对于厚度在 6mm 到 35mm 之间的板料，其精度可控制在 1.5mm 以内。

– 相关材料

在所有导电金属材料中，最常用的是不锈钢和铝。钢的碳含量越高，该工艺实施难度越大。

– 典型产品

重型构件，包括船用部件和机器组件。

– 类似方法

电子束加工（见第 24 页）、氧乙炔火焰切割（见第 48 页）、激光切割（见第 46 页）和水射流切割（见第 42 页）。

– 可持续问题

作为一种高耗能工艺，等离子弧切割利用处于极高温和高压条件下的气体来获取切割压力。有时候会直接从板料上切割出所需要的形状，因此也存在大量的材料浪费。

– 更多信息

www.aws.org
www.twi.org.uk/j32k/index.xtp
www.iiw-iis.org
www.hypertherm.com
www.centricut.com

2：

板材

——以板材为原料的制品的加工

38	化学蚀刻
40	模切
42	水射流切割
44	电火花线切割（EDM）
46	激光切割
48	氧乙炔焰切割
50	板料成形
52	热弯玻璃
54	钢板电磁成形
56	金属旋压
59	金属切割
61	工业折叠
64	热成型
67	爆炸成形
70	铝板超塑成形
73	钢的无模内压成形
76	金属胀形
78	胶合板弯曲
81	胶合板深度三维成型
84	胶合板模压成型

在过去约 15 年间，用板材制成的产品数量激增。究其原因，可能是由于预制材料的使用，这在某种程度上降低了生产成本。也可能是由于模切工艺成本效用的提升，抑或是无工装成本的工艺（如化学蚀刻工艺）的出现。而就大众市场而言，用于聚丙烯之类塑料的模切工艺的出现，使得大量的新式包装、照明设备甚至是大规格家具得以产生。也许制造商切割这些材料并由消费者手工折叠和组装的能力也吸引了人们。

化学蚀刻
（亦称光蚀刻）

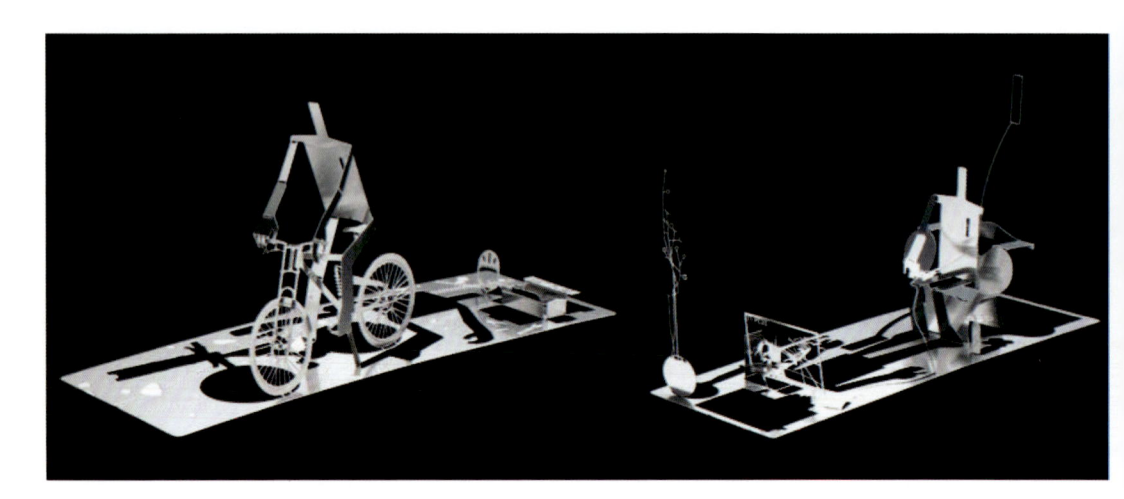

产品	Mikroman 名片
设计者	Sam Buxton
材料	不锈钢
制作日期	2003 年

这些精心设计的商务卡片精致而富有细节，展开之后呈现给我们的分别是一个骑自行车的人和一个坐在办公室的人。这些案例充分展示了化学蚀刻用于切割金属的能力。

化学蚀刻又称为光蚀刻，是一种适合在薄的金属平板上用腐蚀酸生成复杂造型的方法，与冲洗照片的过程类似。

化学蚀刻需要在待处理材料的表面印染一层防腐剂。它在材料表面形成保护层，以防止酸性腐蚀。印染可以采用线性模式或按照片影像的方式进行。当零件的两面都被喷上腐蚀酸后，材

- 无须工装。
- 可灵活生成各类表面细节特征。
- 图形是基于 CAD 文件激光绘制而成，易于修改。
- 精度高。
- 适用于薄板。

- 只适用于金属。

料表面未印染防腐剂的部位就会发生化学腐蚀。如同用于塑料的模切（见第40页）工艺，图案中可预制一些折线，从而使得板料能够沿折线折叠成三维造型。

- **产量**
可进行单件加工，但更适用于批量或大规模生产。

- **单价与投资成本**
由于采用印染防腐剂替代了硬质工具，因此所需的生产准备成本较低。不过，批量模式的单位成本不可能大幅度低于大规模生产。

- **加工速度**
取决于工艺品的复杂程度。

- **表面质量**
由于金属腐蚀，所有半蚀刻的表面都会呈现粗糙的磨砂纹理。但是，这种纹理常被用作装饰性特征。此外，切边没有毛刺。

- **形状类型/复杂程度**
适合于薄板料和箔纸的切割。可用于加工高度复杂的形状和细节特征，且不会产生类似于激光切割烧伤那样的瑕疵。

- **尺寸规格**
受限于标准板料尺寸。

- **精度**
化学蚀刻的精度取决于材料厚度。孔径一般应大于金属板料的厚度（约1~2倍）。此时，对于厚度为0.025~0.050mm的板料，化学蚀刻的孔径误差为0.025mm。

- **相关材料**
许多金属都适用，包括钛、钨和钢。

- **典型产品**
电子元件，如转换开关、螺线管和微孔筛网，以及一些用于工业标签和标志的图形。这种工艺还可用于工业部件，军事上用它来制造导弹上的柔性触发装置。这种触发装置非常灵敏。当其接近目标时，可根据气压来进行触发。

- **类似方法**
电子束加工（见第24页）、激光切割（见第46页）、冲裁（见第59页）和微模电铸（见第248页）。

- **可持续问题**
尽管该工艺过程使用了有害化学物质，但是通过后续引入清理工序可有效去除液体中的污染物，从而实现这些液体的再利用，由此可减少水污染。此外，蚀刻的复杂性和精确性可以避免后续的二次加工，从而节省了资源和能源。不同于机械加工方法，化学蚀刻产生的废料无法回收利用。

- **更多信息**
www.rimexmetals.com
www.tech-etch.com
www.precisionmicro.com
www.photofab.co.uk

模切

模切工艺过程与在厨房里用饼干模子从面团上切出各种形状的过程类似。如同在纸张或塑料上应用裁剪工具一样,模切是一种将锋利边缘下压入薄板以切割出形状的简单工艺过程。模切工具通常有两重功能:一是从薄板上切出形状;二是在材料上预制折线,便于后续精确折弯。在使用板料构建三维造型和集成铰链时,折线往往是必不可少的。

产品	Norm 69 灯罩
设计者	Simon Karkov
材料	聚丙烯
制造者	Normann Copenhagen
国家	丹麦
时间	2002 年

Norm 69 灯罩在出售时呈平板状,被装在比萨饼大小的盒子里。这些放置在盒子里的模切而成的塑料平板件,需要花费顾客 40min 左右的时间来折叠和组装,从而形成图示所示的复杂结构。

- 准备成本低,且批量生产时经济性较好。
- 可与涂装工艺快速结合。
- 单次冲切过程可切出许多形状。

- 三维造型需手动组装,且限于标准结构。

– 产量

小批量，少至上百件，多至上千件。

– 单价与投资成本

由于工具成本较低，因而即便是小规模生产，该工艺仍具有较好的经济效益。可用平板材料进行独立送料，假如使用卷料的话，可大幅度降低最终产品的成本。

– 加工速度

模切是用于包装行业的最为主要的制造工艺之一，其生产效率可达每小时数千件。不同于模内成形产品，该工艺的加工速度不受形状复杂程度的影响。不过，产品的装配过程属于劳动密集型范畴。

– 表面质量

取决于材料。材料的切口光洁、精确，且圆角半径极小。如你所预期的那样，冲切后的板料表面可包含涂装或压花特征，或同时包含上述两种特征。

– 形状类型/复杂程度

形状的复杂程度与切片的尺寸相关。槽宽小于 5mm 的细槽很难被切出。设计时我们需牢记一点，零件周围的残余塑料需要被移除，而清理细小孔中的塑料是非常困难的。

– 尺寸规格

多数工厂具备切割尺寸达 1m×0.7m 板材的能力，并且有些工厂还可以处理尺寸更大一些的板料，甚至直接在卷料上进行模切。但是，受限于大型涂装机的能力，想要在 1m×0.7m 的板材上进行涂装会比较困难。

– 精度

误差非常大。

– 相关材料

由于聚丙烯可制成牢固的集成铰接，因而被大量使用。其他标准材料包括 PVC、聚乙烯、聚对苯二甲酸类塑料（PET）、纸张和各种卡纸。

– 典型产品

模切常用于包装行业，特别是盒子和纸箱。对此类产品，需借助装配来构建三维造型。此外，更多产品级应用包括灯罩、玩具，甚至是家具。

– 类似方法

对于切割平板，类似方法有激光切割（见第 46 页）或水射流切割（见第 42 页）。

– 可持续问题

就材料的使用而言，如果采用嵌套形状并进一步减少废料，模切工艺可以更为经济。材料本质决定了其废料是否能完全或大部分再回收利用。

– 更多信息

www.burallplastec.com
www.ambroplastics.com
www.bpf.co.uk

水射流切割

（亦称水切割）

早在 19 世纪中期，水射流技术就已经被用来在开矿时移除材料。现如今，这种工艺更是突飞猛进。在 20000~55000 psi（1psi=6.89476kPa）的高压作用下，极细（通常约 0.5mm）的水流会以两倍的声速从喷嘴中喷射出来。单纯的这种水流就能得到很好的切割效果，如果添加其他磨料（如石榴石）的话，可用于切割更硬的材料。

产品	王子椅
设计者	Louise Campbell
材料	水切割的乙丙橡胶、激光切割的金属和毛毡
生产商	Hay
生产地	丹麦
生产日期	2005 年

椅子上的装饰花纹充分说明了水射流切割技术在用于三维造型材料复杂结构切割方面的巨大潜力。

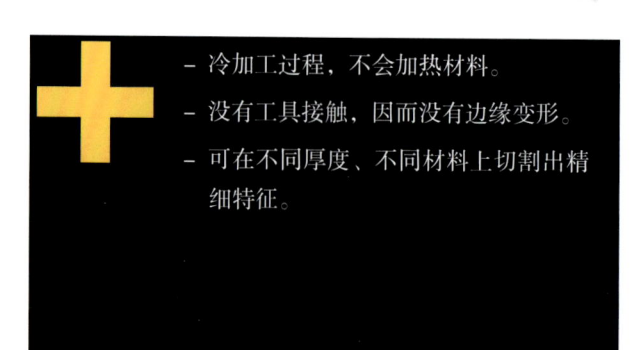

- 冷加工过程，不会加热材料。
- 没有工具接触，因而没有边缘变形。
- 可在不同厚度、不同材料上切割出精细特征。

- 用于特别厚的材料时，喷射流可能会随着切入深度的增加偏离原来的方向。

- 产量

无须刀具，既适用于单件生产，也可用于大批量生产。

- 单价与投资成本

无须刀具，且设计源于 CAD 文件，生产准备成本低，因而不会增加单价。通过"蜂巢化"排样处理，可以使得材料利用率最大化。

- 加工速度

使用含磨料的喷射水流切割厚度为 13mm 厚的钛板，切割速度可达 160mm/min。

- 表面质量

用水射流切割得到的边缘如同喷砂处理过一般，不存在激光切割中的毛刺现象。

- 形状类型／复杂程度

"切刀"的工作方式类似测图仪或数控雕刻机，因而可切出精致、复杂的形状。但是，用于薄板时，高压水流可能会使其发生扭曲或弯曲。如果用激光切割这类工艺，因为不需要使用高压，从而不存在上述问题。

- 尺寸规格

工业切割大多数都在切割台上进行，这就限制了可加工材料的尺寸。一般来说，台面的标准尺寸最大为 3m×3m。可加工的厚度上限取决于材料本身。

- 精度

可精确至 0.1mm。对于特别厚的材料，喷射水流可能会偏离初始进入点。

- 相关材料

可加工的材料范围非常广，包括玻璃、钢材、木头、塑料、陶瓷、石头和大理石，甚至是纸张。这种方法还可用来加工三明治和其他食物。必须说明的是，这种加工方法不适用于易吸水的材料。

- 典型产品

建筑用装饰板和石头。这种工艺方法在水下的表现尤其好。在 2000 年的俄罗斯库尔斯克号核潜艇救援活动中，人们就使用了水切割技术。

- 类似方法

可用作模切（见第 40 页）工艺的替代工艺，也可在冷态条件下替代激光切割（见第 46 页）。

- 可持续问题

用于切割的水可循环利用，形成封闭的循环链，从而减少水和能源的消耗。此外，由于没有工具间接触，维护和替换费用低。加工过程中不需要加热，故能量消耗低，同时加工过程中不释放烟雾、毒素或其他污染物。余料能否被重新利用与材料自身有关。

- 更多信息

www.wjta.org
www.tmcwaterjet.co.uk
www.waterjets.org
www.hay.dk

电火花线切割（EDM）
（RAM 型电火花加工）

设计师们再一次发现，表面装饰可以起到非常有效的表达设计理念的作用。因此，很多来源于工程应用领域的工业技术被用来制作极其复杂的图案，犹如它们源于自然界或神话故事一样。

很多奇特的方法被创造出来用于将不同材料切割成复杂的图形。在 18 世纪 70 年代，电力已被科学家们用来切割和加工材料。电火花线切割是采用电力来切割复杂图案的最新工艺之一。

自 20 世纪 70 年代进入商业应用以来，电火花线切割在金属材料加工领域的应用越来越多。与水射流切割（见第 42 页）和激光切割（见第 46 页）一样，电火花线切割也是一种非接触式的材料切割方法。相比于前两种方法，电火花线切割更多地被用于极硬的钢材和其他一些难切割材料，如高性能合金、硬质合金和钛。尽管如此，其形状复杂程度依然可以保证。

电火花线切割的工作原理是火花蚀刻，因此它有时候也被称为电火花加工或电火花腐蚀。这种工艺借助电火花来熔化金属材料，可实现对非常硬的导电金属的切割。电火花是由一条细金属线（电极）产生。这条细金属丝会沿着 CAD 文件设定的轨迹移动。加工过程中电极与材料不接触，材料在电火花作用下熔化。去离子的水会被同时喷射在熔化位置，用于冷却材料，同时去除残留物。

市面上还有一类 RAM 型电火花加工设备。如其名所指，这种工艺是将安装在机器臂上的石墨电极压入材料表面来实现材料的去除。

- 产量

加工过程和形状可以人工或基于 CAD 文件来控制，因此适用于单件生产和自动化大批量生产。

- 单价与投资成本

无须刀具。

- 加工速度

最新一代的电火花加工设备可以每分钟切除超过 $400mm^2$ 的材料，当然具体数值取决于材料的导电性能和材料的厚度。加工一块 50mm 厚的钢板，切割速率约为 4mm/min。

- 表面质量

电火花线切割以其优异的加工质量而闻名。

- 形状类型/复杂程度

可在极硬的材料上切出非常复杂的形状。

- 尺寸规格

取决于材料、发电机规格和功率。该工艺可切割极厚的金属板，厚度可达 500mm。对此，切割速度一般低于 1mm/min，因此所需的切割时间很长。

- 精度

精度很高，可达亚微米级。

- 相关材料

限于导电金属。该工艺多数被用于硬度高的金属，因为硬度不会影响它的切割速度。

- 典型产品

该工艺最大的应用市场之一，是工业生产所用的超硬模具和刀具。其他应用还有航空工业使用的超韧零件。

- 类似方法

激光切割（见第 46 页）和电子束加工（见第 24 页）。

- 可持续问题

能量消耗巨大，特别是切割速度比较低的情况，加工周期长。剩余材料需回炉熔化、再利用，以减少材料消耗。

- 更多信息

www.precision2000.co.uk

www.sodick.com

www.edmmachining.com

- 适用于在难加工金属上切割复杂形状。
- 切割过程不产生力。
- 无须冲刷。

- 耗时。
- 只能用于导电材料。

激光切割
（用激光束加工）

类似于水射流切割（见第 42 页）和电子束加工（见第 24 页），激光切割是一种不会形成切屑的切割与装饰材料的方法。该工艺的几何信息源于 CAD 文件输入，加工精度很高。简言之，该工艺依赖高度聚焦的光束完成工作。这些光束以每平方英寸上万瓦的功率，将沿途的材料加以熔化。

激光加工是激光切割的形式之一，它是利用多轴激光头来切割三维物体。CAD 文件给出了高能光束运动轨迹的详细规划，因而可实现精致、精确的设计。

两种方法都能加工出传统加工工具无法企及的精密部件。考虑到两种方法都不涉及材料接触问题，因而只需极少量的夹持装置即可。

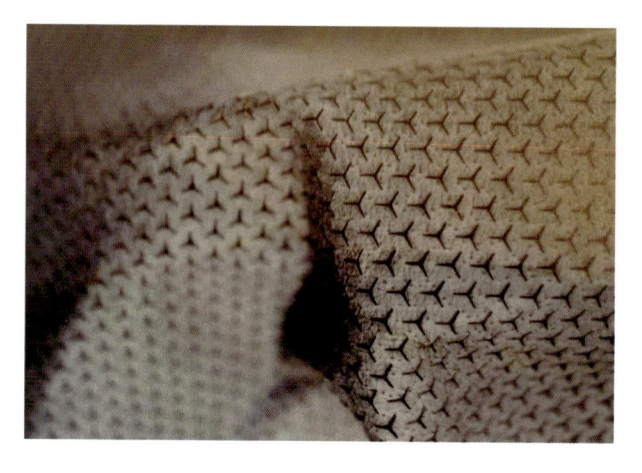

这是激光切割的皮革样品，阐明了激光切割时需要考虑的一个关键点，即激光功率须精确控制，否则在某些材料上会有明显的烧焦痕迹。

+
- 没有工具磨损，夹持装置少，能持续进行高精度切割。
- 适用材料范围广。
- 切割边缘不需要后续处理。

−
- 不同材料有其切割厚度限制，超限的话会出问题。
- 大规模生产时非常耗时，因而适合单件或小批量生产。

— 产量

适合批量生产。

— 单价与投资成本

切割过程由 CAD 文件程序控制，不需要刀具，因而投资成本低。

— 加工速度

与所有的切割方法一样，激光切割的速度取决于材料的类型与厚度。粗略地估计，对厚为 0.5~10mm 的钛合金板进行切割时，加工速度可达到每分钟 2.5m 到 12m。

— 表面质量

用激光切割工艺加工木料时，会留下烧灼的痕迹。但用于加工金属时，可得到光洁的切口，无须后续处理。然而，金属表面在加工前不可进行抛光处理，因为高度抛光的表面会反光从而降低加工效率。

— 形状类型 / 复杂程度

取决于设备类型，激光器可水平放置或安装在多轴头部，从而可用于加工非常复杂的零件。该方法称为激光加工。

— 尺寸规格

受限于板料的尺寸。

— 精度

尺寸精度非常高，加工直径小至 0.025mm 的孔也是可行的。

— 相关材料

通常用于硬质钢材加工，如不锈钢和碳素钢。铜、铝、金和银的导热性能良好，因而无法用此方法进行加工。非金属材料，如木材、纸张、塑料和陶瓷也能用激光切割进行加工。玻璃和陶瓷材料尤其适合，因为其他方法无法将玻璃和陶瓷加工成复杂形状。

— 典型产品

模型组件、外科手术器械、木质玩具、金属网和过滤器。激光切割的陶瓷还可用作绝缘体。家具可由玻璃或金属切割而成。

— 类似方法

水射流切割（见第 42 页）、模切（见第 40 页）、电子束加工（见第 24 页）和等离子弧切割（见第 33 页）。

— 可持续问题

为保证激光束的密度，激光切割需要消耗非常多的能量。当切割厚且大的零件时，加工速度会变得非常缓慢。不过，由于刀具与材料之间没有直接接触，维护成本较低且可减少替换磨损件的材料消耗。与其他切割技术一样，该工艺也会产生较多的废料。废料能否重新回收利用由材料本身的性质决定。

— 更多信息

www.miwl.org.uk
www.ailu.org.uk
www.precisionmicro.com

氧乙炔焰切割
（亦称氧切割、气焊或气割）

氧乙炔焰切割是用于金属切割的一种工艺。喷嘴尾端处的氧气和乙炔混合气体被点燃后，会产生高温火焰。在混合气体的作用下，金属会被预热，随后将高纯度的氧气注入火焰中心，可以使得工件迅速氧化。由于热切割方法依赖于氧气和铁（或钛）之间的化学反应，加热会使薄或狭长的材料发生扭曲变形，因而过薄的材料不适用于该工艺。

这类切割工艺既可手工操作也可采用自动化流程。手工操作时，这类工艺带给大家的传统印象就是工人穿着工作服、戴着防护面罩。这种情形下，工人或许更多的是在焊接材料而非切割材料。

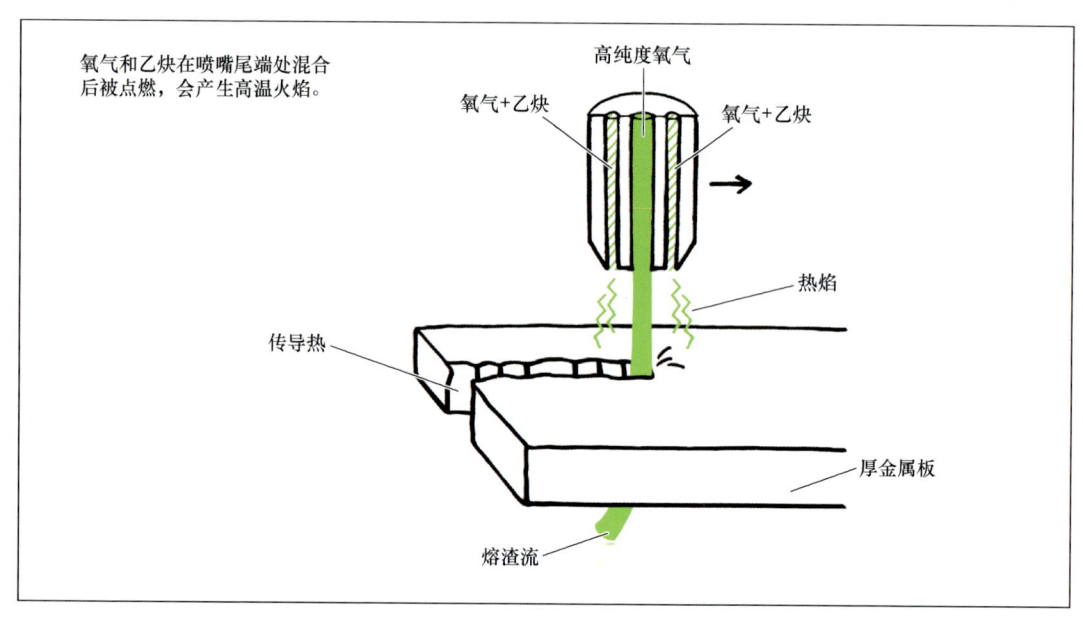

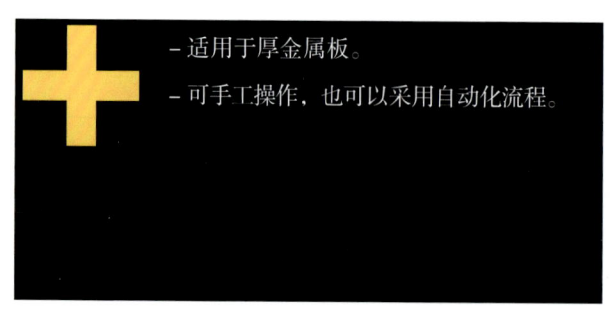

氧气和乙炔在喷嘴尾端处混合后被点燃，会产生高温火焰。

高纯度氧气
氧气+乙炔
氧气+乙炔
热焰
传导热
厚金属板
熔渣流

- 适用于厚金属板。
- 可手工操作，也可以采用自动化流程。

- 适用材料范围窄。

– 产量

相比于其他厚金属板切割工艺,热切割工艺在用于小批量生产时比较经济实惠。

– 单价与投资成本

除非引入切割模板,否则该工艺不需要刀具。在自动化生产过程中,形状信息由 CAD 文件来提供。综上可知,该工艺的成本较低。

– 加工速度

很大程度上取决于材料的类型与厚度。氧乙炔焰切割工艺可人工操作,也可以结合计算机系统实现全自动的多头切割。加工速度可高达每分钟 3m。

– 表面质量

可根据成本与切割质量的综合需求,来控制切割过程以形成不同的表面质量。切割所用的时间越长,切口质量越好。当然,切口质量也与材料有关。通常情况下,等离子弧切割所得的表面质量最好。

– 形状类型 / 复杂程度

氧乙炔焰切割最适用于切割厚的材料。厚度小于 8mm 的材料以及狭长截面,可能会因为热应力而发生扭曲变形。与其他切割方式一样,优化形状排样可以提高材料的利用率。通常,氧乙炔焰切割时与切割平面呈 90° 角。其他角度的切割也可以实现,但相比等离子弧切割工艺而言,实现起来没有那么容易。

– 尺寸规格

采用手工操作时,工件尺寸不受限制,但采用自动化流程进行加工时,工件的尺寸受机器尺寸的限制。

– 精度

取决于金属板的厚度。根据经验,对于厚度为 6~35mm 的金属板,偏差为 1.5mm。

– 相关材料

仅限黑色金属和钛。

– 典型产品

大型工程,包括船舶和机器组件。

– 类似方法

电子束加工(见第 24 页)、等离子弧切割(见第 33 页)、激光切割(见第 46 页)和水射流切割(见第 42 页)。

– 可持续问题

氧乙炔焰切割需要极高的能量来确保喷嘴缓慢移动时火焰的高温,这使得加工循环变长。此外,加工时燃料和工件都会释放出若干种有害化学物质。

– 更多信息

www.aws.org

www.twi.org.uk

www.iiw-iis.org

板料成形

用金属板料来加工物品是人类最早的生产方式之一。例如，埃及人将软质贵金属（如黄金）制成板料，然后从板料上切出极其复杂的形状。

普通口哨的制作体现了板料成形的某种精细化应用，其生产过程属于固态成形的范畴，是一个多工序过程。通过冲裁和冲压工艺，可以将板料变成三维形状，最后辅以黄铜电镀即可制成图示的口哨。然而，上述过度简化的描述掩盖了一个事实，即这种工业化的生产方式要求极高的精度，以保证生产出具有完美音质的口哨。

口哨主体部分的基本几何结构由三部分组成：底部、吹口和顶部。采用冲压成形工艺将黄铜片制成平面网状结构，然后将其压入模具型腔制成特定的形状。这些部件随后被焊接在一起，打磨抛光后再镀镍。最后一个步骤是将软木小球推进吹口内。

对于任何管乐器，它们的声音都是由不同速率的空气流经锐利边缘所造成的两种不同振动空腔而形成。2019 年，在英国伯明翰，Acme Whistles 进一步优化了这种高精度的生产工艺，使得所生产的口哨废品率仅为 3%。考虑到微小甚至不可见的缺陷会导致错误的声音产生，这一改良绝对是工业制造的一大创举。

产品	Acme Thunderer 口哨
设计者	Joseph Hudson
材料	镀镍黄铜（图中展示了电镀前的黄铜）
生产商	Acme Whistles
产地	英国
日期	1884 年

图示是 Acme Thunderer 口哨在预装配前的状态，尚未进行镀镍处理。图中给出了最终产品的各组成部分。

– 产量

这是一种半自动的方法，因而适用于各种形式的生产。

– 单价与投资成本

成本因装置及所需产量而大相径庭。珠宝商所需要的工具非常简单，投资成本很低。相比之下，建设一条图示口哨的生产线将花费数百万英镑。

– 加工速度

加工速度因装置不同而不同。这款Acme Thunderer口哨的生产周期需要三天。

– 表面质量

一般取决于板料的表面质量，但通常需要进行抛光和涂装处理。

– 形状类型／复杂程度

适用于一系列复杂形状。

– 尺寸规格

没有限制。

– 精度

精度非常高。为使口哨获得完美音质，精度可达 $8.4\mu m$。

– 相关材料

软质金属，如黄铜、铜和铝特别容易成形，但所有金属都可加工。

– 典型产品

可用于生产不同工业领域的许多产品，如黄铜乐器、计算机外壳和汽车车身。

– 类似方法

金属旋压（见第56页）、冲压成形（见第59页）、水射流切割（见第42页）、激光切割（见第46页），还有数控折弯。数控折弯工艺可将材料（通常是金属）折成不同形状，如饼干盒。

– 可持续问题

该工艺总体上属于自动化过程，因而能量消耗较为合理，但多工序数会增加周期时间。多余的金属和废料可以被重新利用。铝是重复利用率最高的金属之一。

– 更多信息

www.acmewhistles.co.uk

- 可生产精度高且形状复杂的零件。
- 合理的工具成本。

- 仅适用于板料。
- 生产过程需要多道工序。

热弯玻璃

热弯玻璃就是将玻璃变成所需要的形状。大家都知道，如果将平板玻璃放置足够长的时间，它会发生扭曲变形。然而，玻璃只有在加热到足够高温度的情况下才会进入弹性状态，从而较为快速地发生变形，而不是像不加热那样经过数百年之久。如果将刚性玻璃放在由耐火材料制成的模具中，一并置入炉中加热至630℃，玻璃会变软而下垂成形，一旦冷却下来后就会定型。

为制成如图所示的桌子，首先我们需要一块12mm厚的水晶玻璃。然后，利用速度高达1000m/s的含磨料的水射流来切割这块水晶玻璃。接下来，我们就可以进行弯曲操作了。

整张玻璃板和耐火材料制成的模具必须被加热到相同的温度，否则极小的温差都可能会导致玻璃板破裂。在正确的温度条件下，玻璃会变软并在自身重力的作用下沉入型腔内。必要的时候，还需要人工辅助一下。Fiam公司这款产品看上去简单，其实隐藏了非常复杂的加热过程。整个过程中温度需严格控制，以确保玻璃在弯曲型腔内处于正确的温度。很多时候，作品的想法和形状非常简单，但它的成功实现却依赖于复杂的现代技术。

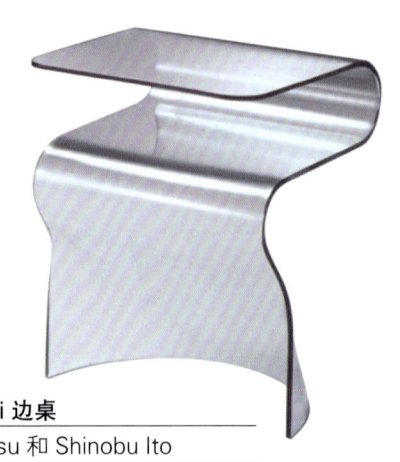

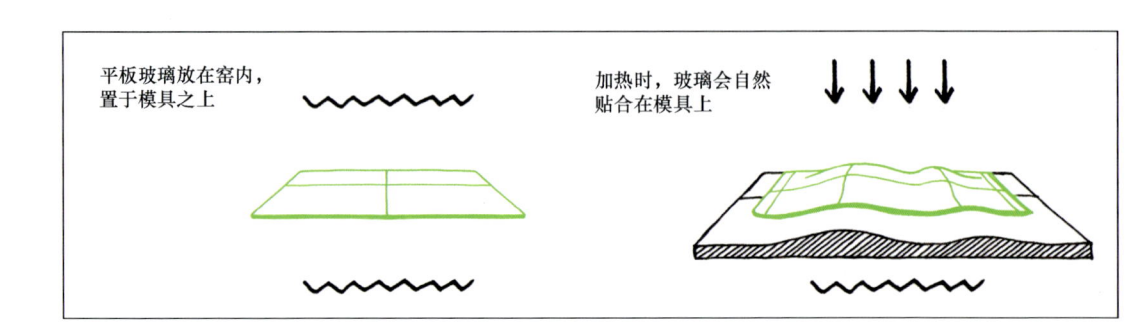

产品	Toki 边桌
设计者	Setsu 和 Shinobu Ito
材料	浮法玻璃
生产商	Fiam Italia
国家	意大利
日期	1995 年

桌面全直径大小的圆弧以及桌角的平缓弧线，无不暗示着这种简单形状可用热弯玻璃来制作。

平板玻璃放在窑内，置于模具之上

加热时，玻璃会自然贴合在模具上

– 产量

适用于单件生产和批量生产。

– 单价与投资成本

市场上销售的大多数模具都是由玻璃质黏土或不锈钢制成。不过，也可以用石膏和水泥，甚至是自然形态的物体进行少量的生产。过于复杂的形状会导致废品率上升，进而使得单价提高。

– 加工速度

尽管这是一个工业化生产过程，但加工速度依然很慢，且需要大量的人力。

– 表面质量

可获得光顺的玻璃表面，也可以利用模具来形成纹理。

– 形状类型／复杂程度

该工艺利用重力原理来工作，因此可将平板状材料变成任何形状，并且通常具有悬垂面。

– 尺寸规格

仅受限于玻璃板和加热窑的尺寸。

– 精度

将玻璃充填进狭小空间比较困难，加之玻璃的膨胀特性，难以得到很高的精度。

– 相关材料

大多数的玻璃片（包括硼硅酸盐玻璃）、钠钙玻璃和一些先进材料（如熔凝石英和玻璃陶瓷）。

– 典型产品

典型产品有碗、盘子、杂志架、桌椅和餐具等。工业产品包括汽车挡风玻璃、反光镜、炉子和壁橱窗。

– 类似方法

将玻璃覆盖在模具上，而不是放进模具中，也是一种有效的方法。这种方法有时也被直接称作悬垂法。

– 可持续问题

玻璃加工极其耗能，因为需要持续保持高温使其处于可加工状态。此外，塑形是由手工来完成，因而错误时常会发生。任何缺陷件或破损件都需要重新加热熔化再回收利用。

– 更多信息

www.fiamitalia.it

www.rayotek.com

www.sunglass.it1

– 可用很少的操作甚至是单步操作，将平板玻璃制成独特的三维结构。

– 加工速度慢，需要专业技术与丰富经验来进行试错设计。

钢板电磁成形

在制造过程中引入电磁脉冲似乎非常复杂，但这项现存技术的最新应用极有可能革新汽车工业中大型钢制件的生产过程。

目前，大型钢板一般采用冲压工艺进行切割，再利用模具使其成形。但是，这种方法存在许多不足，不仅需要非常庞大的设备，且切边质量差，往往需要手工二次抛光。正因为如此，电磁脉冲成形被尊为钢板成形的下一个有力竞争者。它在上述两个方面均有所改善，并能降低成本和开发周期。

你可以尝试将两块磁铁相接触，或许你会感到它们相互吸引。如果将它们其中之一倒转过来，你又会感受到它们之间彼此推离的作用。电磁成形工艺正是通过线圈、电路和钢板形成一个强而定向的磁场，从而获得增强的推离力。电容器（储存电量的容器）迅速放电至线圈中，线圈随之将其转换成强磁场。磁场压力作用在线圈附近的钢板上，钢板与线圈电流之间的相互作用力很强，由此造成金属变形。能量被定向聚集在一起，因而可以无接触地对板料进行精准落料。冲击压力据说与三辆小汽车放置在指甲盖大小的区域上所产生的压强相当。

电磁脉冲的使用并不新鲜——在过去，它们曾在战争中被用于干扰通信。稍近点，它还被用于小规格的管材成形。为了使之

- 落料精准，无须后续精加工处理。
- 无须模具，因而可显著降低成本。
- 相比冲压，操作者受伤的概率降低。

- 仍处于研发阶段，离商业应用还需时日。
- 高压导致高能耗。

适用于大型钢板，科学家们对管材成形的设备做了改造，改进了线圈和能量转换率。目前，研究者们正在研究用于切割特定轮廓和几何形状的线圈。

- 产量

主要用于汽车工业大批量生产。

- 单价与投资成本

初始投资成本很高。不过，在现有电磁成形设备上使用更为高效能的线圈也可实现。由于部件保养花费少，且无须二次精加工，综合成本有所降低。

- 加工速度

切割工件的速度比激光切割快 7 倍。加工速度非常的快，加工直径为 30mm 的孔只需 0.2s。

- 表面质量

该工艺最大的益处在于用磁场替代了切割工具，由此不存在材料的物理接触，因而不会产生任何部件的磨损或破坏。所得到的切边质量很好，无须进行额外的精加工处理，进而可缩短加工周期，降低成本。

- 精度

经实验测试，该工艺可在不锈钢和其他硬质金属上进行冲孔，也可在无模状态下进行金属成形。这为重金属的加工制造开拓了新的途径。可以预见，它势必成为未来汽车与车辆制造业极有价值的方法。

- 相关材料

适用于磁性金属（也就是说，铝等非磁性材料不适用），也可用于超韧材料，如不锈钢和其他硬质金属。

- 典型产品

该工艺适用于大型平板件，如汽车门板、框架和发动机罩。还可用于家电，包括洗衣机、洗碗机和冰箱等。

- 类似方法

铝板超塑成形（见第 70 页）、冲压成形（见第 59 页）和工业折叠（见第 61 页）。

- 可持续问题

成形过程中需要很大的压力来使得钢板发生变形，因而能耗很大。不过，电磁成形无须成形工具，且与钢板之间无接触，因而设备生命周期内维护和保养所需的材料消耗得以降低。

- 更多信息

http://www.fraunhofer.de/en

金属旋压
（含锥形件剪切旋压和筒形件流动旋压）

旋压是一项被广泛用于金属板料弯曲的技术。顾名思义，整个工艺过程就是将一块平的金属圆盘边旋边压，使其最终包裹在旋转的芯轴上，制成弧形薄壁形状。

首先，将平板（坯料）夹紧在芯轴上，随后两者一起高速同向旋转。接着，旋转中的金属被工具（手工旋压有时称其为勺子）逐渐推向木制芯轴，直至与芯轴的形状完

产品	Spun
设计者	Thomas Heatherwick
材料	亚光钢板或铜板
生产商	Haunch of Venison
国家	英国
日期	2010 年

这些大型金属旋压零件完美地阐述了旋压工艺所能形成的典型形状，甚至可见清晰的旋压轨迹线。尽管这些产品已经很大，但实际上更大的形状也是可行的。

– 产量

从原型制造到数千件的批量生产均可。

– 单价与投资成本

推动工具和芯轴一般由木头或金属制成，具体材料取决于零件的尺寸和所需的数量。对于产量较小的情况，使用更为经济的木质芯轴显然更为划算。但对于大批量生产，金属芯轴是更好的选择，因为木质芯轴很容易发生磨损。

– 加工速度

生产周期高于冲压成形，但准备时间相对较短，因此金属旋压成形适用于原型制造、一次性和中小批量生产。

– 表面质量

旋压形成的表面需进行抛光处理，以消除零件外表面上的环形轨迹线。

– 形状类型/复杂程度

旋压是一种以金属板为坯料，用于制作对称形状零件的成形技术。圆盘、圆锥、半球、圆柱体和环都是其典型形状。倒扣和凹角需要借助镶拼式芯轴来实现。打开后的镶拼式芯轴犹如橘子瓣一样，便于零件的取出。封闭形状如中空球体，是由两个半球连接在一起制成。

– 尺寸规格

金属旋压件的直径可小于 10mm。另一方面，美国 Acme Metal 公司生产的金属旋压件尺寸可达 3.5m。

– 精度

旋压过程中金属会绕着芯轴被延展，因而工件壁厚会发生改变。形状越平坦，金属被延展的程度就越低。

– 相关材料

旋压工艺适用于各种金属，范围涉及从软质、延展性好的铜和铝（常用材料）到硬质不锈钢。

– 典型产品

厨房用具是典型的旋压产品，在其外表面上甚至能看到旋压工艺造成的同心线。除此以外，还有其他的产品，如灯罩、调酒器、瓮和大量的工业零件。

– 类似方法

旋压工艺通常会与其他技术结合起来，生产更为复杂的产品。例如，压制成形的工件通常会采用旋压工艺来成形颈部、法兰和喇叭口。金属板料渐进成形（见第 255 页）作为一种新工艺，虽然远不及旋压那么普及，但也可以利用单一工具将板料制成一系列复杂的形状。

– 可持续问题

金属旋压成形是耗能极高的工艺之一，原因在于零件需要长时间地保持高速旋转。但是，金属旋压得到的零件强度很高，使得零件耐久性好，使用寿命长。另外，在零件报废后，金属可加热熔化再利用。

– 更多信息

www.centurymetalspinning.com
www.acmemetalspinning.com
www.metalforming.com
www.metal-spinners.co.uk

板材——金属旋压

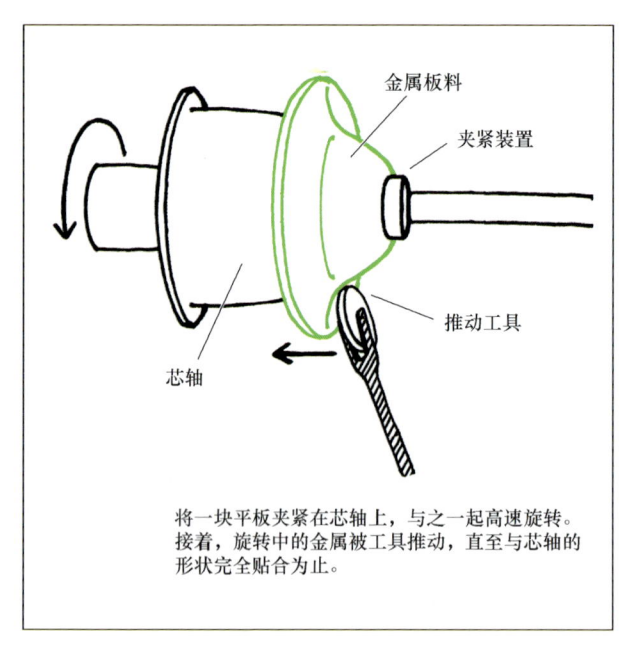

全贴合为止。最终所得到的工件形状与芯轴的外形一致。在同一个装置中可进行多项操作，且工件可能包含内凹轮廓（倒扣）。因此，相对于中心线的设计轮廓实际上不受限制，当然必须是对称的。

锥形件剪切旋压和筒形件流动旋压是旋压的高级形态，可有目的性地改变金属零件的壁厚（可高达75%）。这类工艺特别适用于凹形、圆锥形和凸形中空零件。

金属板料
夹紧装置
推动工具
芯轴

将一块平板夹紧在芯轴上，与之一起高速旋转。接着，旋转中的金属被工具推动，直至与芯轴的形状完全贴合为止。

1. 准备木制芯轴。

2. 金属被推向芯轴，两者同时高速旋转。

3. 金属零件与芯轴外形完全贴合。

＋
- 可灵活应用于大批量生产和小批量生产。
- 工具成本低。
- 可成形复杂的形状，无须材料切除或连接工艺。

－
- 旋压加工时，有些材料会发生硬化。
- 旋压加工后，通常还需要后续处理。
- 由于金属在模具上会被延展，因而该工艺对壁厚的控制精度有限。

金属切割
（含压制成形、剪切、落料、冲孔、弯曲、穿孔、步冲和冲压成形）

在金属工业中，人们一般很少使用"切割"这个词，因为从技术层面上来讲，这个词是一个广义术语，几乎没有任何确切的含义。切割方法可以按有切屑和无切屑分成两大类。压制成形、剪切、落料、冲孔、弯曲、穿孔、步冲和冲压成形在一定程度上都属于金属板料无切屑加工；铣削（见第18页）以及车削（见第26页）之类的方法则属于有切屑加工。

冲孔和落料从某种意义上来看非常相似，都会在板料上去除部分材料从而形成孔。两者的区别在于，冲孔是在板料上切除材料使得板料具有一定的形状，而落料则是获得分离形状的工艺过程，类似于用饼干模具从面团中切出各种形状的饼干。图示饮料罐盖是由金属圆盘压制成形，这个金属圆盘是由落料工艺制成的。

步冲的原理与缝纫机类似，利用上下跳动的小凸模连续刺进板料，来实现板料的切割。剪切与冲孔（没有凹模）不同，需要严格控制凸模和凹模之间的间隙。"穿孔"和"弯曲"的特点已在其术语中描述清楚。

金属冲压成形是一种冷成形过程，以金属板料为毛坯进行零件的成形。整个过程非常明确，就是将板料切割

产品	饮料罐拉环
材料	铝
制造者	Rexam
国家	英国
日期	1989年

这是一个日常生活产品，因此必须成本低，且必须一直正常工作并永远不会在你喝饮料时划伤你的舌头。压制成形和剪切是这种产品生产过程中用到的两种方法。

下来，然后进行成形。即便如此，金属冲压成形还是存在很多不同的工艺方式，但都复合了冲孔和成形过程，或用连续动作的方式，或在单一动作内完成。每一步操作都需要各自的模具，但零件可以在各模具间进行传递流转，完成其他成形操作。对于更为复杂的工序，可以采用级进模来实现连续动作。

- 产量

可用于手工生产，也可用于自动化大批量生产。

- 单价与投资成本

充分利用现有的冲孔和切割工具，可降低或消除工具成本，从而实现低投资成本下的大批量生产。

- 加工速度

差异很大，但通常情况下每分钟可生产1500个苏打饮料罐拉环。

- 表面质量

需去毛刺操作。

- 形状类型／复杂程度

通常用于生产小型零件，且零件厚度受限于现有标准板料的厚度。

- 尺寸规格

受限于标准板料的厚度。

- 精度

可获得高精度零件。

- 相关材料

仅限于金属板料。

- 典型产品

电子设备的冷却风扇叶片、垫圈、手表零件。

- 类似方法

激光切割（见第46页）和水射流切割（见第42页），它们都没有切屑形成，其工艺加工过程可利用计算机数控程序完成，且没有工具成本。

- 可持续问题

不管哪种切割工艺，都是基于材料的去除操作，因而会产生大量的废料。不过，这些废料可以重熔后制成新的板料再次利用，可以降低材料和原始资源的消耗。铝是最为常用的一种可回收再利用材料。

- 更多信息

www.pma.org

www.nims-skills.org

www.khake.com/page88.html

- 可用于加工各种不同的形状。
- 可用于加工任何固体金属。
- 精度高。

- 工件大小受原材料尺寸限制。
- 废料的产生，会使得材料利用率比较低。

工业折叠

看着一张普通的纸片经由折叠之后变成复杂的造型,这个过程总是那么的吸引人且充满设计者的灵感。工业折叠工艺充分利用了折纸的原理,将其拓展到工业应用领域,材料则由金属替代了纸张。

相比于传统的金属成形方法(如冲压成形),这种创新折叠工艺具有许多优点,因为它减少了金属成形所需的操作步骤,从而可在较短的时间内和较低成本的情况下完成整个过程。这类零件由网状结构制成,网状结构与展平的纸板盒类似。冲压成形或激光切割工艺会被用来从板料上切割出外形轮廓,并沿着折叠边生成一系列线条和笑脸形弧线切口。从板料的任意一侧用一组带子用力拉笑脸形状,使两侧相接触。这个操作会使得板料沿着折叠线发生弯曲,且所需的力相对较小。这些小的笑脸形弧线切口在折叠过程中会对应力起

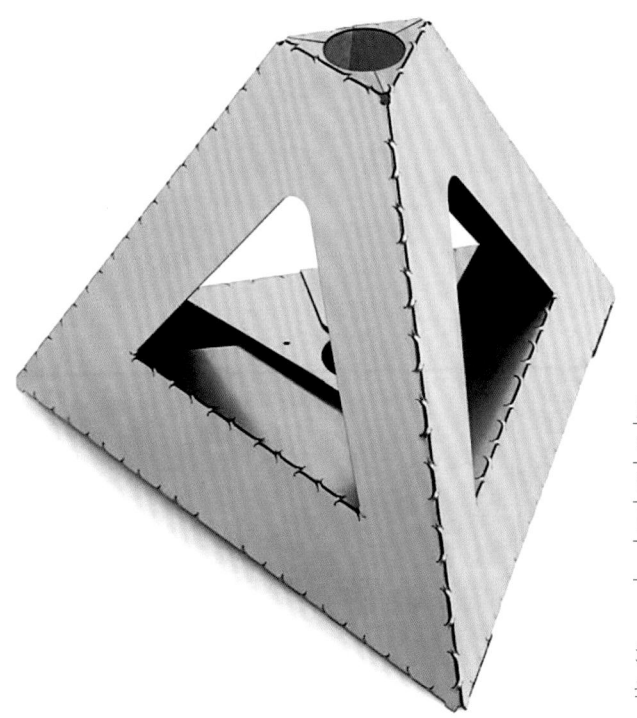

产品	用工业折叠制成的 Jack-stand
材料	12号冷轧钢
制造者	工业折叠
国家	美国
日期	2004年

充分展示工业折叠所用折线与折叠方法的典型零件。图示的 Jack-stand 说明了这种方法所得零件的结构强度。

到引导作用，使其完美地成一条线，以此来控制和确定折叠效果。

该工艺可以将多个零件集成在一起，利用折叠夹来确保合拢，因而可减少材料的消耗，且无须后续的焊接和连接工序。这种工艺可用于样品的快速创建和折叠，有利于设计者快速测试原型结构，以便做出必要的改进。

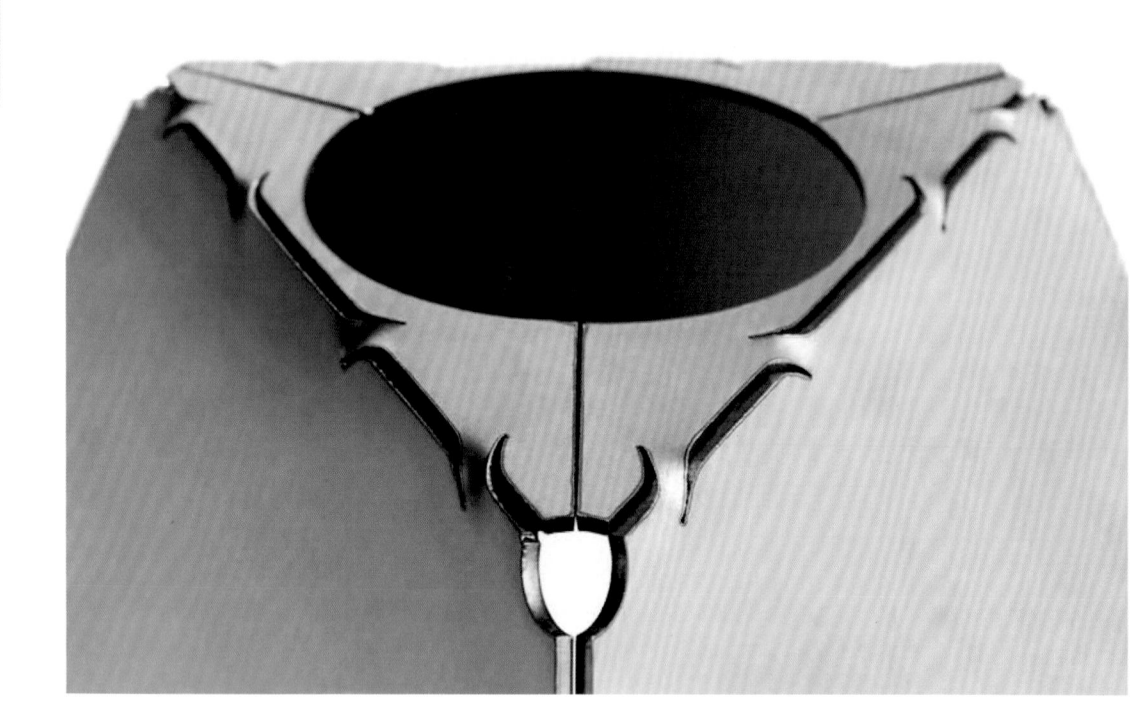

- **产量**

可从一件到数百万件。

- **单价与投资成本**

原型设计与制造的投资成本很高。但是，材料、储存和运输方面的成本节约，以及二次安装过程的节约，使得工艺的综合成本有所下降。

- **加工速度**

取决于冲孔、激光切割和冲压成形的速度。折叠本身可以在几秒内完成。

- **表面质量**

不适用表面质量的评价标准。

- **形状类型/复杂程度**

适用厚度从 0.25mm 到切割设备所允许的最大板料厚度。

- **精度**

其他金属成形方法会因为尺寸公差造成层叠错误，工业折叠的精度与原始切割设备的精度相当。

- **相关材料**

主要用于金属板，但也能用于许多其他材料，如塑料和复合材料。

- **典型产品**

主要用于生产零部件，如汽车底盘系统、太阳能安装支架系统、包装件、灶具和内置烤箱。

- **类似方法**

铝板超塑成形（见第70页）和压制成形（见第59页）。

- **可持续问题**

板材被冲压成扁平件，以平叠的方式进行运输，运抵后再进行折叠。这种方式可以降低运输时所需要的空间，间接地提高了能源的利用率。另外，在折叠设计中引入了许多连接和固定装置，因而材料的消耗也显著减少。和其他板料切割工艺一样，该工艺也会产生大量的废料，但是这些废料可回收再利用。

- **更多信息**

www.industrialorigani.com

- 可减少连接、固定和加工过程。
- 将多个部件集成在一块板料上，可显著减少材料消耗。
- 相比于其他方法，构造和组装更快速。
- 可用于有效的原型测试。
- 人工成本低。

- 为形成适合该工艺的设计，需进行大量的计算。

热成型
（含真空、压力、覆盖和柱塞辅助成型）

热成型是一种最常用的塑料零件加工方式。很多艺术类的在校生都会用到真空成型机。真空成型是少有的几种既适用于在校学生，又适用于工业化大规模生产的塑料成型方法之一。同时，它是最易理解的成型工艺。一旦你见到整个生产流程，你就会明白其中的原理。

热塑性材料和模具是热成型工艺所用到的基本材料。由于所采用的压力较小，模具可以由木头、铝板或其他廉价材料制成。模具被放置在可上下移动的工作台中间，形状与所需零件形状完全一致。刚性塑料板在一系列对流棒（类似于家用烤箱）的加热下，慢慢变得柔软、松垂。此时，升高工作台，将模具推入塑料板，随后抽真空。将空气从底部抽走，会使得塑料吸附在模具上。塑料与模具紧密贴合并稍许冷却后，就可以将其取下进行后续精加工。

其他热成型工艺（包括压力成型）与真空成型的工作方式相反，不是将塑料吸附在模具上，而是将其压在模具上。覆盖

产品	巧克力盒托盘
材料	生物降解塑料聚合物
日期	2005 年

没有比这款巧克力盒托盘更适合做热成型的例子了。巧克力的形状代表了用来成型托盘的模具形状。

成型，顾名思义就是将一块加热的塑料板覆盖在阳模上。覆盖过程中，材料会受到拉应力作用，但厚度基本上接近于初始厚度。柱塞辅助成型，在抽真空前会利用柱塞预拉伸塑料。通过这种方式，可以更好地控制材料厚度。

– **产量**
适合模型工进行原型制造，可以一次性生产，也可以进行大批量生产。

– **单价与投资成本**
模具可由多种材料制成，具体选取决于零件产量。铝易加工且耐磨性好，因而适用于大批量生产。环氧树脂可用作铝的廉价替代品。实际上任何材料都可以使用，包括中密度纤维板、石膏、木头甚至油土。油土适用于真空成型有倒扣的零件，因为成型后可将其取出。

– **生产速度**
每五分钟就可以生产一个浴缸。除此之外，生产速度难以衡量，因为多腔模具可大幅提高生产速度。另外，材料的厚度会影响加热所需的时间，进而影响生产速度。

– **表面质量**
真空成型对表面特征要求很严格，模具表面抛光会反映到零件表面。

– **形状类型 / 复杂程度**
需要设置拔模斜度，因为标准工装无法实现倒扣的成型。

– **尺寸规格**
$2m \times 2m$ 是标准尺寸，甚至可以更大。

– **精度**
根据零件尺寸变化。以此为例，对于尺寸小于150mm的零件，偏差为0.38mm。

– **相关材料**
大部分热塑性塑料板材都可以。典型材料有聚苯乙烯、ABS（丙烯腈–丁二烯–苯乙烯）、丙烯酸树脂和聚碳酸酯。

– **典型产品**
独木舟、浴缸、包装袋、家具、汽车内饰件和淋浴器。

– **类似方法**
铝板超塑成形（见第70页）和金属胀形（见第76页）。

– **可持续问题**
成型过程所需压力低且温度适中，加之生产周期短，因而能量消耗较低。但是，需额外的切边工艺去除工件上多余的材料，这将产生大量的废料。后续可以对材料加热使其熔化，来实现回收再利用。热成型件的形状特点，意味着产品可以套叠在一起运输，可节约空间。

– **更多信息**
www.formech.com
www.thermoformingdivision.com
www.bpf.co.uk
www.rpc-group.com

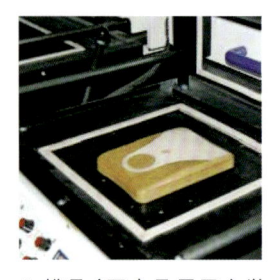

板材——热成型

1. 模具（图中是用于大学项目的简易木模）被放置在工作台上。

2. 工作台下降后，将塑料板置于模具上方，用金属框夹紧。

3. 加热器下降至塑料板上方。

4. 抽真空，用以完成成型。

真空成型

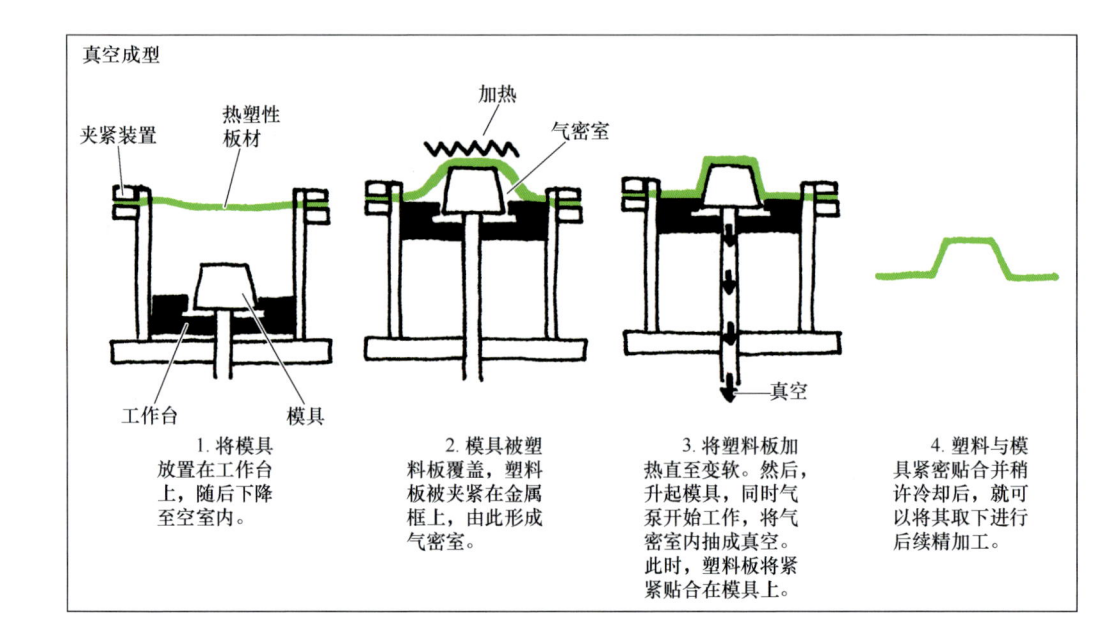

夹紧装置　热塑性板材　加热　气密室　工作台　模具　真空

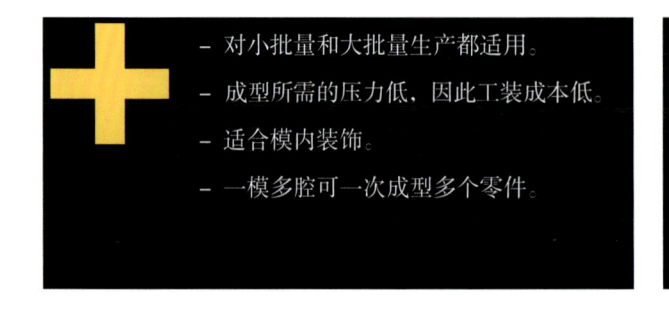

1. 将模具放置在工作台上，随后下降至空室内。

2. 模具被塑料板覆盖，塑料板被夹紧在金属框上，由此形成气密室。

3. 将塑料板加热直至变软。然后，升起模具，同时气泵开始工作，将气密室内抽成真空。此时，塑料板将紧紧贴合在模具上。

4. 塑料与模具紧密贴合并稍许冷却后，就可以将其取下进行后续精加工。

+
- 对小批量和大批量生产都适用。
- 成型所需的压力低，因此工装成本低。
- 适合模内装饰。
- 一模多腔可一次成型多个零件。

−
- 需二次加工。
- 成品件无垂直侧面，拔模斜度不可或缺。
- 可成型倒扣，但需要特殊工装。

爆炸成形
（亦称高能快速成形）

你能想象发现这种加工工艺时的乐趣吗？它让我想起英国电视剧中的憨豆先生，他决定给自己家里的墙刷漆，于是他爆破了一罐油漆。然而，爆炸成形并非如电视中描述的那样，它一般被用来成形板材或管材。同时，它是一个很好的描述发散思维的例子，这种思维方式常被工程师用来寻求新的成形方法。

产品	沙漠风暴建筑面板
材料	涂层铝卷
生产商	3D-Metal Forming BV
国家	荷兰
日期	1998年

这些建筑面板显示了爆炸成形可加工板料的规格以及能实现的复杂花纹。

文献记载的第一次使用爆炸成形是在1888年，当时这项技术用于在碟子上加工花纹。第一次和第二次世界大战期间是爆炸成形高速发展的时期，在20世纪50年代它已成为制造导弹弹头外壳的主要工艺。如今，爆炸成形可分成两种形式。其一，隔离爆炸加工，加工时，将爆炸物放在离金属板一定距离的地方，以水和油作为介质；其二，接触爆炸加工，加工时，爆炸物与金属板直接接触。

简单来说，将板料或管放在真空密封的型腔内，随后置于水中。将引线放置在板料上并引爆，爆炸冲击波通过水传递，将材料压入型腔内。

虽然图片中没有给出该工艺的特写，但展示了生产规模以及发生爆炸成形的密封加压环境。

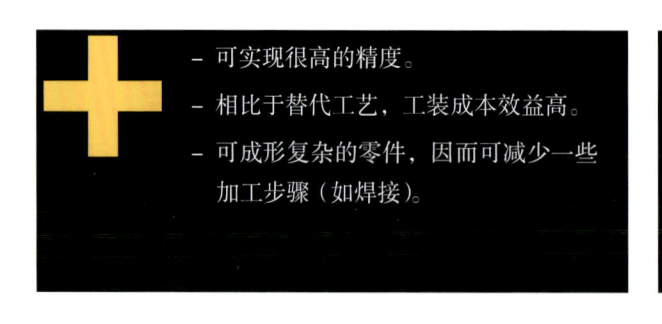

- 可实现很高的精度。
- 相比于替代工艺，工装成本效益高。
- 可成形复杂的零件，因而可减少一些加工步骤（如焊接）。

- 只有屈指可数的几家制造商。
- 必须遵守严格的安全规定。

– 产量

爆炸成形可用于一次性的艺术类项目，如雕塑和安装，但它同样适用于工业零件的大规模生产。在苏联，它被用来制造成千上万的重型卡车万向轴。

– 单价与投资成本

如果可以使用常规的冲压或旋压成形，则它们将更便宜。但是，相对低廉的模具成本以及制造复杂形状的能力，使爆炸成形成为可能的最佳选择。

– 加工速度

加工速度因工件尺寸和形状复杂程度而有所不同。有时候一次爆炸可以成形 20 个小零件，但对于大且复杂的形状，可能需要在三天内进行多达六次爆炸才能实现。由于准备时间长，单次爆炸都很耗时（每次大概需要超过一个小时）。

– 表面质量

表面质量非常好。用于 2G 级（化学抛光）不锈钢的成形时，不会损坏保护膜，可形成完美镜面。

– 形状类型/复杂程度

适合用无缝型腔成形形状复杂的零件。

– 尺寸规格

特种制造商可加工厚度为 13mm，长度达 10m 的镍板。更大尺寸的板只能通过将板料焊接在一起来实现。

– 精度

可保持精度。

– 相关材料

不仅仅局限于软质金属（如铝等），还可用于其他所有金属材料，包括钛、铁和镍合金。

– 典型产品

大型建筑零件和面板，以及航空航天和汽车工业零件。

– 类似方法

铝板超塑成形（见第 70 页）和金属胀形（见第 76 页）。

– 可持续问题

因为相对生产周期较长，加之高能耗，阻碍了该方法在可持续制造中的应用。事实上，一些大的零件可能需要多次爆炸才能完全成形，这进一步增加了能量消耗。有害物质会被用来产生爆炸性化学反应，因而需在处置前加以清洁。

– 更多信息

www.3dmetalforming.com

铝板超塑成形
（含空腔成形、气泡成形、背压成形和热隔膜成形）

将塑料板加热后置在模具上方，随后进行抽真空使塑料板成型的工艺（如热成型，见第64页）在很久以前就已为人们所使用。然而，随着新材料发展的不断加速，越来越多的材料加工技术开始出现交叉。

产品	MN01 自行车
设计者	Marc Newson
骨架构造者	Toby Louis-Jensen
材料	铝
生产商	Superform Aluminium
国家	英国
日期	1999 年

这款自行车是工业化加工工艺试制项目转化为消费品的典型案例。框架上压制的文字充分说明了该工艺可实现的细节特征。

超塑成形就面临这样一种交叉，它将传统的用于塑料的真空成型技术应用在了铝合金上。铝板超塑成形主要通过四种方法得以实现，分别是空腔成形、气泡成形、背压成形和热隔膜成形。每一种方法都对应特定的应用。它们的共同点在于，都在加压成形炉中将铝板加热至450~500℃，然后将其压入模具成形复杂三维形状。

空腔成形，是利用空气压力将板料向上压入模具，因此这种工艺方法也被称为"反向真空成形"。据制造商说，这种工艺适用于成形大型复杂零件（如汽车车身面板）。

气泡成形，是利用空气压力将材料吹

成气泡形状。随后将模具推入气泡内，顶部施加空气压力，使得材料贴合在模具表面。气泡成形适用于其他超塑成形方法无法实现的深腔以及相对复杂形状零件的成形。

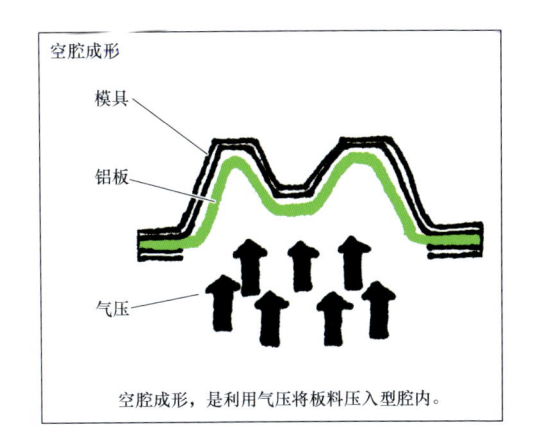

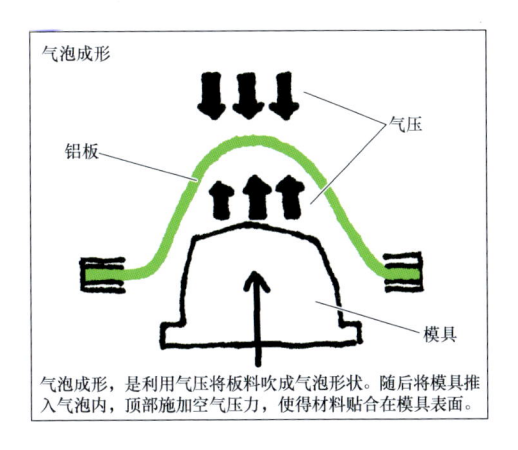

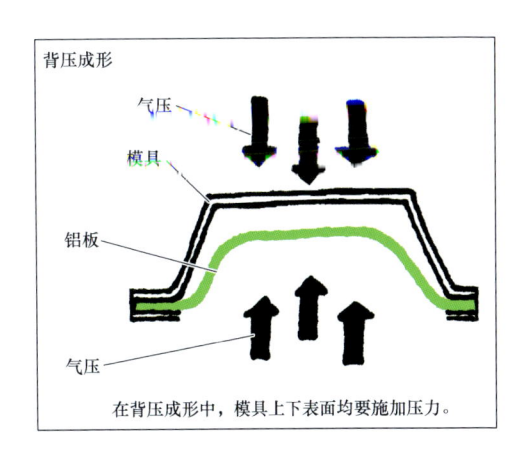

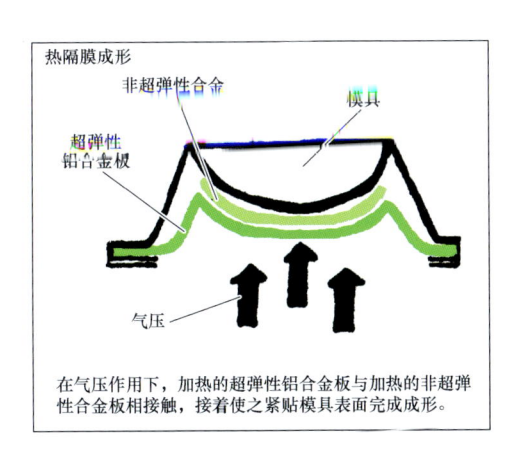

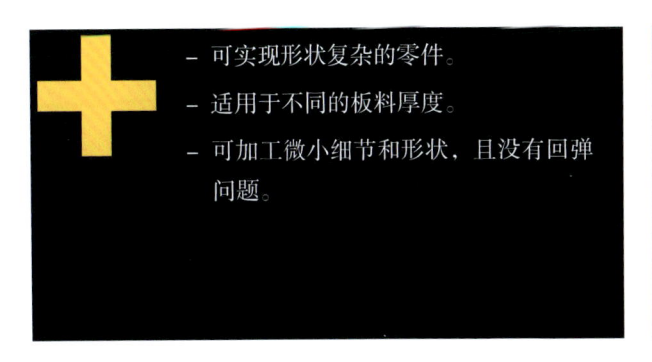

空腔成形

空腔成形，是利用气压将板料压入型腔内。

气泡成形

气泡成形，是利用气压将板料吹成气泡形状。随后将模具推入气泡内，顶部施加空气压力，使得材料贴合在模具表面。

背压成形

在背压成形中，模具上下表面均要施加压力。

热隔膜成形

在气压作用下，加热的超弹性铝合金板与加热的非超弹性合金板相接触，接着使之紧贴模具表面完成成形。

+
- 可实现形状复杂的零件。
- 适用于不同的板料厚度。
- 可加工微小细节和形状，且没有回弹问题。

—
- 仅适用于铝合金。

背压成形，是在模具的上下表面同时加压，使得板料与模具紧紧贴合。它可用于成形难变形类合金。

热隔膜成形，可用于非超弹性合金材料的成形。在加热的超弹性铝板以及空气压力的共同作用下，非超弹性材料会紧紧裹在模具上。

– 产量
目前，1000件已被认为产量很大。一旦汽车制造商们开始大规模使用该工艺，大规模生产是可能发生的事情。

– 单价与投资成本
投资成本很高，主要用于工具和材料。

– 加工速度
取决于材料自身。有些合金可在3~4min内完成成形，但对于航空用结构合金，估计需要1h。

– 表面质量
表面质量非常好。

– 形状类型/复杂程度
这取决于你所用的方法。气泡成形所能加工零件的形状复杂程度最高。所有这些方法的基本原理都是将平板变成三维形状。为了方便将零件从模具中取出，需要考虑拔模斜度。此外，不建议出现倒扣。

– 尺寸规格
每种方法适用于不同尺寸和厚度的材料。举例来说，背压成形可加工尺寸高达 $4.5m^2$ 的零件。空腔成形只能加工尺寸较小的板料，但板料厚度可达10mm。

– 精度
对大型零件，通常是1mm。

– 相关材料
该工艺是为铝这种超弹性材料量身定做的。不过，热隔膜成形也可用于加工非超弹性材料。

– 典型产品
这种工艺的主要应用市场是航空航天和汽车行业。Ron Arad 和 Marc Newson 等设计师将其应用到了家具和自行车产业。在伦敦地铁项目中，建筑师 Norman Foster 用超塑成形制造了隧道包覆板，并用于南华克地铁站。

– 类似方法
对于塑料，可采用真空成型（见第64页）和热弯玻璃（见第52页）。对于金属，可参看 Stephen Newby 提出的不锈钢金属胀形。

– 可持续问题
该方法涉及几个生产阶段，其中每个阶段需要高热和加压，因而会消耗大量能量。切边工艺会产生大量的废料，但这些废料可回收再利用。此外，产品报废后可回收再利用变成新的产品，因而可以降低原材料的消耗。热成形件的形状特点，意味着产品可以套叠在一起运输，可节约空间。

– 更多信息
www.superform-aluminum.com

钢的无模内压成形

产品	Ploop 凳子
设计者	Oskar Zieta
材料	不锈钢
生产商	Oskar Zieta
国家	瑞士
日期	2009 年首次展出

  这些凳子看起来就像柔软的充气塑胶，事实上它们是由不锈钢制成的。

这种奇特的工艺是以非常规方式使用传统技术所产生的创新性结果。它的工作原理类似于充气游泳池玩具或救生臂环，但是材料由塑料变成了钢，因而所得产品异常坚固。这项工艺的设计者，Oskar Zieta将其称为"FIDU"（字母对应德语），代表无模内压成形。

用激光切割从钢板上切下相同形状的两片，然后由机器人沿着边缘将两片钢板焊接在一起，使其水封并且气密。当充入空气后，板材开始发生变形逐渐变成三维形状，最终得到的零件是一种轻量化结构。利用成熟的技术，我们可以很容易地实现低成本批量制造。

这项工艺，连同Oskar先生的许多其他板料成形技术，为制造稳固的轻量化结构与产品找到了新的方法。

上图：放置金属平板，并连接好用来压缩气体的喷嘴。

中图：像气球一样，气体使金属慢慢地膨胀。

下图：当气体充满时，凳子面和凳腿会慢慢成形。

- 产量

来自唯一一家公司的数据显示,其产量限于批量生产阶段。Oskar Zieta 的创新工艺包含一项实践过程,需要针对不同形状进行大量的试验和原型制造,以测试钢的变形行为和成形性。因此,这项工艺适用于单件生产,也可用于大批量生产。

- 单价与投资成本

激光技术仍然很昂贵,但是材料单价与激光发生器的价格差异在过去五年中发生了巨大的变化。越来越便宜的激光器意味着这项技术在将来会被更为频繁地使用。为形成一项设计,需要许多准备时间进行大量的原型制造和制品测试,这些都将延长开发周期并增加成本。不过,在许多情况下工装成本可以控制在最低。

- 加工速度

每生产这样一个凳子需要21min。

- 表面质量

所有表面处理工艺,如抛光、粉末喷涂、上漆、搪瓷护膜和涂胶都能用来处理零件的表面。

- 尺寸规格

钢卷的长度可达4km,最大的非标板材尺寸为3m×30m。Oskar 为伦敦维多利亚和阿尔伯特博物馆所生产的零件长度达30m。

- 精度

取决于形状及其复杂程度。

- 相关材料

钢板和塑料。

- 典型产品

该工艺主要用于生产家具,包括方凳、椅子和长凳。不过,这项创新技术已被应用于风力涡轮机转子叶片以及一些结构件,如桥梁、展品,甚至是车架。

- 类似方法

铝板超塑成形(见第70页)、反挤压(见第111页)和压制成形(见第39页)。

- 可持续问题

材料消耗低,因为钢结构是中空的,但很稳固。除边缘密封需要加热外,其他时候都不需要。

- 更多信息

www.zieta.pl

www.nadente.com

www.blech.arch.ethz.ch

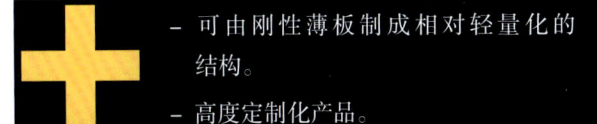

- 可由刚性薄板制成相对轻量化的结构。
- 高度定制化产品。

- 生产过程含多个阶段(激光切割、焊接和成形),生产周期较长。

金属胀形

不管是在抽真空时将其抽出，还是将其吹入预制坯以生产塑料瓶，空气在这些生产过程中都扮演着重要的角色。就吹塑成型而言，它已有几千年的历史，最早用于玻璃的成型。最近，英国设计师 Stephen Newby 推出了一种不锈钢钢板胀形工艺，为这种硬质金属的视觉表达创造了一种新的可能性。

胀形形成的柔软外观与钢的强韧材质形成了鲜明对比。该工艺是将空气充入两片夹在一起且边缘密封的金属板内。整个成型过程不需要使用模具。每一片钢板都会以不同的方式变形，从而生成独一无二的形状。就尺寸而言，钢板仅受限于初始板材的尺寸。这项工艺可用于加工带织构的彩色不锈钢，因为成形在内部进行，外表面不会被破坏。

产品	不锈钢枕头
设计师	Stephen Newby
材料	不锈钢
生产商	Full Blown Metals
国家	英国
日期	2002 年

这些枕头的凹痕形状是夹在一起的两张钢板膨胀时金属发生的自然起皱。

– 产量

最适合批量生产。

– 单价与投资成本

无须工装,但有些设计需要原型制作。

– 加工速度

吹塑成型(金属胀形只是其中一个例子)是瞬间完成的。工艺过程是个半自动过程,加工速度随板材尺寸而变化。举例来说,对于100mm见方的充气金属块,每小时可生产30块。

– 表面质量

可实现任意高品质表面,包括镜面、上色、蚀刻、纹理和压纹饰面。

– 形状类型/复杂程度

可由平面二维模板加工出任何形状,包括有机形态、修饰字体、软衬垫状折痕和矛顺市弄缺的形状。

– 尺寸规格

从50mm到最大单板尺寸(通常为3m×2m)。

– 精度

对于最大尺寸,每1m有5mm的偏差。

– 相关材料

大多数金属都适用,包括不锈钢、软钢、铝、黄铜和铜。

– 典型产品

建筑覆盖层和屏幕、大型公共艺术、户外设计(包括庭园水景)和家居装饰品。

– 类似方法

手工吹制玻璃(见第114页)和铝板超塑成形(见第70页)。

– 可持续问题

尽管这些钢结构很坚硬,但实际是用很薄的板料制成,因此材料消耗比较少。不过,金属焊接所需的极端温度以及空气有抽走空气所需的高压都会消耗相当大的能量。

– 更多信息

www.fullblownmetals.com

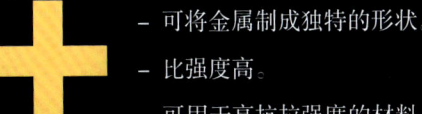

- 可将金属制成独特的形状。
- 比强度高。
- 可用于高抗拉强度的材料。
- 成形过程中不会破坏原有表面涂层。
- 无须模具或夹具即能实现特定的尺寸。

- 仅有唯一的制造商。

胶合板弯曲

至少需要35道工序才能将一棵树变成看似简单的弯曲胶合板家具。古埃及人最早使用交叉层压的方式来制作稳固的工程材料，并将其制成一些用品（如带有图案的石棺）。现代弯曲胶合板的发展是一系列技术进步的产物，其中包括精确的薄板切割技术、层压设备以及将薄木片黏合在一起的胶水。

天然材料的加工地通常集中在材料的产地，因此胶合板的制作主要位于北欧、北美、东南亚和日本。整个制作过程如下：利用切削或旋削工艺从木材上获得薄木片，将其切成单独的片材，随后使这些片材通过干燥室脱水，最后根据不同的品质堆叠在一起。

将薄木片送入轧机，使其表面附着一层均匀的胶水。胶水的用量取决于木材的多孔性。随后，将这些板按纹理取向交叉堆叠，层数为奇数。将胶合板置入模具的阴模内，阳模位于上方。成型后的零件会留有废料，待胶水干了之后，这些废料会被切除以获得整洁的切边。取决于所需的形状，成型过程中需要施加若干吨的压力来压紧这些胶合板。垂直压力辅以水平压力，使得模具从各个方向向内靠拢。与此同时，在温

产品	凳子
设计师	Shin Azumi
材料	胶合板
生产商	Lapalma srl
国家	意大利
日期	2010年

这款优雅可堆叠的凳子是用一整块胶合板制成。椅座部分与躯干无缝融合在一起，底部呈展开状，可有效分散压力。

度和压力的共同作用下，使得胶水固化。零件会在模具内留存25min左右，具体时长取决于零件的形状。在工业生产中，数控切割刀具会随之用来切除凹凸不平的层，以获得整齐边缘。

– 产量
小型工作室可制作夹具进行单件生产。工业化生产装备可生产几十万件。

– 单价与投资成本
考虑到人工成本，用于小批量生产的夹具会比较昂贵。不过，也取决于设计的好坏，制作用于小批量生产，甚至是单件生产的经济型模具是切实可行的。从工业化角度来看，如同其他加工工艺一样，高昂的工具成本可由低廉的单价来加以平衡。

– 加工速度
加工周期很长，因为胶合的薄板必须在模内固化后才能取出。此外，该工件还需要做后续精加工，包括修边、表面处理或喷涂。

– 表面质量
取决于木料的类型。

– 形状类型/复杂程度
限于单个方向的简单弯曲。当从模具中取零件时，鉴于材料的固有柔性，零件上存在轻微的倒扣是可接受的。

– 尺寸规格
尺寸规格适用于家具和配件（如杂志架）类零件。对于尺寸的限制主要由模具尺寸和所能提供的用于压实板材的压力来决定。

– 精度
由于材料的柔软特性，工件尺寸精度非常差。

– 相关材料
大批量生产的家具多数是由桦木制成，但也可以用其他木材，如橡木和枫木。不建议使用乱纹材（包括松木在内），因为它们难以制成品质一致的胶合板。

– 典型产品
家具、内景和建筑覆盖层。在两次世界大战期间，飞机的框架是由弯曲胶合板制成。

– 类似方法
膨胀木材法（见第182页）和胶合板模压成型（见第84页）。

– 可持续问题
木材是一种天然原料，在科学种植和合理采伐的情况下它们可以再生。不过，胶合板的生产及附加成形操作相当耗能。胶合板可回收再利用。

– 更多信息
www.woodweb.com
www.woodforgood.com
www.artek.fi
www.vitra.com
www.lapalma.it

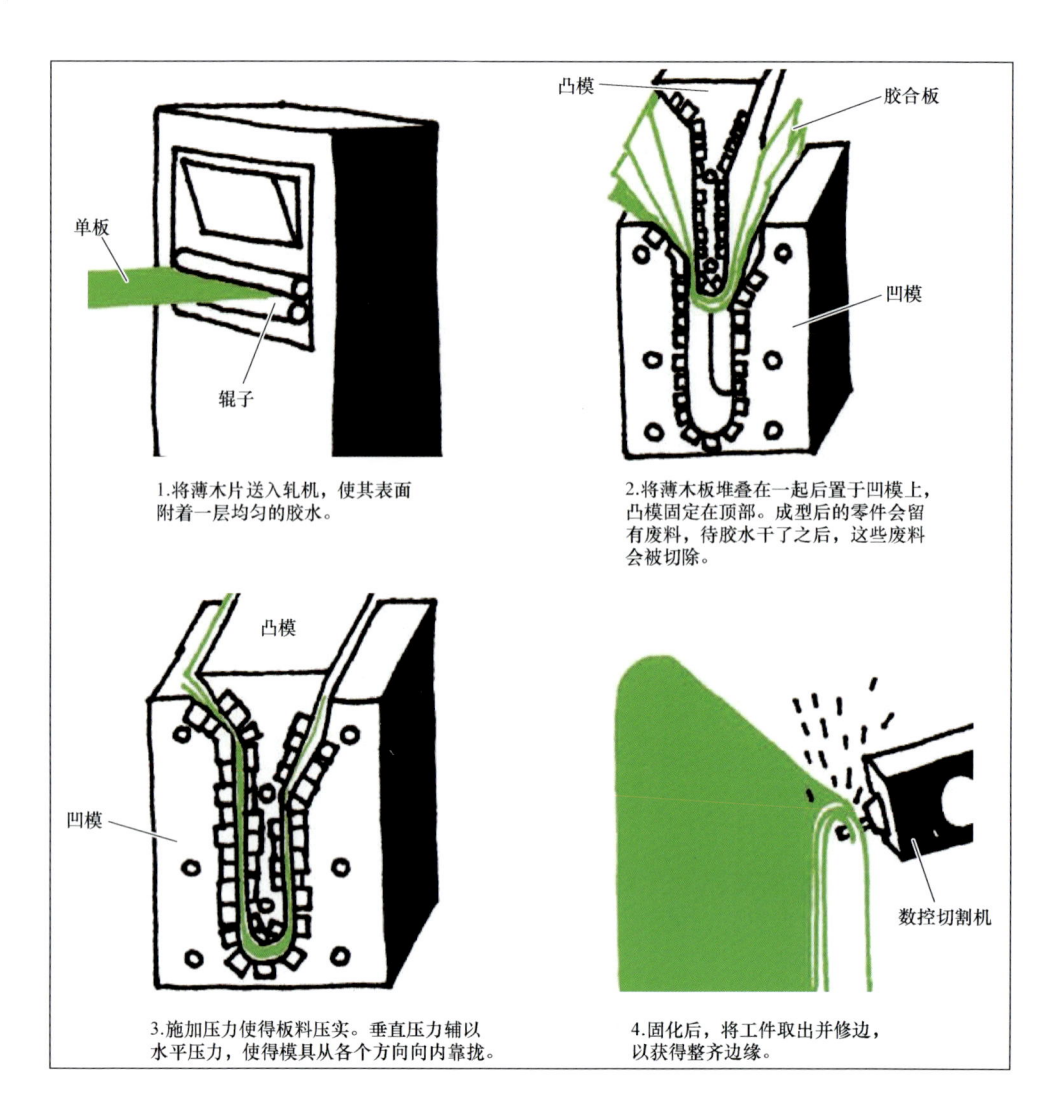

板材——胶合板弯曲

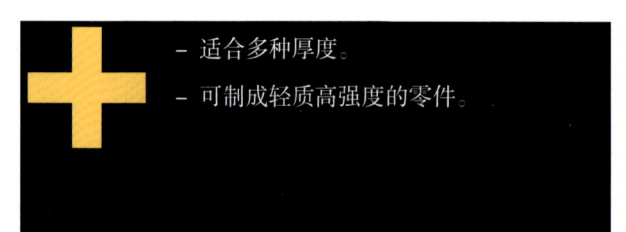

单板 — **辊子**

1.将薄木片送入轧机,使其表面附着一层均匀的胶水。

凸模 — **胶合板** — **凹模**

2.将薄木板堆叠在一起后置于凹模上,凸模固定在顶部。成型后的零件会留有废料,待胶水干了之后,这些废料会被切除。

凸模 — **凹模**

3.施加压力使得板料压实。垂直压力辅以水平压力,使得模具从各个方向向内靠拢。

数控切割机

4.固化后,将工件取出并修边,以获得整齐边缘。

+
- 适合多种厚度。
- 可制成轻质高强度的零件。

−
- 步骤繁多。
- 限于单个方向的弯曲。

胶合板深度三维成型

本书介绍了许多新的方法来加工胶合板以成形更复杂的曲面形状。胶合板深度三维成型是其中一种方法，它将加工工艺与为之特殊处理的材料进行了结合。使用创新的处理手段将木纤维松弛，可将胶合板弯曲成一度被认为不可思议的波浪形状。

这种胶合板的制备技术是由德国制造商 Reholz 开发的，获得的胶合板能够模压成深度三维复合曲线，从而可生产出类似于模压塑料产品形状的零件。

该工艺的关键步骤，也是实现复杂曲线的第一步，就是形成一系列紧密的平行切割线。这些切割线的深度很深，以至于板料几乎要散架。这些切割线的存在，使得薄木板可以沿不同方向发生弹性弯曲而不发生破裂。这种特性在相对于纹理方向进行弯曲时尤为重要。这些薄木板的胶合方式与胶合板弯曲工艺一样，以获取刚度和强度。

产品	Gubi 椅子
设计师	Komplot
材料	核桃木
制造商	Gubi 使用 Reholz 的深度三维成型技术
产地	德国（工艺） 丹麦（椅子）
日期	2003 年

这款 Gubi 椅子看似简单的线条掩盖了这种全新木材成型工艺的复杂性。椅座和靠背几乎成 90° 角，可见经加工后的胶合板能成形出远比压制胶合板托盘复杂的形状。

- 产量

适合大批量生产。

- 单价与投资成本

这种工艺的成本不低,但它是实现如此复杂胶合板成型的唯一方法。因此,可以通过长期大批量生产来摊薄投资成本。

- 加工速度

Reholz 工艺包含几个步骤,包括薄木板的预处理、模压和最后的修边。标准胶合板弯曲与深度三维成型工艺的核心区别在于,对薄木板的预切割处理使得胶合板能够弯曲。

- 表面质量

与其他类型的密实木材表面相当,因而可以用多种方式进行染色、喷漆和涂覆。

- 形状类型 / 复杂程度

深度三维成型工艺的关键在于,可以将薄的经过预处理的胶合板弯成先前不可能实现的曲线。设计时需要考虑零件的脱模,因而不能有倒扣特征。

- 尺寸规格

受限于现有的板料尺寸和成形模具的尺寸。

- 精度

由于木材纹理的天然变化,很难达到非常高的精度。不过,可以通过柔性固定等方式来提高精度。

- 相关材料

常规的薄木板都能用于深度三维成型,但必须有笔直的纹理方向且没有节疤。该工艺的开发者 Reholz 推荐使用高质量的 ALPI 胶合板,这种胶合板是由意大利公司 ALPI 生产的。

- 典型产品

典型产品有椅子座位、胶合板条和弯曲的家具框架,或者从大规模应用的角度,典型产品如用于建筑工业的层压木结构。深度三维成型的胶合板还可用于医疗装置外壳,例如 MRI 扫描机的镶板、替代 MDF(中密度纤维板)的包装材料,还有灯具模制品和汽车内饰件。

- 类似方法

制造商更多地将该工艺与金属板的拉深工艺进行对比。实际上就木材加工而言,最接近的方法是胶合板弯曲(见第 78 页),尽管这种方法存在仅能单一方向上成型的缺点。由 Malcolm Jordan 开发的膨胀木材法(见第 182 页)工艺可以加工类似的三维形状,但它同时需要泡沫和胶合板。胶合板模压成形工艺可以获得类似的三维效果,但结构深度很浅,常用于生产晚餐托盘和汽车仪表板。

- 可持续问题

木材是一种天然原料,在可持续林业的管理下它们可以再生。不过,胶合板的生产及附加成形操作非常耗能。

- 更多信息

www.reholz.de

板材——胶合板深度三维成型　83

1. 所制备的薄木板以纹理交错的方式堆叠在一起。

2. 将堆叠的板材放入模具内。

3. 对 Gubi 椅子的椅座进行后处理。

4. 对椅座进行最后修边处理，即切除周围多余的材料。

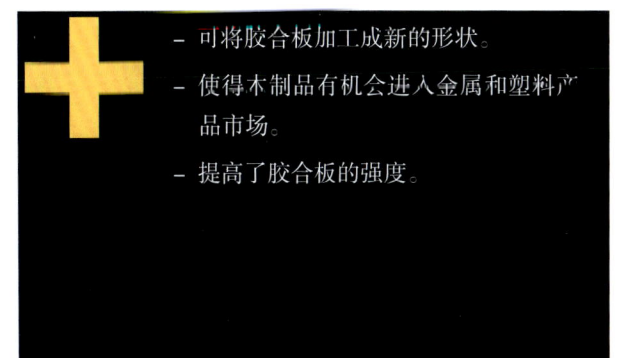

- 可将胶合板加工成新的形状。
- 使得木制品有机会进入金属和塑料产品市场。
- 提高了胶合板的强度。

- 对小圆角和锐角弯曲有些限制。
- 由于这是一个木料加工工艺，模压精度达不到注塑件的水平。
- 只有这项技术的开发者 Reholz 能够提供。

胶合板模压成型

对于这种生产方法的首要印象，是人们对其产品生产工艺的联想，更多的是塑料成型而非木质成型。换句话说，这些产品由木头平板制成三维形状，但是成型后的零件有塑料真空热成型（见第64页）零件的感觉。

想象一下遍布世界各地自助餐厅里的托盘，制作这类托盘的第一道工序是将胶合板原料切出方形坯料。通常情况下，单层薄木板会由两块窄叶片组成。这两块窄叶片会采用交叉排布的胶水线组合在一起。随后，这些板材会按照纹理交替的方式堆叠在一起，中间放置有浸胶纸。顶部和底部会分别放置一张在三聚氰胺中浸渍过的片材，如同三明治一样。紧接着，这块三明治板会被送入压力机，置于阳模和阴模之间，并在135℃的条件下加压4min。需要注意的是，薄木板需要具有一定程度的湿度，以防止木材压裂。将制件从压力机中取出，置于平台上并用重物将其压紧以

产品	Delica 托盘
设计师	ZooCreative–Jaume Ramírez, Gorka Ibargoyen, Josema Carrillo
材料	胶合板
制造商	Nevilles
国家	西班牙

Delica 托盘是由压缩木材制成的符合人体工程学的托盘，它有一侧开口，使得倾倒食物更加便捷。

确保不会发生翘曲。最后一步是修边，并用清漆喷雾进行边缘密封。

在热、压力和黏合剂的共同作用下，能够成形一系列薄而强度高的层压木制品。英国公司 Neville 这几年已经制作了各式各样的盘子。如今，他们是为数不多的依然在生产木质层压盘的英国公司之一。正是在加热和加压的作用下，才能制成结实耐用的 15mm 厚托盘。

– 产量
一天可生产多达 600 个。Neville 的最小订单量是 50 件。

– 单价与投资成本
适用于小批量和大规模生产。制作托盘的模具由不锈钢包覆铝材制成，因而即便是批量生产也很经济实惠。产品单价很低。

– 加工速度
每五分钟可生产一个托盘。

– 表面质量
产品表面的颜色、光滑程度和样式取决于模压过程中使用的三聚氰胺片。除此之外，也可以加工出来装饰图案、颜色和防滑表面。

– 形状类型 / 复杂程度
模压板材的拉深深度很浅，最大约为 25mm。

– 尺寸规格
Neville 最大可生产 600mm × 450mm 的工件。

– 精度
不适用于一般的衡量标准。

– 相关材料
大多数薄木板都适用。不过，通常用于托盘的材料有桦木、山毛榉和桃花心木。

– 典型产品
考虑到可实现的成型深度，这种工艺仅能用于生产托盘，以及在高端汽车品牌中使用的胡桃木内饰件这类零件。

– 类似方法
胶合板深度三维成型（见第 81 页）可用于加工深度更大甚至是弯曲的胶合板。此外，还有 Curvy Composites 公司的木材胀型工艺，不过所采用的技术完全不同。

– 可持续问题
胶合板的交叉纹理结构，可以在保证高强度的同时，使得材料的消耗最少。将胶合板模压成型为托盘特征会历经很多工序，需要大量的热量来熔化和固化胶水，使得薄木板黏合在一起。

– 更多信息
www.nevilleuk.com

- 非常耐用，可耐高温且可用洗碗机清洗。
- 耐化学腐蚀。
- 表面可印刷。

- 难以成型深度较深的零件。

3:

连续

——由连续长度的材料所制成的制品的加工

88	压延
90	吹塑薄膜
92	挤注成型
94	挤压成型®
97	拉挤成型
100	拉挤复合成型™
102	辊压成形
104	旋转锻造
106	预弯成形金属丝编织
110	单板剪裁

本章将要描述的制件，其加工原理与香肠的加工原埋类似，即将原材料送入型腔使之形成相同轮廓的连续长度材料制品。同时，本章还将介绍木材与塑料的连续板条制品、金属编织制品和连续长度的弯曲钢材制品。此外，本章会介绍一系列工艺方法。这些工艺方法可以借助模具将原材料制成无限长的制品，但在长度方向上这些制品具有相同的横截面。由于可以从同一连续长度的材料制品上切出完全相同的产品，因而大部分工艺的成本效率很高。

压延

压延一般用于纺织品和纸张的精加工，通过加热和加压使得产品表面光滑、有光泽。压延工艺源于19世纪，当时的主要用途是采用多根轧辊进行橡胶板的生产。由产量以及规模庞大的板材成型机（或板材压花机）可知，该工艺属于一种大规模生产工艺。

压延设备的内部由一系列钢辊组成，它们的运行方式与轧布机类似，将原料制成连续长度的薄板制品。尽管压延工艺仍是纸张、部分形式的纺织品以及各类橡皮筋的加工工艺，实际上它已成为高速大批量生产PVC片材的首选工艺。在塑料制品生产领域，压延工艺与挤压成型（见第94页）工艺是生产硬塑料片材和柔性塑料片材的两大主流工艺。

当用于塑料制品时，压延设备至少需要四个不同转速的加热辊。首先，需将加热后的塑料颗粒倒进混合机，使之变成胶状物。随后，它们经由传送带输送通过第一个加热辊。生产过程中需对轧辊进行精确控制，以获取所需要的厚度和表面质量。利用压花辊，可在塑料表面形成纹理。最终，塑料板经由冷却辊后会被卷起来。

压延工艺的本质。带状塑料经由抛光的钢辊后，变成连续长度的塑料片材。

– 产量
鉴于生产准备成本和运行时间，压延工艺的工装成本很高，因而它被专门用于大批量生产。该工艺的最小产品长度介于2000m和5000m之间，具体数值取决于片材的规格。

– 单价与投资成本
经压延后的片材通常需要后续加工才能变成产品。如果订单足够大，用于后续加工的片材价格会很低。不过，设备投资成本极高。

– 加工速度
一旦设备以最佳状态运行（这可能需要数小时来调试），压延的加工速度是超快的。

– 表面质量
表面超光滑的轧辊可生产出表面光滑的片材。如果轧辊表面有图案，最终压制的片材表面也会有图案。

– 形状类型/复杂程度
薄的平板。

– 尺寸规格
PVC片材的厚度通常在0.06mm和1.2mm之间。轧辊宽度可达1.5m。

– 精度
不适用。

– 相关材料
适用于许多材料，包括纺织品、复合材料、塑料（主要是PVC）或纸。主要作用是使材料的表面光滑。

– 典型产品
新闻纸、大型塑料片或塑料薄膜。此外，它可以用作其他纸张和纺织品的精加工工艺。

– 类似方法
就塑料制品而言，挤压成型（见第94页）是与压延最为接近的用于生产连续片材的方法。此外，还有吹塑薄膜（见第90页）。

– 可持续问题
压延是一种高度自动化的工艺，需要持续的加热和旋转，因此需要大量的能量。不过，机器处于高速运转状态，因而循环时间较短，可实现能量利用率的最大化。此外，几乎没有废料。

– 更多信息
www.vinyl.org
www.ecvm.org
www.ipaper.com
www.coruba.co.uk

- 可生产长而连续的卷材，且无须连接。
- 特别适用于大批量平板生产。

- 仅能用于大规模生产。

吹塑薄膜

吹塑薄膜工艺可形象地比喻为吹泡泡糖，只是这种工艺更多的用在工业化领域。塑料制品的生产所需的生产装置在物理规模上与建筑物类似，膨胀的塑料形成巨大的管状气泡被向上吹入垂直的类似脚手架的结构中。

该工艺的名称来源于塑料颗粒的变化过程。如下图所示，塑料颗粒先在 1 中被加热，随后由气流垂直射入水平放置的圆筒状模具 2 中，使之成为薄壁管状，进而吹塑成形为巨大的塑料气泡 3。该气泡经气流垂直送入模具顶端形成塑料塔 4。调

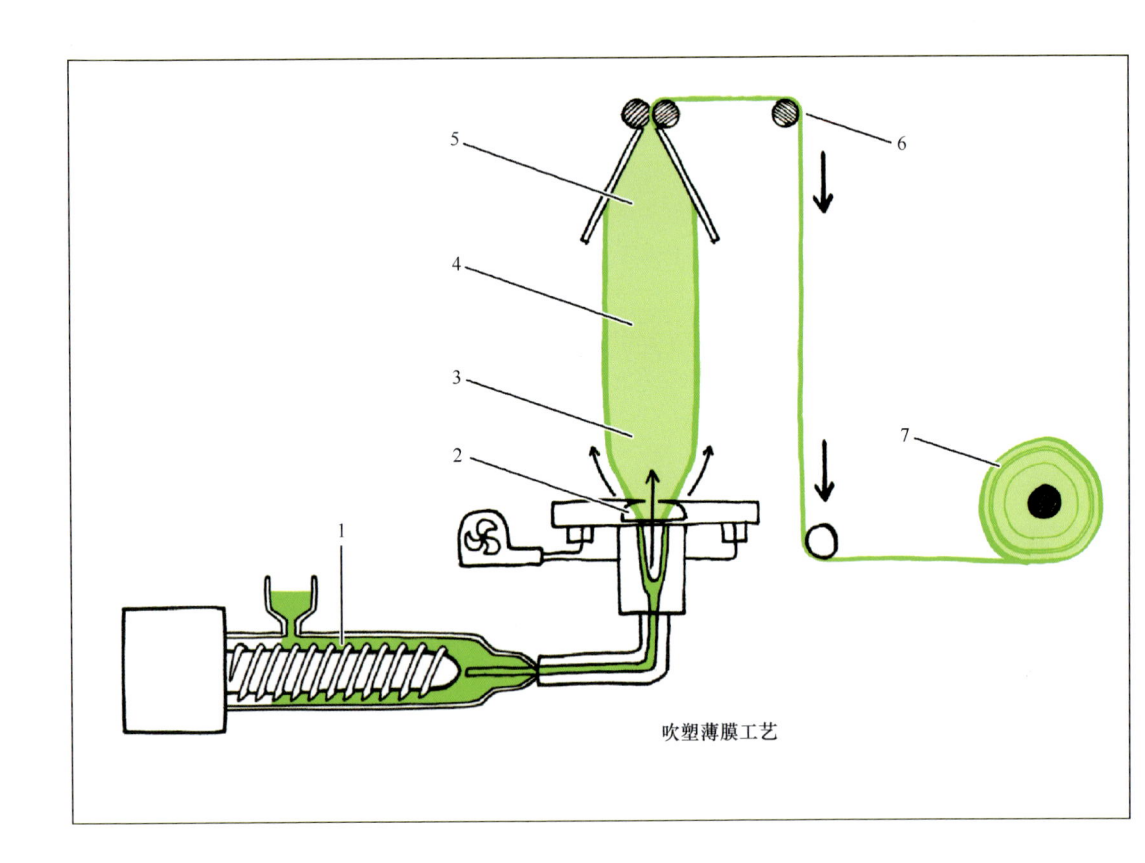

吹塑薄膜工艺

节气泡中的空气含量可以控制薄膜的厚度与宽度。随着薄膜逐渐上升、变细，它会逐渐冷却。到达一定高度后，它会彻底变为扁平管状 5。这些扁平管状薄膜会穿越一系列轧辊 6 从而返回到地面，并最终被卷绕成卷 7 等待配送。将该塑料薄膜制品的一边切除，即可变成单片状塑料薄膜。亦可保留管状结构，以用于制造购物袋和垃圾袋。

– 产量
产量很高，每小时可加工 250kg 塑料。

– 单价与投资成本
投资成本很高，但用于大规模生产具有很好的经济效益。

– 加工速度
每分钟高达 130m。

– 表面质量
由多种因素决定，包括材料以及机械装置。

– 形状类型/复杂程度
仅能是平板或者管材。

– 尺寸规格
直径范围从 550mm 到 5m 不等，长度可达数百米。膜的厚度范围为 10~250μm。

– 精度
可实现高精度。需要注意：一般制造商提供两个等级的吹塑薄膜，即有厚度控制或没有厚度控制。

– 相关材料
最常用的材料是高密度和低密度的聚乙烯，也有一些其他的材料被使用，例如聚丙烯和尼龙。

– 典型产品
大多数塑料薄膜产品，如垃圾袋、购物袋、塑料薄片、保鲜膜、塑封膜，以及你能想到的其他薄膜产品。

– 类似方法
挤出成型（见第 94 页）和压延（见第 88 页）都可以用来生产平板薄片。

– 可持续问题
吹塑薄膜工艺的生产效率非常高、循环时间少，因而单位产品消耗的能量很少。不过，由于机器工作所需要的高温和持续高压，工艺所需要的能量仍然非常大。材料浪费较少。

– 更多信息
www.plasticbag.com
www.flexpack.org
www.reifenhauser.com

– 产品在整个长度和宽度上的性能均匀。

– 吹塑薄膜并非总是最佳选择。对于需要高光学透明度的应用，流延膜更好。

挤注成型

注射成型和挤压成型是许多塑料和金属产品的重要制造方法。不过，这两种方法都或多或少地存在一些局限。比如挤压成型，它可以用来生产长的薄壁结构零件，但是沿零件长度方向的轮廓形状必须相同，即无法生产变截面的零件。与之相比，注射成型可用来制造复杂形状，如壁架和封闭结构。但是，由于树脂无法填满很长的通道，这种方法生产的零件长度较短。挤注集成了注射成型和挤压成型两种工艺的优点，由此可制造很长的零件，截面可变且包含细节特征。

挤注工艺的原理类似于传统的注射成型，将熔融塑料压入模具中。有意思的是，该工艺增加了一个可移动的型腔。当熔融塑料注入模具后，这些熔融塑料便会开始填充模具内的空腔。一旦空腔被填满，型腔尾端将沿着模具的长度方向进行水平移动，移动速度与塑料的注射速度相同。随着型腔的移动，更多的模具空腔会允许塑料的流入。由于型腔移动速度与塑料的注射速度保持一致，因而模内能持续保持高压，使得塑料能连续流动而不发生收缩。可以将挤注想象为填充注射器的过程。当拉动柱塞后端时，压力将液体压入容器中。越往后拉，用于填充液体的空间会越大，空间内处于真空状态。

一旦模具被填满后，剩余的熔融塑料会冷却凝固，随后被移除。与此同时，将型腔移回起始位置以便开始下一次操作。材料类型与壁厚决定了型腔的移动速率，因而会对生产速度有所影响。

产品	挤注成型样件
材料	POM 塑料（很多塑料都可进行挤注成型）
制造商	Exjection®
国家	德国
日期	挤注成型始于 2007 年

观察挤注成型的样件可发现，沿长度方向存在很多小的横向支撑结构，而传统挤压成型无法实现这类特征。

连续——挤注成型

- **产量**

与注射成型相当。

- **单价与投资成本**

单价与传统注射成型差不多，不过由于引入了移动的型腔，初始投资成本较高。

- **加工速度**

材料类型和零件的壁厚限制了型腔的移动速率，因而会影响加工速度。

- **表面质量**

与传统注射成型的高质量表面相当。

- **形状类型 / 复杂程度**

挤注允许多腔零件，意味着可以在一个加工循环中制造组合零件。此外，它还可用于包覆成型。

- **尺寸规格**

覆盖范围很广。

忄皮

■ 0.1mm。

- **相关材料**

已成功应用于很多日用品和工程热塑性塑料。对金属和木料进行包覆成型也是可行的。

- **典型产品**

适用于生产长的薄壁部件，如 LED 照明光条、灯罩以及集成封口和盖子等模制品的电缆管道。

- **类似方法**

这是一种专利技术，因而没有类似的方法。

- **可持续问题**

挤注将几个工艺过程在一个加工循环内加以组合，避免了制造单元之间的工件传递，因而可缩短交付时间，同时可减少能量消耗并降低排放。

- **更多信息**

www.exjection.com

- 可在注射机上生产连续型材。
- 成本低于同类替代工艺。

- 只有少数制造商可提供该工艺。

挤压成型®

挤压成型的形式有很多，有简单的牙膏挤出，食物加工（意大利面条），以及铝合金窗框和麦当劳放在沙拉中的长条煮蛋。简而言之，挤压成型是将材料挤入模具型腔，使其变成与型腔轮廓一致的连续长度制件的过程。

图示的凳子由托马斯·赫斯维克设计，它的长度取决于你的打算。这是一个大型的挤压成型实例。该设计项目的前提是，如何用单一材料制成单一形状的椅子，包含座位、支架和靠背，且无须任何的连接件或附加零件。赫斯维克找到了世界上最大的挤压机来帮助她实现这一想法。为了使得暗淡的铝制品表面如镜面般明亮，后续还需要进行大量的抛光操作。

这件作品的尾部扭作一团，充分展现了连续长度制件生产工艺的实质。

挤压模的特写镜头。

从挤压模具中挤出的料头细节。

连续——挤压成型® 95

产品	挤压制品
设计者	托马斯·赫斯维克
材料	铝
制造商	Haunch of Venison
国家	英国
日期	2009 年

除体型比较大以外，这件作品最为出彩的地方在于其尾部隐含的挤压成型特点。对于通常的挤压成型零件，这类特征都会被清除。

– 产量

不同的制造商会要求不同的最小生产长度。对于批量生产和大规模生产而言，挤压成型都是比较经济的。显然，挤压成型无法用于单件生产，除非你的单件长度有 50m 长。

– 单价与投资成本

与注射成型相比，传统挤压成型在工装方面的投入较低。

– 加工速度

可达每小时 20m。

– 表面质量

极好。

– 形状类型 / 复杂程度

可制造壁厚变化的复杂形状，但沿长度方向截面必须一致。此外，也可用于生产平板。

– 尺寸规格

取决于挤压成型的类型。大多数制造商要求的平均最大横截面尺寸为 250mm。制件的长度受限于工厂的设备规格。

– 精度

由于存在模具磨损，因而难以保持高精度。

– 相关材料

挤压成型是一种通用方法，可用于木塑复合材料、铝、镁、铜以及各类塑料和陶瓷材料。

– 典型产品

建筑和家具零件，照明和配饰，还有意大利面和英国的糖果棒。

– 类似方法

拉挤成型（见第 97 页）、压延（见第 88 页）、混合挤压成型（同一零件含多层挤出材料）、层压（两种或更多种材料黏合在一起）、辊压成形（见第 102 页）和反挤压（见第 144 页）。

– 可持续问题

挤压的形式有很多，但热挤压和冷挤压均需要高温或高压，因而非常耗能。一旦施加过多的热量或压力，成型过程中可能发生内部破裂，因而需要对零件进行密切监测，以防止材料浪费。连续长度的挤出件意味着后续需要切割操作，用以获取可用的形状。

– 更多信息

www.heatherwick.com

www.aec.org

– 是制造相同轮廓长条状材料的最佳方法。
– 可用于很多材料。
– 存在大量的生产基地。

– 零件通常需要进行切割、组装或钻孔操作。

拉挤成型

作为一种塑料加工方法，拉挤成型相比于挤压成型要小众得多。两种工艺方法的共同点在于，都能制造连续长度等截面制品。两者最主要的差别在于，挤压成型（见第94页）可用于铝材、木质复合材料以及热塑性材料，而拉挤成型仅能用于长纤维强化复合材料的成型。

顾名思义，该工艺是将混杂的复合材料拉过加热的模具。挤压过程则是将材料推入模具。用挤增成纤制成的连续长度强化纤维，在拉挤通过模具时会被液态的树脂混合物所包围。这里，模具不仅用来成型零件，在加热过程中还用来熔化树脂。有时也会采用预浸纤维，这样就可以省去树脂槽。

近年来，塑料制造商一直在尝试各种应用，这些应用之前通常采用金属材料。正是这些尝试，造就了拉挤成型这项工艺。拉挤后的塑料呈现一种增强的物理性能，有助于工程应用和设计应用。这是因为，拉挤后的塑料可获得相当于金属材料的韧度，但是质量更轻，且拥有良好的耐蚀性。这类塑料极其致密，硬度好、刚性强。当你敲击它们时，甚至可以听到类似金属板的"叮当"声。

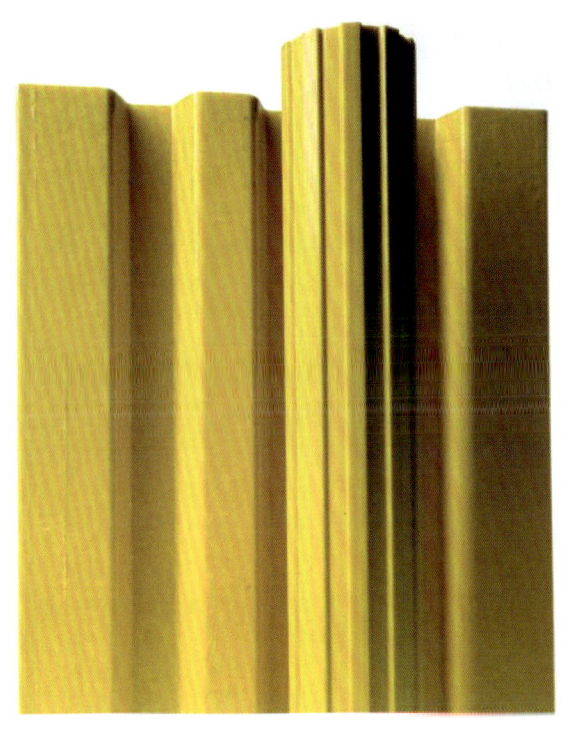

产品	拉挤成型的复合材料型材
材质	玻璃纤维增强聚酯树脂
制造商	Exel Composites
国家	英国

这些型材说明了拉挤成型的两个关键性能。首先，制成的塑料制品与金属型材具有相似的性能；其次，具有模内着色的能力。

- **产量**

取决于形状的尺寸和复杂程度。通常最小产量约500m。

- **单价与投资成本**

成本低于注射成型（见第194页）和模压成型（见第172页），但高于手糊成型工艺（见第150页）。

- **加工速度**

取决于尺寸。一般来说，对于截面尺寸为50mm×50mm的型材，每分钟可加工500mm；对于厚实的截面形状，每分钟可加工100mm；对于窄截面，每分钟可加工1000mm。

- **表面质量**

可加以控制，取决于强化物和聚合物。

- **形状类型/复杂程度**

拉挤成型可用于倒扣特征。事实上，能挤过模具的任意形状都能制成。不过，形状的厚度必须相同。

- **尺寸规格**

型材的最大宽度通常为1.2m，不过有专用设备可用来制造更大尺寸的型材。型材的最小壁厚约2.3mm。生产车间的大小决定了拉挤成型零件的长度。

- **精度**

因型材轮廓不同而有所不同。对于标准的矩形截面，壁厚为4.99mm的话，精度为 ±0.35mm。

- **相关材料**

可与玻璃和碳纤维混合的任意热固性聚合物。

- **典型产品**

拉挤成型的应用非常广泛，包含各种耐久的和临时使用的结构件。这些结构件常用于工业化车间、防破坏的室内和户外公共设施，以及展览场地和展台。较小规模的应用，有绝缘梯子、滑雪杖、球拍手柄、钓鱼竿和自行车架。令人惊讶的是，拉挤成型后的塑料具有类似于某些木材的共振频率，因而可用作木琴硬木框架的替代品。

- **类似方法**

挤压成型（见第94页）和拉挤复合成型（见第100页）。

- **可持续问题**

由于增强纤维的存在，零件可以是薄壁结构，从而可以在不影响强度的情况下最大程度地减少材料的使用。不过，整个成型过程属于全自动化和热密集过程，能量消耗相当高。因为多种材料结合，使得复合材料无法循环利用。

- **更多信息**

www.exelcomposites.com
www.acmanet.org/pic
www.pultruders.com

连续——拉挤成型　　99

1. 将单股纤维束送入模具。在模内，这些纤维将会浸泡在树脂中，并与之形成最终的型材。

2. 成品管件穿过切割机，准备切成一定的长度。

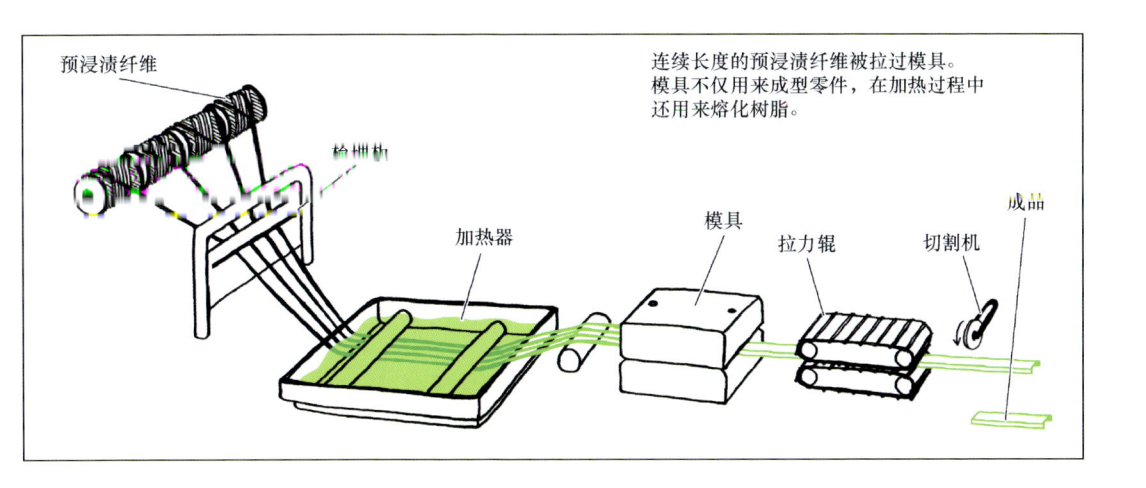

预浸渍纤维

梳栅机

连续长度的预浸渍纤维被拉过模具。模具不仅用来成型零件，在加热过程中还用来熔化树脂。

加热器　　模具　　拉力辊　　切割机　　成品

- 相比于钢材，减重75%～80%；相比于铝合金，减重30%。
- 相比于金属配件，尺寸稳定性更好。
- 可着色且没有碎屑的问题，因为颜色被附着在聚合物表面。
- 表面可以装饰成颗粒面和其他纹理。
- 不导电且不会被腐蚀。

- 限于恒定截面的型材。

拉挤复合成型™

拉挤复合成型是工业界新近出现的一种复合材料加工方法。这种成型工艺由美国Pultrusion Dynamics公司开发，旨在突破拉挤成型（见第97页）零件在长度方向上截面恒定的限制。在加工纤维增强塑料零件的连续加工过程中，拉挤复合成型工艺使得设计者可以在三维空间内改变截面形状。例如，型材在长度方向的大部分区域都保持一致的圆形横截面，但在顶端和尾端可分别用适当的工具将截面变成正方形和椭圆形。这种工艺的最大优点在于，可将管材端部制成螺纹紧固件或膨胀节联轴器。

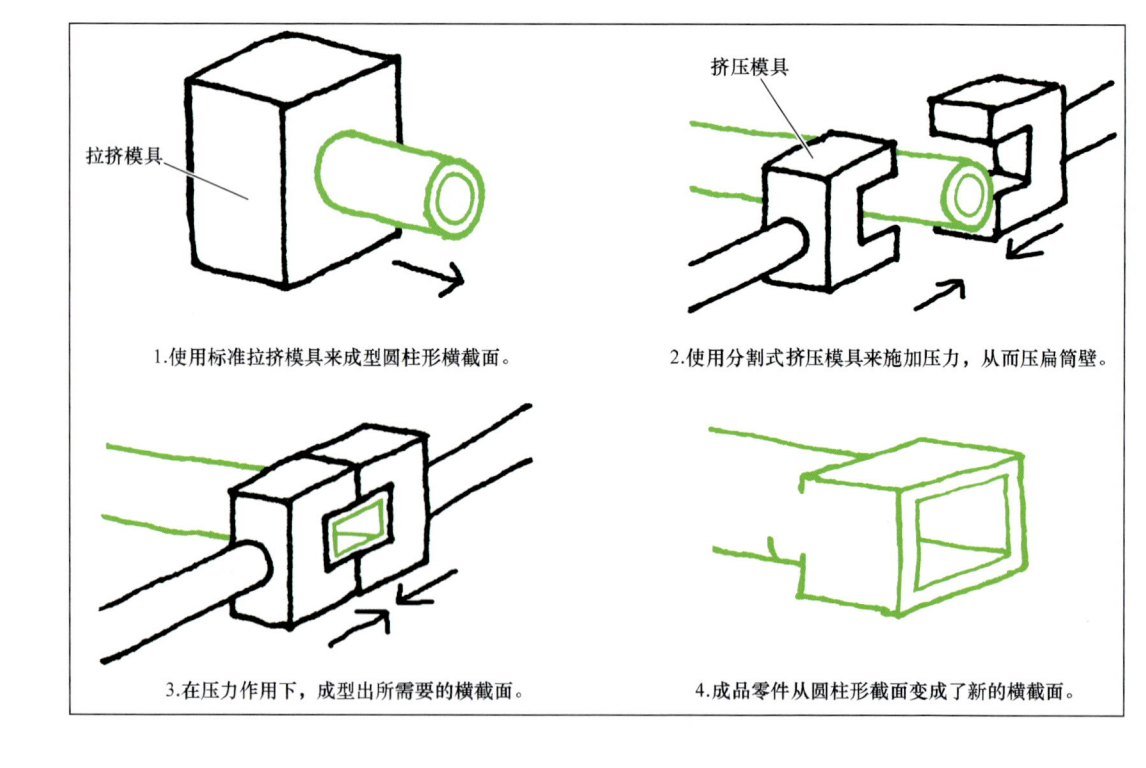

1.使用标准拉挤模具来成型圆柱形横截面。（拉挤模具）

2.使用分割式挤压模具来施加压力，从而压扁筒壁。（挤压模具）

3.在压力作用下，成型出所需要的横截面。

4.成品零件从圆柱形截面变成了新的横截面。

- **产量**

拉挤复合成型工艺仍处于发展阶段，它和常规拉挤成型工艺一样，是一种潜在的大规模生产工艺。

- **单价与投资成本**

拉挤复合成型是一个相当昂贵的加工工艺，不适用于小批量生产。产量超过 2000m（长度）相对比较经济。

- **加工速度**

拉挤过程通常每分钟 500~1000mm；成型时间约 1~3min。

- **表面质量**

取决于强化物和聚合物，拉挤过程中的零件表面粗糙度可控制在一定范围内。该工艺可改变横截面，因此在截面变形部分的零件表面可引入凹凸特征。

- **形状类型/复杂程度**

可用于制造各种横截面形状，通用性很好。

- **尺寸规格**

适用于长度超过 1.8m 的零件。

- **精度**

精度非常高。

- **相关材料**

热固性树脂与玻璃、碳或芳纶纤维。

- **典型产品**

大型工具的手柄零件，通常主体部分是直的，端部特征需单独制造。这类零件可以用拉挤复合成型工艺进行制造。

- **类似方法**

没有完全类似的方法，挤压成型（见第 94 页）和拉挤成型（见第 97 页）都不能改变横截面。

- **可持续问题**

与拉挤成型一样，由于增强纤维的存在，零件可以是薄壁结构，在不降低强度的同时使得材料的用量最小。多种材料的结合，使得复合材料无法循环利用。

- **更多信息**

www.pultrusiondynamics.com

- 具有拉挤成型的众多优点。
- 额外的优点是在零件长度方向上的选定位置处可改变截面形状。

- 虽然长度方向上的截面形状可改变，但变形模式在长度方向上是一致的，无法用该方法实现连续弯曲形状或连续渐变。

辊压成形

辊压成形可用于生产连续长度的零件，包括单工序的简单形状制作，到采用多工序经不同的轧辊实现的复杂形状制作。截面可以从方形变为圆形，亦可以从折叠凸缘变为箱形截面。

简单来说，辊压成形就是将连续的金属、塑料或玻璃板材通过一系列（至少两根）成形辊。将板材直线进给至轧辊间，可以使材料弯曲成所需的轮廓。根据轮廓的复杂程度，弯曲过程需要在一系列轧辊间循序渐进完成，有时甚至需要 25 根不同的轧辊。辊压成形可在冷态完成，亦可在热态下完成。就玻璃而言，它是以熔融态在轧辊间传输。

产品	苹果 iMac 的铝支架
设计者	Apple Design Studio
材质	铝
日期	2012 年

由这款 iMac 的铝支架可以看出，苹果在其产品制造管理方面所取得的成就。这里的成就，指的是弯曲如此厚的铝板，却没有在其最大圆角半径处出现任何的撕裂。对于这种板料厚度及尺寸规格，材料的撕裂一般难以避免。

连续——辊压成形

— 产量
大批量生产。

— 单价与投资成本
设备和工装成本很高,因而仅适用于大批量生产。当然,考虑到形状的复杂程度,可在小型加工车间中进行小尺寸原型的制作。

— 加工速度
对于中型制造商,通常加工速度为每小时300~600m。具体速度取决于轮廓的复杂程度和材料牌号。大型制造商的加工速度可以更快,但有最小产量和长度的限定要求。

— 表面质量
可结合冲孔和压纹操作来引入表面特征。

— 形状类型/复杂程度
可制作相当精巧的等截面长型材。

— 尺寸规格
对于大批量生产的零件,标准深度约为100mm。但是,辊压成形可用于生产非常大的零件,如著名的大弧形钢结构(由艺术家理查德·塞拉所设计)。理论上,制约零件长度的唯一因素是制造厂的物理空间尺寸。

— 精度
取决于板材的厚度,精度在±0.05mm和±1mm之间变化。

— 相关材料
辊压成形几乎专用于金属材料,但也可用于玻璃和塑料的成型,只是应用规模小得多。

— 典型产品
汽车零件、建筑型材、窗框和相框,以及滑动门和窗帘杆的导轨。就玻璃制品而言,常用于制造建筑玻璃窗中所用的U形玻璃型材。

— 类似方法
对于金属,类似的方法有板料成形(见第50页)和挤压成型(见第94页)。这两种工艺方法可用于制造连续长度的型材。

— 可持续问题
辊压成形是一种冷成形工艺,废料少且加工周期短,因而能耗小。但是,在进行金属辊压成形时,存在由于弯曲、裂纹和变薄的情况。因此,在生产之前需要进行充分的测试。

— 更多信息
www.graphicmetal.com
www.crsauk.com
www.pma.org
www.brtishmetalforming.com
www.steelsections.co.uk
www.corusgroup.com

— 可灵活控制零件长度。

— 只能用于相同厚度的材料。

旋转锻造
（亦称径向成形）

简单点来说，旋转锻造主要用来改变金属管材、金属棒材和线材的直径。整个工艺过程是：将原材料送入旋转的钢制模具中，由这些旋转的锤头将材料变成所需要的轮廓。获得的轮廓通常是对称型和圆形。当主轴旋转时，锤头会以大约每分钟1000次的击打速率进行锤击动作，从而使得工件变成所需的形状。

旋转锻造还有其他形式，包括用于成形非圆截面零件的固定主轴模锻，以及用于减薄金属板总厚度的平模锻。

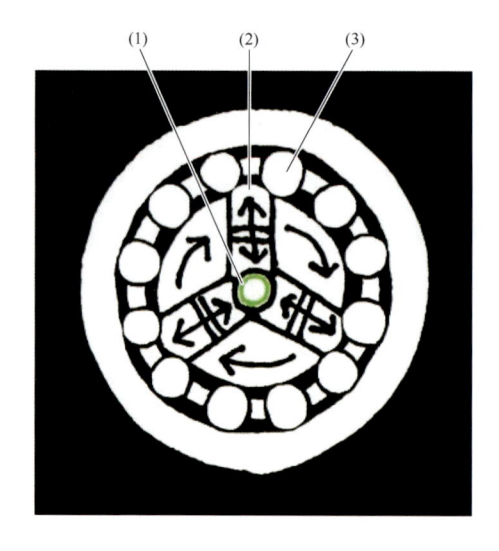

将原始直径的材料（1）送进旋转的钢制模具中，由锤头（2）将材料锤击成一定的形状。当主轴转动时，锤头会与压力滚柱（3）发生撞击，由此产生锤击动作。随后，在离心力的作用下，锤头会退回至模具内。当锤头再次接触压力滚柱后，锤头会径向向内移动再次产生锤击动作。

连续——旋转锻造　　105

- 产量

中等以上水平的大规模生产。

- 单价与投资成本

尽管工艺听起来很复杂，但实际遵循的原则很简单，即最低的工装成本和最少的准备时间。它是一种用于大批量生产的工艺，与此同时用于小批量生产时也比较经济，因而显得有点与众不同。

- 加工速度

简单形状的话，每小时可生产500件。

- 表面质量

锤击可起到打磨表面的作用，因而可得到极好的光亮表面。表面质量比未锻造的原料管要好很多。

- 形状类型／复杂程度

由于工具旋转的缘故，零件限于对称形状和圆形。任意形状的管材、棒材和线材都能用这种工艺将截面转变为圆形。如果想得到非圆截面，可以采用固定主轴模锻的方式来实现。

- 尺寸规格

取决于制造商现有的机器类型。尺寸范围为0.5~350mm。

- 精度

取决于不同的模具设置，可实现较好的内径或外径控制。

- 相关材料

常用材料主要是韧性金属。高含碳量的黑色金属可能会有问题。

- 典型产品

高尔夫球杆、排气管、手柄、家具支架和步枪枪管。

- 类似方法

机械加工（见第18页）、反挤压（见第144页）和拉深。

- 可持续问题

旋转锻造是一种冷加工过程，不需要加热，因此能耗低。此外，加工过程中没有材料损耗，且加工后的零件强度增强，使得零件的耐久性有所改善，寿命得以提高。

- 更多信息

www.torrrington-machinery.com
www.felss.de
www.elmill.co.uk

- 可成形出各种对称型轮廓。
- 无材料损耗，材料利用方面比较经济。
- 可获得很好的内外面尺寸精度。
- 加工过程会产生加工硬化，因而强度有所提升。

- 旋转锻造仅能成形圆形和对称形状截面（不过，固定主轴模锻可以实现正方形和三角形这类非圆截面形状）。
- 管材端部比中部更易发生缩径。

预弯成形金属丝编织

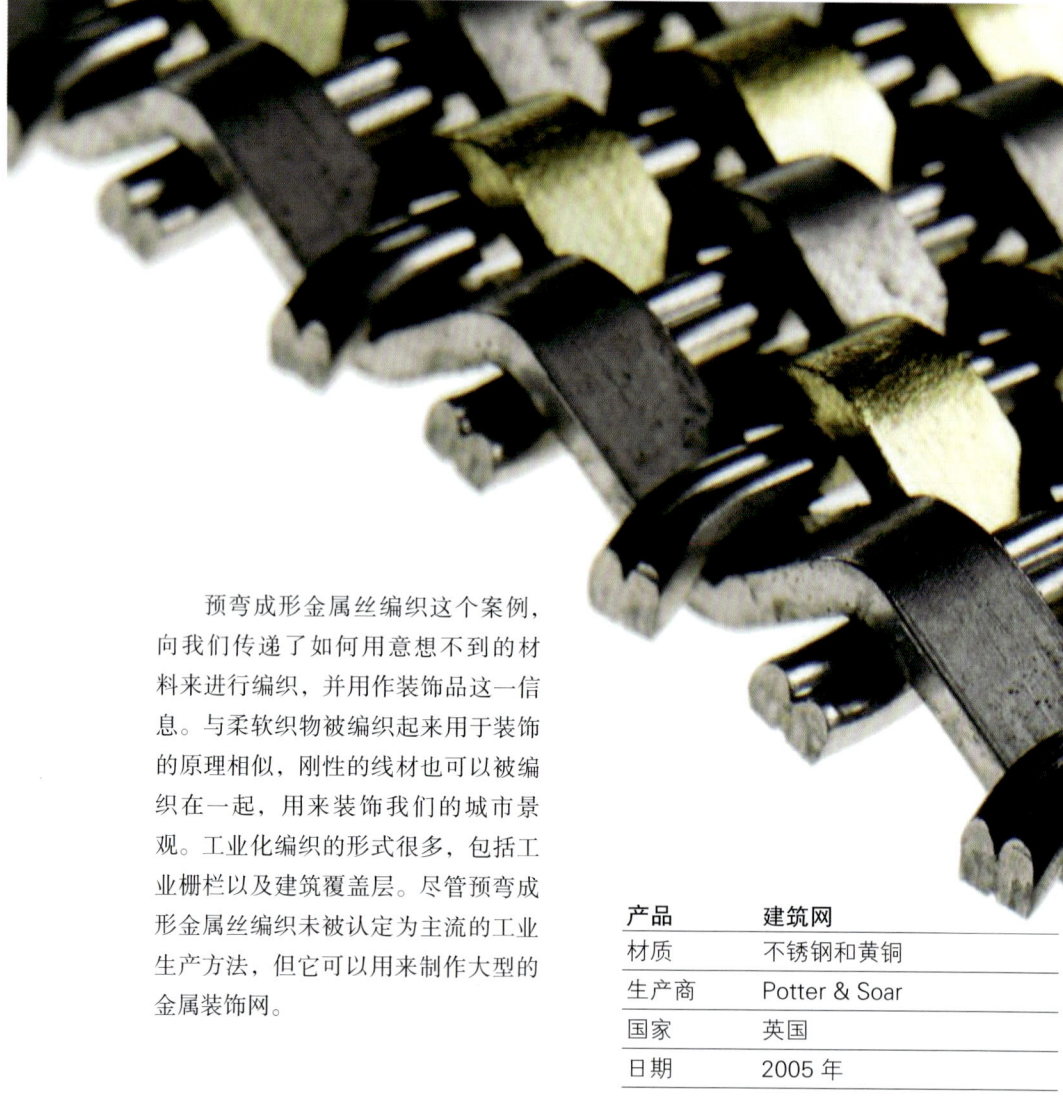

预弯成形金属丝编织这个案例，向我们传递了如何用意想不到的材料来进行编织，并用作装饰品这一信息。与柔软织物被编织起来用于装饰的原理相似，刚性的线材也可以被编织在一起，用来装饰我们的城市景观。工业化编织的形式很多，包括工业栅栏以及建筑覆盖层。尽管预弯成形金属丝编织未被认定为主流的工业生产方法，但它可以用来制作大型的金属装饰网。

产品	建筑网
材质	不锈钢和黄铜
生产商	Potter & Soar
国家	英国
日期	2005 年

　　通过增加或减少密度，改变质地和透明度，建筑网可被制成各种不同的规格，从而呈现不同的视觉效果。这类建筑网具有自支撑功能，因而可用作天花板和覆盖层，也可用作装饰栏杆和家具。

连续——预弯成形金属丝编织

该工艺过程分为两步。第一步是在金属丝的特定位置压出褶皱。通过将金属丝送入两辊之间，间隔特定的距离利用齿轮咬出弯曲形状。随后进入第二步，将长股的起皱褶的金属丝束聚并送入工业重型织机，在织机中它们将与另一股预弯曲的金属丝交叉层叠在一起，然后织成片状物。

1. 将金属丝送入弯皱机。

2. 利用齿轮在金属丝压出褶皱。

3. 在工业重型织机上开始编织。

4. 一定长度的编织建筑网开始形成。

- 产量

最小产量为 $1m^2$，这种产量的单价可能会比较昂贵。

- 单价与投资成本

该工艺采用简单的齿轮进行褶皱的压制，因而工装成本很低。相比于其他工业化装备，褶皱弯轮本身的成本很低。

- 加工速度

由织造类型决定。

- 表面质量

表面光洁，并可进行电抛光（一种金属微量去除工艺）。

- 形状类型/复杂程度

对平板进行后处理成形，拥有无尽可能。

- 尺寸规格

最大宽度为2m，长度受加工场所尺寸的限制。

- 精度

不作考虑。

- 相关材料

通常使用316L不锈钢、镀锌钢或任意可编织合金。

- 典型产品

栏杆、外立面、楼梯覆层、防晒板以及可在上面安装照明和喷水系统的天花板。

- 类似方法

穿孔金属网（使用单片金属，将其拉开以形成一系列槽。有时在双向高速公路的隔离带上可以见到这种金属网）和电缆网——链环栅栏，通常用于工业安全围栏。

- 可持续问题

尽管整个过程是完全自动化的，但预弯成形金属丝编织在进行编织前先利用独立的设备将线材压出褶皱，从而确保线材送入织机后可实现均匀且连续编织。此外，加工过程中无须加热，能耗比较低。编织后的形态相比金属单而言，强度和刚性都有所提高，因而可延长产品寿命。

- 更多信息

www.wiremesh.co.uk

- 适应性强，产量灵活。
- 可制造出具有自支撑功能的刚性网状结构，且不发生变形。

- 相对于卷料而言，只能加工特定长度的片材。

单板剪裁

（包括旋切和刨切）

显而易见，树木是可用作材料、食物和居所的最为丰富的原材料之一。我认为，单板的生产充分展示了人类在将单一物品转换为多种可用形式方面的心灵手巧和足智多谋。将树木剥成长条并加工成单板是对树木最为经济的使用方式之一。在加工过程中，我们可以解开树木的生长印迹，清晰地呈现它们的生命周期。

制造单板的方式主要有两种。第一种是刨切，它是沿着树木纤维方向进行切片；第二种是旋切，它是沿着木材轴向将木材一层层剥离，直至中心。到目前为止，旋切是最为常用的方式。根据原木的质量，可将其分类用于单板、纸浆或者变成胶合板。在有些区域收集的原木，需要进行金属含量的检查，以此去除在战争中可能埋入树木的子弹。

一旦原木送达锯木厂，它们会被切割成所需的长度。具体长度取决于区域标准，以及是否会将木材用来制成单板，或粘在一起制成胶合板。随后，木材会在热水中浸泡约24h，使其软化。浸泡会使得树皮松动，木材中的纤维松弛，由此使得剥离操作更为容易。

产品	莱昂纳多灯罩
设计者	Atoni Arola
材料	经处理的木材
制造商	Santa & Cole
国家	西班牙
日期	2003 年

这个简单环形灯罩由单板制成，展现出非比寻常的装饰性，更让人们发现木材不可思议的半透明性。

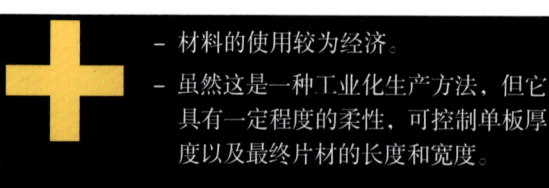

+
- 材料的使用较为经济。
- 虽然这是一种工业化生产方法，但它具有一定程度的柔性，可控制单板厚度以及最终片材的长度和宽度。

−
- 限于生产片材或带材。

树皮去除后，木材需要慢慢干燥，随后被送入旋切设备。木材在设备中会持续旋转，与此同时切刀会沿着径向慢慢进给，从而产生连续长度的单板。这种旋切的单板以及那些刨切的单板，都可以通过再加工切成较短的长度。

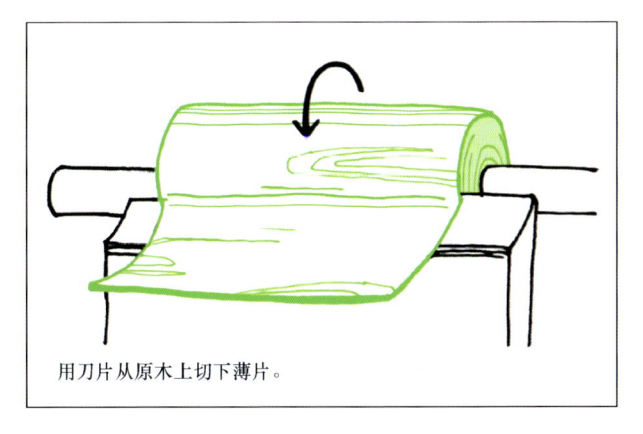

用刀片从原木上切下薄片。

— 产量

它已成为一种"日用品"，无时无刻不在生产。

— 单价与投资成本

不适用。单板无时无刻不在生产，因而你只需间接支付工装和机器的费用。

— 加工速度

典型柳木原木（直径 300mm）被装载至切割机中后，可在两分钟内被完全"剥离"成连续片材。

— 表面质量

该方法的本质是用刀切割木材，因而表面相当光滑。当然，通过砂磨可以获得更好的表面质量。

— 形状类型 / 复杂程度

薄板材料。

— 尺寸规格

通过调整刀具的刀片，可获得厚度范围为 1~2mm 的单板。片材的尺寸与原木的宽度以及单板的切割位置相关。典型的直径为 300mm 的原木可制成 15m 长的单板。

— 精度

不作考量。

— 相关材料

大部分树种。

— 典型产品

单板常用于生产各种形式的胶合板或装饰板。不过，也有公司用黏结剂粘至单板，将其作为墙面材料进行出售。

— 类似方法

这是木材独特的加工方法。不过，由单板制成的胶合板可以采用多种方式成形，如胶合板弯曲（见第 78 页）。

— 可持续问题

旋切可实现木材的最大化利用，而刨切在实施前需要将原木切成矩形材才行。木材是一种天然可再生资源，因此持续再生长可确保稳定供应，防止耗尽。

— 更多信息

www.ttf.co.uk

www.hpva.org

www.nordictimber.org

www.veneerselector.com

4：

薄壁中空

——薄壁中空制品的加工

114	手工吹制玻璃
116	烧拉玻璃管
118	机吹玻璃吹制成型
122	机压玻璃吹制成型
125	塑料吹塑成型
127	注射吹塑成型和注拉吹塑成型
130	挤出吹塑成型和共挤吹塑成型
132	浸渍成型
135	旋转铸塑
138	注浆成型
141	金属液压成形
144	反向冲击挤压
147	纸浆成型
150	接触成型
152	真空浇注工艺（VIP）
154	高压釜成型
156	缠绕成型
159	离心铸造
162	电铸

这是本书最长的一章，介绍了中空薄壁制品的各种生产工艺。本章首先讨论了多种吹塑成型工艺的衍生工艺。几千年来，吹塑成型一直被用来制作昂贵的玻璃器皿。如今，吹塑成型的原理早已被成功用于工业化大规模生产。特别是在塑料行业，吹塑成型早已为软饮料产业制造了成千上万的一次性塑料瓶。本章还介绍了铸造及模塑的一些工艺，从常见的旋转铸塑（可用于生产复活节巧克力彩蛋）到小众的离心铸造工艺。离心铸造是将金属或玻璃注入高速旋转的铸型内，使材料附着在铸型表面，从而制成小到珠宝，大到巨型工业管道的各类产品。

手工吹制玻璃

两千多年来，手工吹制玻璃技术已被用于制作餐具和工艺品等各类产品。它的原理是将空气通过金属管吹入端部的玻璃球使之膨胀。在吹制玻璃工艺出现之前，玻璃制品的生产是将砂芯浸入熔融玻璃中，然后在平坦表面上滚动，以控制玻璃制品的形状。一旦冷却后，可以移除砂芯，留下中空的玻璃容器。吹制技术的出现，使得玻璃制品的形状以及拓展材料可用性方面，都产生了许多新的突破。

如今，手工吹制在工业界依然很普遍，主要用于生产照明以及酒杯等众多产品。手工吹制玻璃在大批量生产玻璃器皿与个人单件产品之间，架起了一座有益的桥梁。

大量熔融玻璃被聚集到钢管端部，准备吹制。

各种手工工具可用来成型热玻璃。图中所用工具是一叠湿织物。

产品	空气开关瓶灯
设计师	Mathmos 设计工作室
材料	酸蚀刻玻璃
日期	2004 年

这个灯是手工吹制的，不过直边和对称形状是通过模具来实现的。通常，手工吹制产品的形状，是由右图所示的一系列手工工具来加以控制的。

薄壁中空——手工吹制玻璃

- 产量
单件和批量生产。
- 单价与投资成本
人工成本是该工艺最大的成本。如果你想生产一批相同形状的产品，可以借助模具来实现。依据所需产品的确切数量，可采用不同的材料制成不同寿命的模具。常用的材料有木材、石膏或石墨。
- 加工速度
完全取决于零件的尺寸规格和复杂性，以及是否使用模具。
- 表面质量
极好。
- 形状类型/复杂程度
对于自由吹制玻璃，可制成任意形状。
- 尺寸规格
与工人的肺活量有关。此外，还需考虑工人是否能承叉在金属管端部的玻璃重量。
- 精度
由于是手工制作过程，精度有限。

- 相关材料
所有玻璃。
- 典型产品
餐具和雕塑等。
- 类似方法
烧拉玻璃管（见第116页）和机吹玻璃吹制成型（见第118页）或机压玻璃吹制成型（见第122页）。
- 可持续问题
与所有的玻璃加工一样，由于成型过程需要高热，因而能耗很高。不过，手工吹制成型无须额外的装置。有缺陷的模制品或破碎的玻璃都可加以熔化、循环重用，因而可减少材料消耗。
- 更多信息
www.nazeing-glass.com
www.kostaboda.se
www.glassblowers.org/
www.handmade-glass.com

- 可灵活生产不同形状的产品。
- 可用于单件生产、成批生产或中等批量生产。

- 由于劳动力成本高，单价较高。

烧拉玻璃管

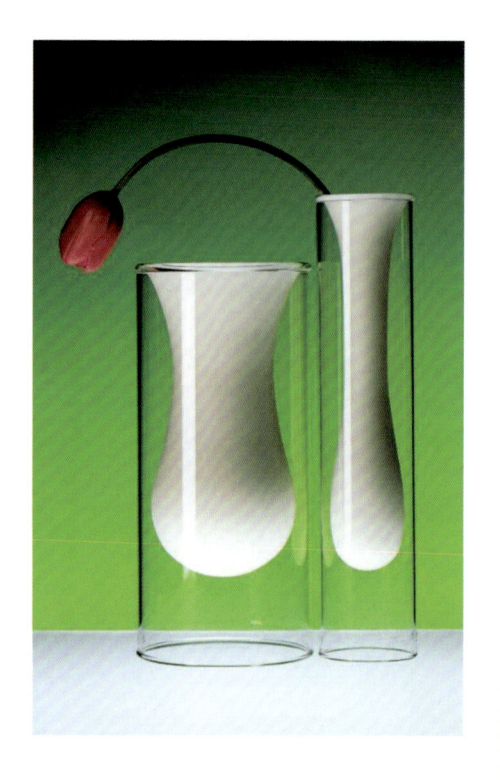

手工加工玻璃的方法有数百种，有热加工工艺，也有冷加工工艺（如切割）。玻璃的手工加工过程一般不需要用到工装。烧拉玻璃通常是将玻璃局部加热，然后由技工采用推或拉的方式来使玻璃得以成型。这种工艺可以视作纯手工成型和利用工具实现的大批量生产之外的第三类玻璃成型工艺。这类工艺特别适用于小批量的生产。

该工艺首先将中空玻璃管放置在缓慢旋转的车床中，用喷灯加热特定的区域，随后用木模推挤玻璃使之成型。烧拉玻璃是将软质玻璃推挤成型的过程。依据需求，可将端部敞开或进行滚圆密封。

在使用木模前对放置在旋转车床上的玻璃管进行局部加热。

产品	薄壁花瓶
设计师	Olgoj Chorchoj
材料	硼硅酸盐玻璃
国家	捷克
日期	2001 年

这些漂亮的花瓶充分展示了该工艺所能成型零件的复杂程度。内部不透明的白色部分和透明外管是分开制造而成，随后利用机床连接在一起。

i

- 产量

这种半手工生产工艺的优势之一是产品数量不受限制，可以是单件，也可以是几千件。如果产量超过 1000 件，可考虑采用半自动装置。

- 单价与投资成本

在定制类产品中，单价相对较低。由于不需要工装，没有工装成本。

- 加工速度

取决于形状复杂程度。

- 表面质量

极好。

- 形状类型／复杂程度

由于玻璃管绕单一轴线旋转，所以产品形状必须是对称的。不过，将玻璃从车床上取下后，可进行细节特征的添加。实验室玻璃器皿就是使用这种方法制造的，这类产品充分体现了该工艺产品的复杂程度。此外，这类产品的壁厚通常较薄。

- 尺寸规格

产品的尺寸规格受限于车床类型和技师的能力。

- 精度

由于是手工制作过程，精度有限。

- 相关材料

主要限于硼硅酸盐玻璃。

- 典型产品

特殊实验仪器和包装物、存放油和醋的玻璃容器（如美食店放置醋和油的玻璃瓶）、温度计和照明灯。

- 类似方法

手工吹制玻璃（见第 114 页）。

- 可持续问题

尽管玻璃是天然可再生材料，但其生产制造过程需要极高的温度，因而并不环保。对于烧拉玻璃成型，虽然手工操作比较耗时，但该工艺不需要工装，从另一个角度节省了资源。此外，有缺陷的模制品或破碎的玻璃都可加以熔化、循环重用，因而可减少材料消耗并节约原材料。

- 更多信息

www.asgs-glass.org

www.bssg.co.uk

+
- 高度通用性。
- 即便在同一批次内，形状也可以变化。
- 用于实验和原型制造时，比较经济。
- 可制成复杂形状的产品。
- 可用于产品的批量生产而不需要工装投资。

—
- 对于大批量生产，效能成本低。

机吹玻璃吹制成型

很多产品制造方法会将空气吹入材料中或从材料中抽出空气来辅助成型。在本书中,我们介绍了很多类似工艺方法。尽管许多吹塑成型工艺可用于塑料成型(如注射吹塑成型,见第 127 页),甚至在某种程度上可用于金属的成形[金属胀形(见第 76 页)和铝板超塑成形(见第 70 页)],但吹制成型依然是工业界进行玻璃制品生产的主要工艺之一。如今,吹制成型主要分为两类,即机吹玻璃吹制成型和机压玻璃吹制成型(见第 122 页)。本节介绍的机吹玻璃吹制成型工艺主要用于生产细管颈的瓶子(如酒瓶)。当然,术语"吹制玻璃"也适用于单件手工制品(参见手工吹制玻璃,见第 114 页),但这里讨论的是那种大规模生产工艺,即每天能够生产成千上万件产品的工艺。

产品	龟甲万酱油瓶
设计者	Kenji Ekuan
材料	钠钙玻璃
制造商	龟甲万公司
国家	日本
日期	1961 年

这款经典酱油瓶所呈现的尺寸比例和细颈,是机吹玻璃吹制成型产品的典型特征。瓶身上可见的线条对应模具的分模面。红色的瓶盖是由注射成型工艺制成的。

利用机吹玻璃吹制成型工艺生产产品时，首先需要将砂石、碳酸钠和碳酸钙的混合物运送至工厂的最上方，将其置于炉中加热至1550℃。炉子的大小与小型客厅接近。熔融后的玻璃会以类似香肠的形状（称为"料滴"）排放出来，在重力的作用下掉落至成型设备中。此时，空气会被吹入料滴，使其成型出瓶子的大概形状，包括瓶颈部分。随后，半成型的玻璃瓶会被取下，翻转180°，置入另一副模具内。紧接着，将空气吹入模具，从而完成最终形状的成型。最后，打开模具，将瓶子提起放置在传送带上。传送带会将玻璃瓶送至退火炉，以消除玻璃中的应力。

– 产量

一天的产量可以是几千件，甚至是几十万件。为获取较为经济的单价，最小的生产量约为5万件。不过，玻璃重量是决定生产率的主要因素之一。每天17万件的产量也并不罕见。

– 单价与投资成本

该工艺用于大批量生产，工装成本高。为获取较好的经济效益，生产运行合

加工速度

根据瓶子的尺寸，在单台机器上可同时放置多副模具。由此，可获得非常高的生产率，每小时接近1.5万件。

– 表面质量

极好的。

– 形状类型/复杂程度

形状必须相当简单。在大规模玻璃生产中，形状设计需仔细考虑以便于开模。举例来说，不能有尖角、倒扣或大的平坦区域。事实上，机吹玻璃吹制成型工艺非常不灵活，你需要与制造商协商特殊的设计。不要试图从昂贵的香水瓶来攫取灵感，因为它是由完全不同的工艺制成的。

– 尺寸规格

这类产品通常用作家用玻璃容器，因而大多数制造商会把高度尺寸限制在300mm以下。

– 相关材料

几乎所有种类的玻璃。

– 典型产品

细颈葡萄酒瓶和烈酒瓶、油瓶、醋瓶和香槟酒瓶。

– 类似方法

该工艺适于生产细颈玻璃容器，而机压吹塑成型适于生产阔口的玻璃容器（见第122页）。对于塑料制品，可用注射吹塑成型（见第127页）和挤出吹塑成型（见第130页）。

– 可持续问题

虽然该工艺具有令人难以置信的高生产率，有助于能源的有效利用，但在生产各阶段所需的热量极高，因而非常耗能。从积极的方面来说，玻璃是一种天然可再生材料，因而对环境危害性很小，且可以大量回收利用。

– 更多信息

www.vetreriebruni.com
www.saint-gobain-emballage.fr
www.packaging-gateway.com
www.glassassociation.org.uk
www.glasspac.com
www.beatsonclark.co.uk

薄壁中空——机吹玻璃吹制成型

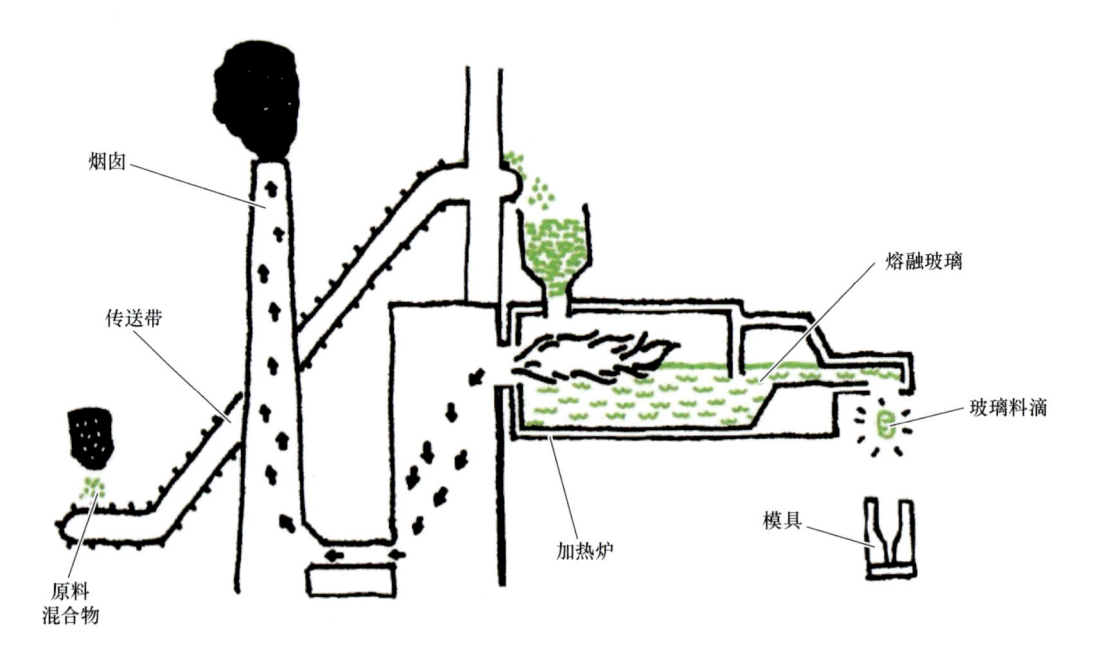

- 烟囱
- 传送带
- 原料混合物
- 熔融玻璃
- 玻璃料滴
- 模具
- 加热炉

1. 将砂石、碳酸钠和碳酸钙的混合物通过传送带运送至工厂最上方的加热炉中，将其加热到熔融状态。这些熔融玻璃在一系列滑移和重力的作用下，会变成类似肥香肠形状的料滴。

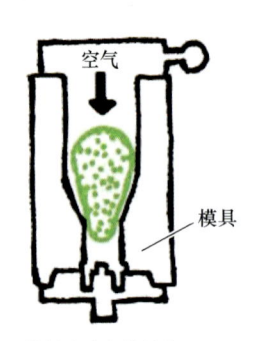

- 空气
- 模具
- 坯料

2. 将料滴吹入模具内，准备开始生产玻璃瓶。

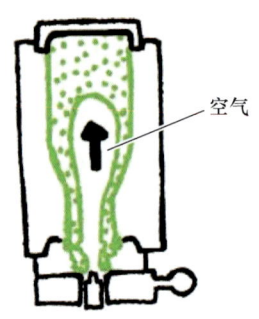

3. 将空气吹入模具预成型玻璃瓶毛坯，包括玻璃瓶的颈部。

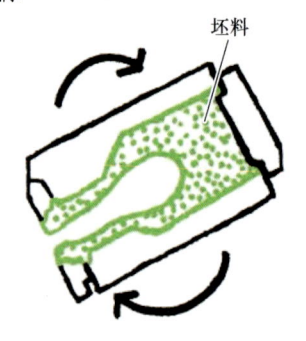

4. 将坯料旋转180°，随后移送至第二副模具内。

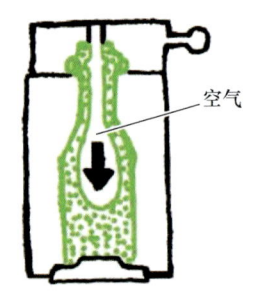

5. 向模具中吹入更多的空气。

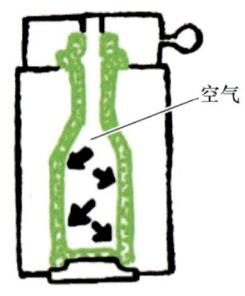

6. 持续吹入空气直至成型出所需的最终形状，且玻璃瓶壁的厚度正确。

7. 将玻璃瓶从模具中取出。

薄壁中空——机吹玻璃吹制成型

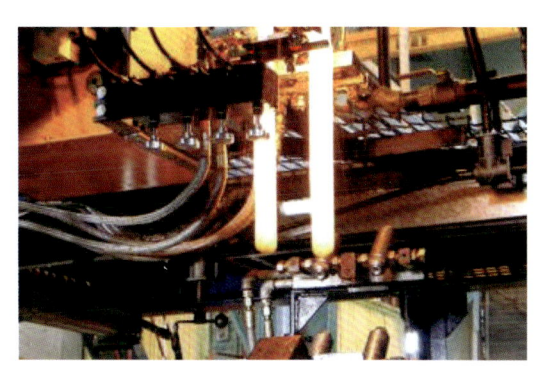

1. 加热的玻璃料滴从高炉中滴落。

2. 在掉落至模具之前，料滴被切成一定长度。

3. 从模具中移出依旧很热的玻璃瓶。

4. 一串八台成型机将瓶子送入生产线，准备退火。

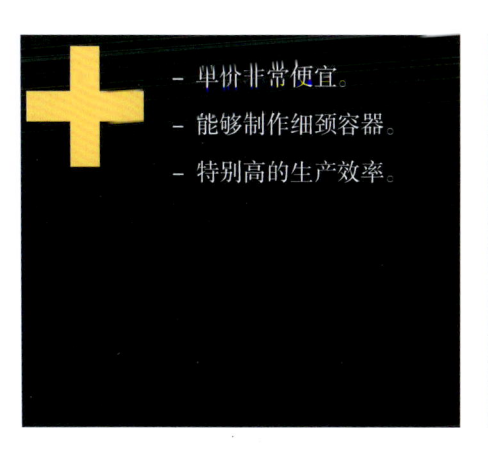

- 单价非常便宜。
- 能够制作细颈容器。
- 特别高的生产效率。

- 这种大批量生产方法的通用性非常低。
- 工装成本非常高。
- 要求非常高的订货量。
- 限于相当简单的中空形状。
- 给玻璃上色的成本很高，需要在生产最后阶段进行设备清理，以确保颜色间不会散开。

机压玻璃吹制成型

玻璃的吹制成型还有一种形式，称为机压玻璃吹制成型，主要用于生产宽口容器（例如酱罐），而不是前一节所述的细颈玻璃瓶（例如酒瓶）。两种方法的区别在于模制工序。机吹玻璃吹制成型（见第118页）采用吹制的方式进行预成型，而机压玻璃吹制成型工艺为了获得宽口容器，采用凸模将料滴压入型腔的方式进行预成型。这种方式可以提高生产率，且可以对玻璃的分布进行更好的控制，从而实现更薄的壁厚。当成型完成后，流水线将这些玻璃瓶送入退火炉。在退火炉中，玻璃瓶会在一个小时左右的时间内，缓慢冷却至室温，以此消除玻璃中的残余张力。

在工厂内，设备射出灼热的熔融玻璃料滴，就像光箭一样，快速落入空的型腔内。整个过程与手工吹制玻璃时的那种场景和技艺截然不同。这些完全自动化、油腻、嘈杂且冒着蒸汽的设备，每天可生产出成千上万的玻璃瓶，只需少量的人力来

产品	储物瓶
材料	钠钙玻璃、热塑性弹性体（TPE）和密封圈
制造商	Vetrerie Bruni
国家	意大利

这种开口形状的储物瓶是一类典型的会优先考虑机压玻璃吹制成型工艺，而不是机吹玻璃吹制成型工艺进行成型的产品。

看管一下即可。

相比于每天生产35万多个细颈瓶的机吹玻璃吹制成型工艺,该工艺每天可生产40万个类似果酱罐的瓶子。如果用于小尺寸的宽口瓶(如药瓶),每天设备24小时连续运行,产量可达90万个。对于一些食品包装罐,这种不间断生产运行可持续数十月,周而复始地生产同一种玻璃瓶。

– **产量**

每天的产量从几千到几十万件。产量的大小通常由时间决定,而不是由每小时可生产的单件数量所决定。假设生产需要8小时才能全面展开,那么最小生产周期可能约为3天,且机器不间断运行。

– **单价与投资成本**

与机吹玻璃吹制成型工艺一样,该工艺仅用于大批量生产过程。工装成本非常昂贵,除非你有几万个产品需要生产才可应用此工艺。

– **加工速度**

相比于机吹玻璃吹制成型,机压玻璃吹制成型的加工速度要快一些。不过它们有一个共性,即玻璃的自重是决定加工速度的决定性因素。以烹饪酱罐为例,日产25万件的产量属于标准范畴。

– **表面质量**

以果酱罐为例,你可以看到表面质量是极好的。不过,与机吹玻璃吹制成型一样,如果要添加标签的话,需要考虑瓶子的分界线。

– **形状类型/复杂程度**

限于相当简单的形状,瓶口大且需开口。对于大规模玻璃制品生产,形状中不能含有尖角、倒扣或大的平坦区域。这些特征将使产品难以从模具中取出。相比于机吹玻璃吹制成型,机压玻璃吹制成型对厚度的控制更好。

– **尺寸规格**

与机吹玻璃吹制成型一样,大多数产品的高度尺寸会限制在300mm以下。

– **相关材料**

几乎所有类型的玻璃。

– **典型产品**

开口果酱罐和酒精瓶、开口药瓶和其他容器,以及食品包装。

– **类似方法**

对于玻璃,类似的有机吹玻璃吹制成型(见第118页)、烧拉玻璃管(见第116页)和手工吹制玻璃(见第114页)。对于塑料,类似的有塑料吹塑成型(见第125页)和挤出吹塑成型(见第130页)。

– **可持续问题**

与机吹玻璃吹制成型一样,在各个生产阶段都会产生高能耗。因此,需优化改善生产效率和循环时间,以便经济地使用这些能量。玻璃的回收再利用,有助于减少原材料的使用。

– **更多信息**

www.vetreriebruhi.com
www.britglass.org.uk
www.saint-gobain-conditionnement.com
www.beatsonclark.co.uk

薄壁中空——机压玻璃吹制成型

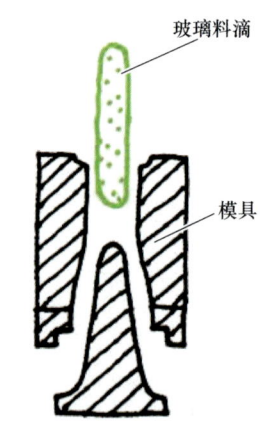

1. 设备射出熔融的玻璃料滴，滴落在模具空腔内。（玻璃料滴、模具）

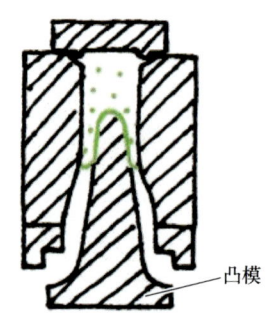

2. 模具的凸模部分使落下的熔融玻璃成型。（凸模）

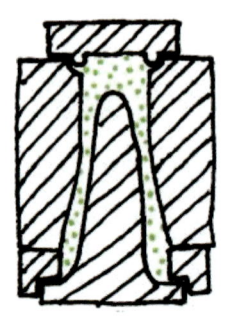

3. 将熔融玻璃直接压入模具中以制成坯料。

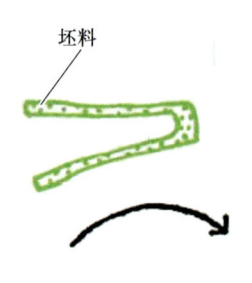

4. 将坯料旋转180°。（坯料）

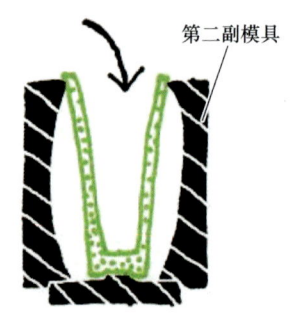

5. 将坯料转移到第二副模具中。（第二副模具）

6. 将空气吹入玻璃坯料，使其贴合模具成型出最终的形状。（空气）

＋
- 单价非常低。
- 适合做薄壁、开口的容器。
- 生产效率非常高。
- 循环时间极快。

－
- 工装成本非常高。
- 限于相当简单的中空形状。
- 给玻璃上色的成本很高，需要在生产最后阶段进行设备清理，以确保颜色间不会互串。
- 要求非常高的订货量以确保经济性。

塑料吹塑成型

吹塑成型是一个笼统的术语,是一种工业化批量生产中空制品的方法。从某种意义上来说,这是不寻常的,因为吹塑成型既可用于成型塑料容器(机吹玻璃吹制成型,见第118页),也可用于成型玻璃瓶(机压玻璃吹制成型,见第122页)。

适用于塑料吹塑成型的工艺有几种,包括注射吹塑成型和注拉吹塑成型(见第127页),以及挤出吹塑成型和共挤吹塑成型(见第130页)。所有这些工艺可用于成型不同的形状,但都不能过于复杂。共性的地方是,它们都有一个类似在模具内吹气球使之成型的过程。首先,将预成型坯送入分体模具。模具关闭动作会将材料剪成合适的长度,并将一端封闭。随后,将管状坯料送至第二副模具中。此时,吹入空气,使得塑料开始膨胀并贴合型腔,成型出最终形状。最后,打开模具,将零件取出。

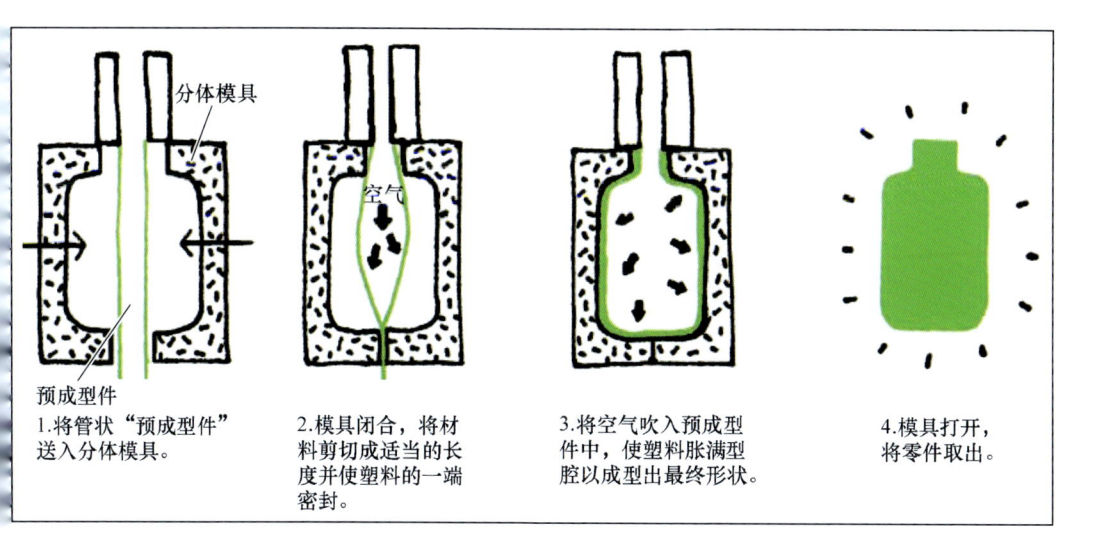

1. 将管状"预成型件"送入分体模具。
2. 模具闭合,将材料剪切成适当的长度并使塑料的一端密封。
3. 将空气吹入预成型件中,使塑料胀满型腔以成型出最终形状。
4. 模具打开,将零件取出。

- 产量

吹塑成型是一种极其高效的生产形式。取决于材料和尺寸，产量可从每小时500件到每天百万件不等。如果从成本的角度来考虑，为将该工艺效用最优化，产量需至少为几十万件。

- 单价与投资成本

大多数标准吹塑成型零件的单价都非常低，这一点从大量的廉价产品和包装都是采用这一工艺生产就可以看出。当然，极高的工装成本一定程度上对冲了这种经济性。

- 加工速度

小型容器可采用多腔模具进行生产，每小时约可生产6万个小的PET瓶（容量小于700mL）。

- 表面质量

极好，但沿长度方向有分模线。

- 形状类型 / 复杂程度

吹塑成型的形状通常比较简单，多为圆形，但取决于特定工艺也会有所变化。虽然不加拔模角也可以实现脱模，但制造商通常会加上一个非常小的拔模角。

- 尺寸规格

从小型化妆品瓶到质量超过25kg的零件。

- 相关材料

光滑低压聚乙烯（HDPE）是该工艺的最常用材料之一。其他材料包括聚丙烯、聚乙烯、聚对苯二甲酸乙二醇酯（PET）和聚氯乙烯（PVC）。

- 典型产品

在一个中等家庭，你至少可以看到一个大橱柜，其中充满了各种吹塑成型的塑料容器。总的来说，吹塑制品无所不在，从塑料牛奶盒、洗发水瓶到玩具、牙膏管、洗涤剂瓶和喷壶，以及户外的产品（如汽车油箱等）。

- 类似方法

注射吹塑成型、注拉吹塑成型、挤出吹塑成型、共挤吹塑成型（见第130页）。

- 可持续问题

整个生产过程高度自动化，因而生产循环很快，从而可实现电能和热能的最高效利用，以及材料利用率的最优。PET作为吹塑成型的主要材料之一，可进行大量回收再利用。

- 更多信息

www.rpc-group.com

www.bpf.co.uk

- 单价非常低。
- 生产率极高。
- 可成型螺纹这类细节特征。

- 工装成本高。
- 要求非常高的产量以确保经济性。
- 限于相当简单的中空形状。

注射吹塑成型和注拉吹塑成型

注射吹塑成型最容易被认为是塑料吹塑成型（见第125页）的一部分，其原理与吹气球类似，只是注射吹塑成型时材料进入了具有形状的模具中。

顾名思义，注射吹塑成型包含两个阶段，可在零件颈部成型出更为复杂的形状，因而相比其他形式的吹塑成型工艺有一定的优势。首先，利用注射成型（见第194页）工艺制造预成型坯。此时，可以在颈部成型出复杂的螺纹。随后，将预成型坯置入模具空腔内，吹入空气，使得塑料贴合模具型腔。

预成型坯的引入，意味着相比于挤出吹塑成型（见第130页），尽管可选的材料受限，注射吹塑成型工艺可提供更好的稳定性，并能更好地实现形状的控制。

注拉吹塑成型常用于制造由PET材料制成的高档产品（例如瓶子）。该工艺在进行吹制前，会用杆将预成型坯加以拉伸。

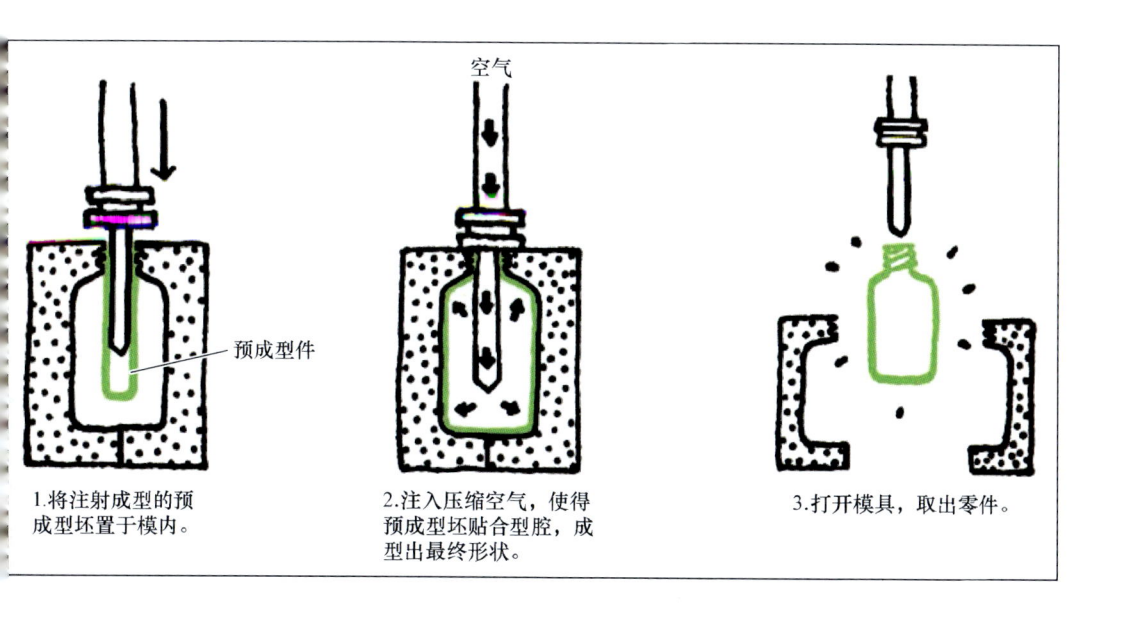

空气

预成型件

1.将注射成型的预成型坯置于模内。

2.注入压缩空气，使得预成型坯贴合型腔，成型出最终形状。

3.打开模具，取出零件。

薄壁中空——注射吹塑成型和注拉吹塑成型

产品	注射成型的预成型件
材料	PET
国家	德国

这个用于生产标准塑料瓶的预成型坯说明了成型数十亿个塑料瓶的过程是多么简单。这些塑料瓶散落在我们城市的各个角落。预成型坯的颈部螺纹证实了注射成型工艺的优势。

产品	斯帕克林椅子
设计者	Marcel Wanders
材料	PET
制造商	Magis
国家	意大利
日期	2010 年

这个案例向我们展示了如何将一种材料和生产工艺从包装领域转移至全新的家装领域。

– 产量

注射吹塑成型适用于大批量生产，产量通常可达成千上万件。

– 单价与投资成本

不管是注射还是吹塑过程，工装成本都很高。此外，还有大量的准备成本。不过，由于产量很大，摊薄了初始投资成本，产品的单价可以非常低。

– 加工速度

就加工速度而言，各种形式的吹塑成型很难明确，取决于产品尺寸以及使用的型腔数量。对于典型的 150mL 容量的塑料瓶，如果采用一模八腔进行注射吹塑成型，一小时可生产 2400 件。

– 表面质量

极好。

– 形状类型 / 复杂程度

适用于相当简单的形状，要求大圆角和等壁厚。

– 尺寸规格

通常用于 250mL 以下容量的容器。

– 相关材料

相比于挤出吹塑成型，该工艺适用于相对更硬的材料，如聚碳酸酯（PC）和聚对苯二甲酸乙二醇酯（PET）。不过，该工艺也常用于非刚性的材料（如聚乙烯）。

– 典型产品

小型洗发水瓶、洗涤剂瓶和其他瓶子。

– 类似方法

挤出吹塑成型（见第 130 页）和机压玻璃吹制成型（见第 122 页）。

– 可持续问题

不同于其他形式的塑料吹塑成型，预成型坯会被加热两次。第一次在预成型坯的制造期间，第二次是在吹制成最终产品期间，因此能量消耗加倍。在注射成型期间几乎不产生废料，且循环时间非常快，材料和能量的使用已得以优化。该工艺通常用于生产一次性 PET 包装。PET 是可以大量回收的塑料之一，通过后处理可以避免浪费。

– 更多信息

www.rpc-group.com
www.bpf.co.uk

- 单价非常低。
- 生产效率极高。
- 适用于小型容器。
- 相比于其他吹塑方法，颈部设计、重量和壁厚的控制更好。

- 工装成本高于挤出吹塑成型。
- 产量需要很高。
- 限于相当简单的中空形状。

挤出吹塑成型和共挤吹塑成型

挤出吹塑成型属于塑料吹塑成型（见第 125 页）范畴。在这种特殊工艺中，塑料被挤成香肠形状，随后挤成较短的"耳朵"落入型腔内。此时，吹入空气，使得塑料贴合模具型腔成型出最终形状。这种工艺会产生余料（通常被称为"尾部"），需要加以去除。但是，在成品中我们仍可以看出相应的痕迹（见洗发水瓶的底部）。

对于共挤吹塑成型，是将不同的材料组合在一起形成多层结构的产品。

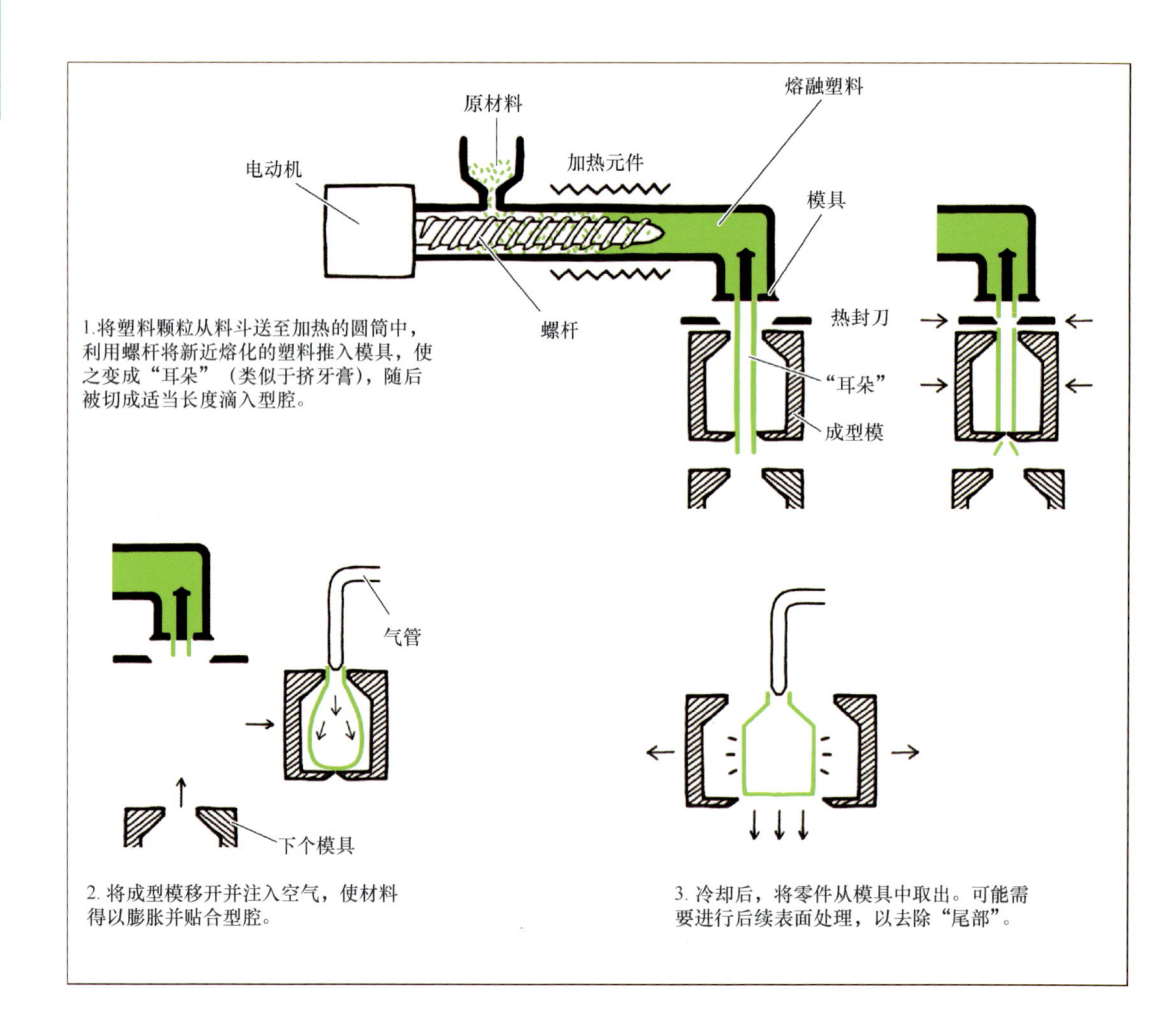

1.将塑料颗粒从料斗送至加热的圆筒中，利用螺杆将新近熔化的塑料推入模具，使之变成"耳朵"（类似于挤牙膏），随后被切成适当长度滴入型腔。

2.将成型模移开并注入空气，使材料得以膨胀并贴合型腔。

3.冷却后，将零件从模具中取出。可能需要进行后续表面处理，以去除"尾部"。

- 产量

不同于注射吹塑成型的百万计产量，挤出吹塑成型的产量很小，有时低至2万件。

- 单价与投资成本

尽管成本约为注射吹塑成型的三分之一，但设备仍然昂贵。

- 加工速度

与同类工艺一样，加工速度取决于零件的重量。典型5L装的容器，采用单机生产，4副模具同时工作，加工速度约为每小时1000个。超市中常见的牛奶瓶，加工速度约每小时2000个。

- 表面质量

极好。

- 形状类型/复杂程度

相比于注射吹塑成型，挤出吹塑成型适用于更大、更复杂的形状，如带有手柄的塑料牛奶罐，或加油站内的大型燃料桶。

- 尺寸规格

挤出吹塑成型可用于生产洗发剂瓶等产品，也适用于小规模生产，可用于吹塑成型工艺的极端情况。这类产品通常容量大于500mL。

- 相关材料

聚丙烯（PP）、聚乙烯（PE）、聚对苯二甲酸乙二醇酯（PET）和聚氯乙烯（PVC）。

- 典型产品

适合于较大型的产品，通常是玩具、油桶和汽车燃料罐以及大型洗涤剂瓶。

- 类似方法

注射吹塑成型（见第127页）和旋转铸塑（见第135页）。

- 可持续问题

将熔融塑料送入型腔的浇口处会存有少量的余料需加以切除。这些废料可进行加热回收再利用，以便减少材料的浪费。此外，在产品使用寿命结束后，可以通过回收再利用来减少原材料和不可再生材料的使用。

更多信息

www.rpc-group.com
www.bpf.co.uk
www.weltonhurst.co.uk。

- 单价非常低。
- 生产率很高。
- 适合于容量超过500mL的大容器。
- 相比于注射吹塑成型，挤出吹塑成型可制造更为复杂的形状。
- 相比于注射吹塑成型，工装成本低。

- 产量要求高。

浸渍成型

将模型浸入已熔化的材料（或处于其他液体状态），可能是最古老的成型方法之一。它也是最易于理解的技术之一。就工装和模具而言，它是生产塑料产品最便宜的方法之一。

如图所示的陶瓷模型，是制造王国中隐藏的宝石。艺术家们（尤其是1993年因混凝土雕塑作品《房子》获奖的Rachel Whiteread）惯于探索我们环境中实体周围的空间。同样，这些小宝石给我们创造了一个独特的视角去看待生产世界。球形形状很容易被识别，但你无法明确指出它会用来做什么。除非有人告诉你，你才可能知道这些陶瓷模型是用来制作气球的。

产品	气球模型（左）和气球（右）
设计者	Michael Faraday，他在1824年首次发明了乳胶气球
材料	陶瓷模型；乳胶气球
制造商	威德陶瓷有限公司（气球模型）

这一简易陶瓷模型完美地诠释了浸渍成型的原理，向我们展示了气球这类中空零件是如何制成的。

从原理上讲，浸渍成型过程非常简单。顾名思义，你只需将模型浸入聚合物液体，随后让其固化，最后剥离即可。实际上，这个过程远比想象的复杂。虽然基本原理保持不变，但浸渍成型可用不同的材料和装置来实现。

1. 自动化生产线，展示如何通过浸渍陶瓷模型来制造橡胶手套。

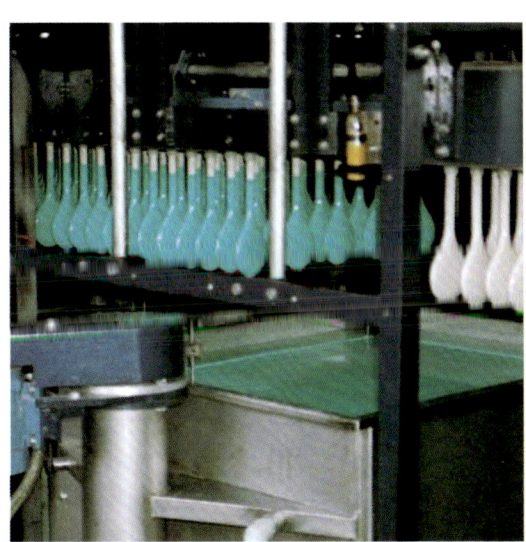

2. 一大缸天蓝色乳胶，用来生产气球。

- 对于小批量生产，经济性较好。
- 模型原型和样品模具可以在几天内加工好。

- 限于简单的形状。

- 产量

批量生产到大批量生产。

- 单价与投资成本

最便宜的大批量生产塑料零件的方法之一。工装相对便宜，模型易于制作，产品单价较为经济。

- 加工速度

该工艺包含多个操作过程，包括预热模型、浸渍、固化和最终从模型上剥下成品。如果纯手工操作的话，工艺时间较长。复杂的成型可能需要45min才能完成，而非常简单的形状，例如端盖可以实现全自动生产，生产周期只需30s。

- 表面质量

零件外表面由材料的自然状态决定。有时候表面会有小的乳头，这是由聚合物从模具上滴落所致。

- 形状类型/复杂程度

柔软、有弹性且柔韧性好，虽然形式简单。产品成型后，必须能从模具上剥离下来。

- 尺寸规格

浸渍成型零件的尺寸规格理论上仅受聚合物容器尺寸的限制，但通常零件尺寸范围可从1mm（端盖直径）到600mm（工业管盖）。

- 精度

除内形尺寸外，浸渍成型零件的精度较低。

- 相关材料

鉴于该工艺要将零件从模型上剥离下来，所以限于柔软的材料和可在模具上拉伸的材料，包括PVC、乳胶、聚氨酯、弹性体和硅氧烷。

- 典型产品

各种柔韧性好和半刚性的产品，从厨房手套和手术手套到气球，还有那些柔软的儿童自行车光滑塑料手把。

- 类似方法

塑料吹塑成型（见第125页）和旋转铸塑（见第135页）。

- 可持续问题

整个加工过程都需要热量，使得聚合物保持在熔融状态，因此浸渍成型非常耗能。此外，乳胶和硅氧烷等塑料通常不可回收再利用。从积极的一面来看，乳胶制品（如气球）事实上可以堆肥，避免材料变成废物。

- 更多信息

www.wjc.co.uk
www.uptechnology.com
www.wade.co.uk
www.qualatex.com

旋转铸塑
(亦称滚塑成型和旋转浇铸)

旋转铸塑仅用于成型空心零件。如果你曾经好奇过复活节的彩蛋是如何生产的,那么答案将很快揭晓。有意思的是,旋转铸塑成型的产品通常是软而圆润的,而这种美感正是源于该工艺的局限性。它完全不同于注射成型(见第194页)工艺。注射成型工艺是采用压力将材料注入模具,由此成型出锋利的边缘和精细的特征。旋转铸塑,则是依靠加热和模具的旋转来成型零件,因而不如压力成型零件那么精细。

由某种意义上,旋转成型与冲浆成型(见第138页)的原理相似。对于这两种方法,都是通过将液体材料贴合模具型腔,从而制成空心零件。整个成型过程很简单,分为四个阶段。首先,将粉末状聚合物添加至室温模具中。粉末量与模具尺寸的相对关系决定了最终零件的壁厚。随后,将模具置于加热炉内均匀加热,同时绕两个轴缓慢旋转。这使得液体状的聚合物在模内翻滚,并在腔壁上逐渐固化成型出空心形状。最后,模具继续旋转,采用空气或水使得模具冷却后,将零件移出。

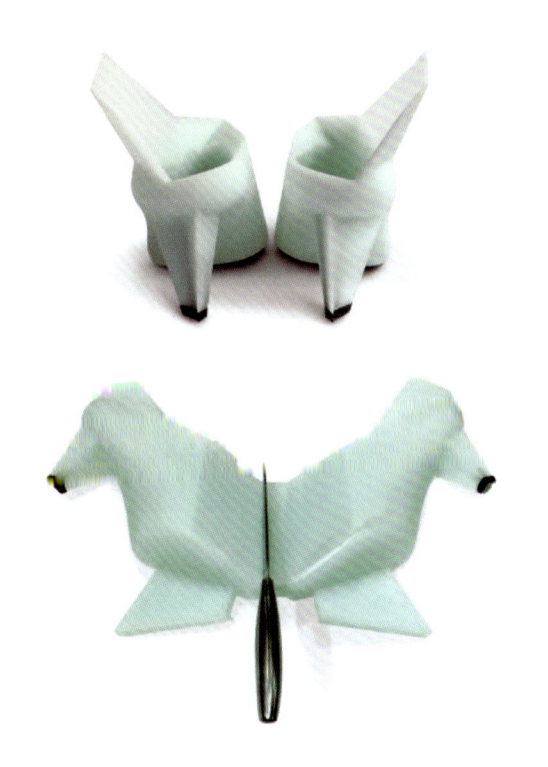

产品	旋转铸塑的鞋子
设计者	Marloes ten Bhomer
材料	聚氨酯橡胶和不锈钢
制造商	Marloes ten Bhomer
国家	英国
日期	2009年

这些鞋子向我们展示了旋转铸塑工艺在全新产品方面的应用。上图描述了两个零件的分离方式(实际上并非用刀来分离),以及如何重新连接在一起制成鞋子。

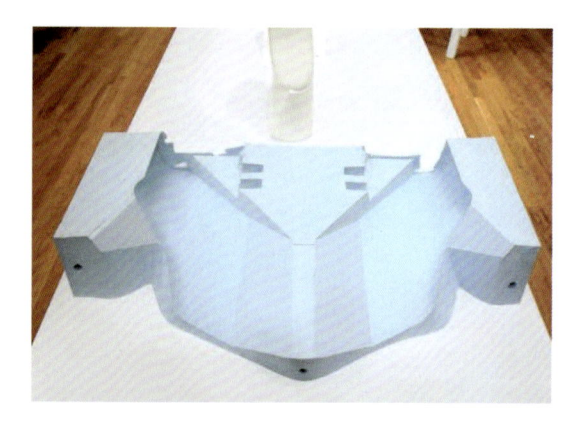

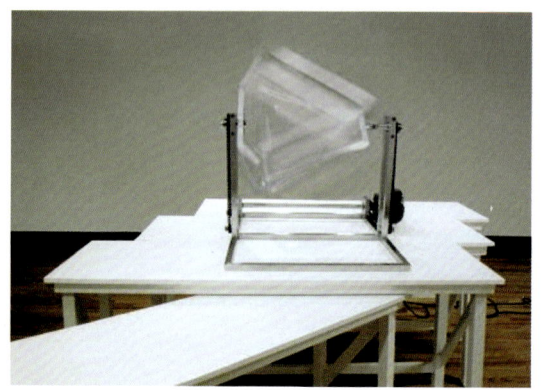

顶部图像是一半的旋转成型模具特写，下方两张图代表桌面式旋转成型模具。

- 适用于空心零件。
- 适合小批量生产。
- 工艺简单。
- 生产大型零件时可实现较好的经济效益。

- 无法用于制造小型且精度要求高的零件。

— 产量
从批量生产到大批量生产。

— 单价与投资成本
准备时间及操作成本要低于注射成型。由于无须加压,模具相对简单且便宜。单价非常低。

— 加工速度
取决于零件尺寸和壁厚,它们会影响冷却循环周期。对于存储液体的塑料桶这类零件,可能需要手工加工液体的进出口。

— 表面质量
内表面呈现塑料涡旋状,与复活节彩蛋内部的巧克力涡旋类似。与模具接触的表面质量相对要好得多。尽管无法实现超光滑的表面,但可以在模内喷砂来避免小的缺陷。零件中也可以包含带图案的添加物。

— 形状类型/复杂程度
可成型很多形状,甚至倒扣特征也是可能的。壁厚应尽可能均匀,范围在2~15mm之间。不同于其他工艺,旋转铸塑成型会在角部区域堆积材料,从而使得这些区域是整个零件刚性最好的部分。

— 尺寸规格
最小的尺寸与巧克力蛋大小差不多,最大的可制成长7m、宽4m的空心零件,如用于搭建建筑工人临时小屋的面板。

— 精度
相比于其他塑料吹塑成型方法,模内各个位置的材料收缩、冷却速率和壁厚不同,因而精度较低。

— 相关材料
聚乙烯是旋转铸塑的常用材料。其他树脂,包括丙烯腈丁二烯苯乙烯(ABS)、聚碳酸酯、尼龙、聚丙烯和聚苯乙烯也可以使用。增强纤维的引入可以增加最终零件的强度。

— 典型产品
巧克力蛋、塑料交通锥、便携式厕所、工具箱、占据您客厅一半的大型玩具以及其他空心产品。

— 类似方法
离心铸造(见第159页)是一种类似的塑料成型工艺,但它的应用范围有限,只能生产小型零件。除了离心铸造,还有各类吹塑成型(见第118~131页)和浸渍成型(见第132页)。

— 可持续问题
类似于大多数塑料加工过程,旋转铸塑需要高温来熔化塑料,因而能耗很高。不过,成型过程无须加压。由于难以精确控制壁厚,因而材料用量也难以计算。带有缺陷的成型零件都可以进行熔化再利用。

— 更多信息
www.bpf.co.uk
www.rotomolding.org

注浆成型

这种制造工艺通常会在艺术学院、设计项目以及 Wedgwood 或 Royal Doulton 的工业化车间中被用到。对于注浆成型过程，陶瓷颗粒首先会悬浮在水中以形成"泥浆"，这种泥浆具有类似熔化巧克力的色泽和稠度。随后，将泥浆倒入石膏模具。由于干燥的石膏模具呈多孔状，外层泥浆的水分会被模具吸收，从而在模具内表上留下坚韧的硬陶瓷涂层。当涂层足够厚以后，将模

产品	完工前的 Wedgwood 茶壶
材料	骨质瓷

　　通常未完成的物品，而非成品，更能揭示其生产过程。在拍摄这张照片的时候，黏土还是湿的，顶部多余的材料也尚未清除。模具分模面形成的分型线在茶壶的侧面依然清晰可见。

具上下翻转，倒出剩余的泥浆。在模具打开前，去除模具开口处多余的陶瓷以形成清晰的边缘。此后，将制件取出，准备烧制。

压力辅助注浆成型（见第232页）常用于生产大型零件。

ℹ

– 产量

产量变化比较大，从小规模手工批量生产到工厂化生产。

– 单价与投资成本

对于小批量生产，注浆成型还是比较经济的。借助小车间制造的廉价模具，可以将单价保持在一个低位。不过，对于工业生产，石膏模具的寿命有限，大约在100次左右。

– 加工速度

对于注浆成型，可以说"厚度决定了时间"。由于包含数次操作和干燥时间，即便是工业化的注浆成型仍有一部分工艺处于传统手工范畴，需要借助相当程度的体力劳动才能得以完成。

– 表面质量

注浆成型可以在物体的表面上添加图案。与所有陶瓷产品一样，产品需要上釉。

– 形状类型/复杂程度

形状可以从小到大，从简单到复杂，且可以包含倒扣特征。浴室产品、艺术品和餐具等都可以用该工艺进行制造。

– 尺寸规格

大型模具可能会非常重，考虑到填充空隙所需的大量泥浆，注浆成型可能不适用于大型零件。此外，对于大型零件，还需要足够大的窑来烧制成品。餐具的尺寸代表了这种工艺的平均产品尺寸。

– 精度

难以实现高精度，因为在烧制期间，零件会显著收缩。在此之前，当泥浆中的水被吸收掉后，零件也会显著收缩。

– 相关材料

所有类型的陶瓷。

– 典型产品

注浆成型可用于制造任意的中空零件，诸如茶壶、花瓶、小雕像，甚至是大型的卫生器具。

– 类似方法

压力辅助注浆成型（见第232页）和流延成型。后者是一种制造电子工业用多层电容器的工艺方法，涉及陶瓷悬浮聚合物薄片与其他材料的层压过程。

– 可持续问题

在成型以及清理之后收集到的过量泥浆可循环再利用，从而减少材料的消耗，最小化原材料的使用。该工艺需要大量的体力劳动辅助，从而可减少能源的使用，可在一定程度上平衡在烧制阶段的高能耗。

– 更多信息

www.ceramfed.co.uk

www.cerameunie.net

薄壁中空——注浆成型

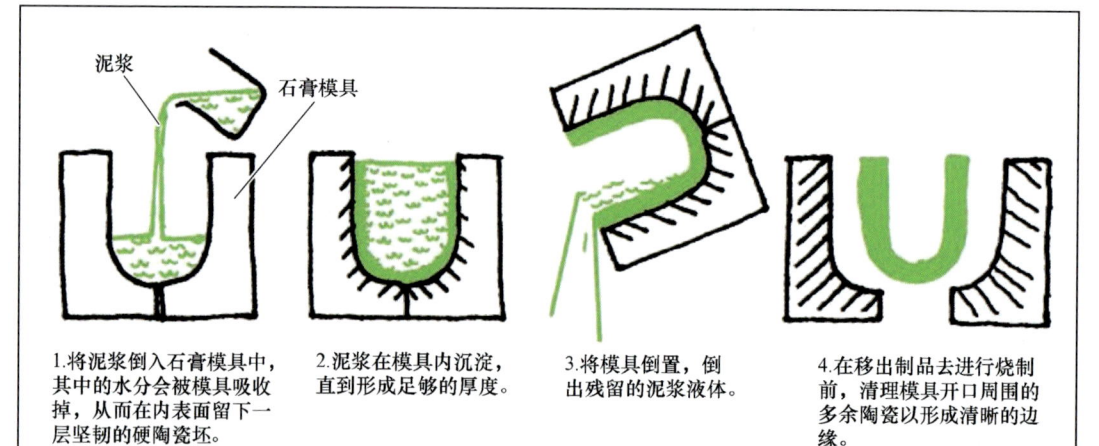

泥浆　　石膏模具

1. 将泥浆倒入石膏模具中，其中的水分会被模具吸收掉，从而在内表面留下一层坚韧的硬陶瓷坯。

2. 泥浆在模具内沉淀，直到形成足够的厚度。

3. 将模具倒置，倒出残留的泥浆液体。

4. 在移出制品去进行烧制前，清理模具开口周围的多余陶瓷以形成清晰的边缘。

1. 空的石膏模具。

2. 充满泥浆的模具。

＋
- 适用于生产空心器皿。
- 可以容易地实现复杂形状。
- 材料利用率高。
- 非常适合低产量生产模式。

—
- 劳动密集型。
- 精度控制差。
- 生产效率低。
- 大规模生产需要许多模具，这些模具需要存储空间。

金属液压成形
(亦称流体成形)

液压成形是一种新的用来成形钢和其他金属材料的工艺方法。通过将水和油压入被封闭在模具内的圆筒或其他封闭形状,来实现所需形状的成形。本质上来说,该工艺可以使金属管得以膨胀,使金属板贴合模具从而成形出复杂的形状。高达15000psi的水压会使得材料紧贴模具型腔,从而成形出所需要的零件。

对于液压成形来说,初始坯料通常是管和圆筒,不过也有用高压对板进行液压成形的,利用两块边缘密封在一起的板成形出枕形。

这种工艺带来了很多好处,如零件减重。相比于铝板超塑成形(见第70页)和金属胀形(见第76页),它的生产效率更高。为充分体现液压成形的优势,设计人员应思考零件的一体化成形,而非由一堆零件连接而成,以此来实现成本的降低。

产品	概念扶手系统的T形零件
设计者	Amelio Bunte、Anetto Stroh、Andre Saloga和Robert Franzheld,他们是魏玛包豪斯大学的学生;工程制造由Kristof Zientz和Karsten Naunheim完成,他们是达姆施塔特工业大学的学生
材料	液压成形的粉末涂层钢;不锈钢管
制造商	大学项目
国家	德国
日期	2005年

这个看似简单的白色粉末涂层钢连接件源自一个学生项目,用于扶手系统。该项目充分展示了液压成形技术在复杂形状成形方面的能力。连接件的直径沿着复杂曲线会逐渐变化。如果采用传统成形方式来做这个零件,那么势必需要用到焊接技术。

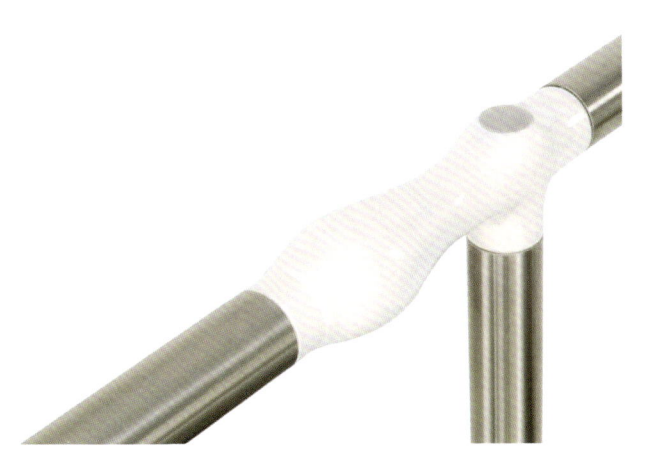

薄壁中空——金属液压成形

1. 模具示例，以及用于放置金属的型腔。

2. 液压成形的半成品零件。

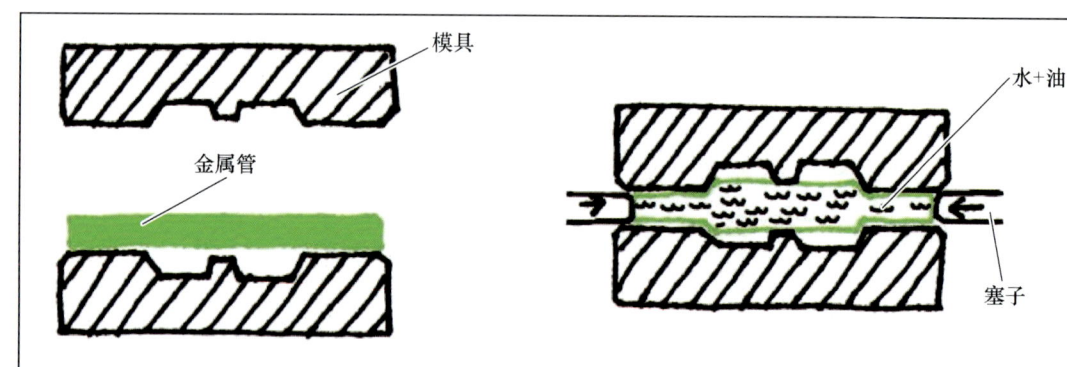

1. 对于管成形，首先将金属管置入分体模具内，将任一端密封，另一端开口用于通入液体。

2. 采用水和油来填充管子，将管子的一端插入塞子可造成高达100MPa的压力，迫使管子膨胀直到金属管贴合模具型腔。

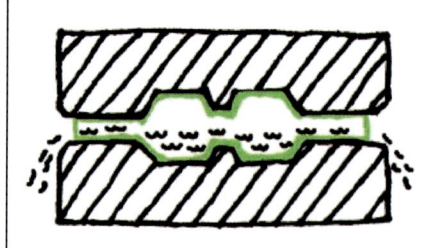

3. 将高压液体从胀大的管子中排出。

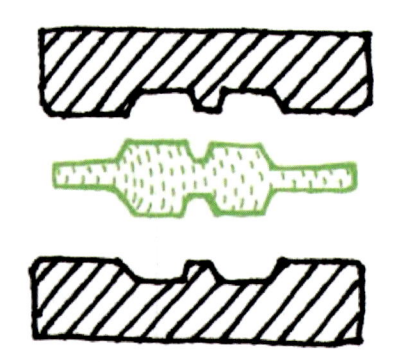

4. 移出最终成形的中空零件。

- **产量**

产量高。

- **单价与投资成本**

工装投入大，但可以成形整体零件，而非多个零件连接在一起，这样有助于降低单价。

- **加工速度**

对于高度自动化的生产车间，小零件即便加上模内定位和连接操作，整个生产周期也就20~30s。

- **表面质量**

通常液压成形对材料的表面没有太大的影响。不过，密封端部的夹具会在工件的端部留下小的划痕和痕迹，但是这些通常会被修剪掉。

- **形状类型/复杂程度**

管状材料可以制成相当复杂的凸出形状，类似的例子包括T形截面零件。这些零件通常需要多个零件连接而成。

- **尺寸规格**

零件越大，成形所需的压力越大，因而需要更厚重的模具以确保能承受这么大的压力。很多大型汽车零件，如发动机罩可以用液压成形工艺来制造，但对于更大的零件则难度很大。

- **精度**

由于模具的存在，成形期间通过一定的控制可以防止零件起皱或撕裂。

- **相关材料**

任意具有合理弹性性能、可承受高水平张力的金属，包括优质钢和热处理铝合金。

- **典型产品**

自行车架、波纹管、T形截面以及各种汽车结构零件，包括底盘、厢体和车顶板。

- **类似方法**

金属胀形（见第76页）和铝板超塑成形（见第70页）。

- **可持续问题**

液压成形技术可用于壁厚更薄的零件，且无须进行复杂连接，可以在不损失强刚度的情况下，大大减少材料的消耗和零件重量。成形过程中，金属是在流动而非拉伸，硬化较小，从而无须后续的退火处理。退火将需要额外的资源和能量。

- **更多信息**

www.hydroforming.net

http：//salzgitter.westsachsen.de

- 强度高，零件复杂且整体性好，无须连接。
- 可用于制造轻质高强的零件。
- 可减少复杂组合零件。

- 工装投资成本高。
- 拥有该工艺技术的公司不多。

反向冲击挤压
（亦称反挤压）

　　冲击挤压是一种金属冷加工工艺，集成了锻造（见第185页）和挤压成型（见第94页）的特点。简而言之，反向冲击挤压是一种通过撞击被限制在圆柱形或方形模具内的金属坯料（或圆盘），使之成形为中空零件的方法。金属被迫向上进入凸模和凹模之间的空间。凸模与凹模内腔之间的间隙决定了最终零件的壁厚。

　　实际上有两种类型的冲击挤压：正挤压和反挤压。反挤压用于制造中空形状，实心凸模将材料推入其自身和凹模之间的空当。

产品	西格喝水杯
材料	铝
制造商	Sigg
国家	瑞士
日期	1998年上市

　　这是著名的西格容器的剖面图。薄壁及其形状都是冲击挤压工艺的典型特征。

薄壁中空——反向冲击挤压

正挤压只能生产实心零件。这种情况下，凸模与凹模之间的空间非常小，金属无法进入这个区域。取而代之的是，金属被向下锤入凹模，成形出实心形状。不过，这两种工艺可以在同一操作步内进行。凸模的重复作用使得材料向上流动成形出顶部中空特征，与此同时推动材料向下流动成形出底部实心形状。

包含外锥形设计的零件，在挤压成形后还需要做一些后续成形，且在成形后会在瓶颈等位置处增加螺纹。

1. 放置在凹模上的铝坯料。
2. 利用反向挤压成形出圆筒。
3. 通过二次加工进行缩径。
4. 颈部增加螺纹后，著名的西格瓶就制作完成了。

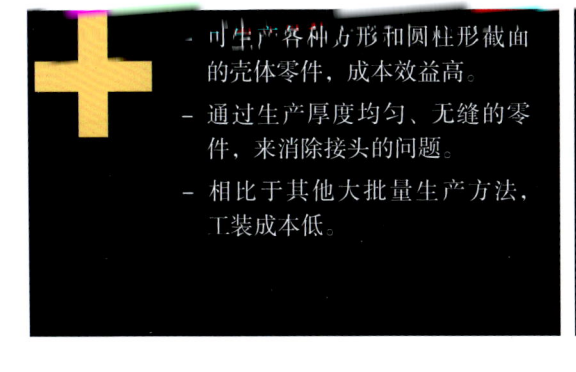

- 可生产各种方形和圆柱形截面的壳体零件，成本效益高。
- 通过生产厚度均匀、无缝的零件，来消除接头的问题。
- 相比于其他大批量生产方法，工装成本低。

- 零件最终长度受限于冲击坯料的凸模的长度。
- 仅适用于零件长度大于四倍直径的零件。
- 需后续成形以增加锥度或螺纹。
- 受凹模限制。

1. 将铝坯料放置在模具中。

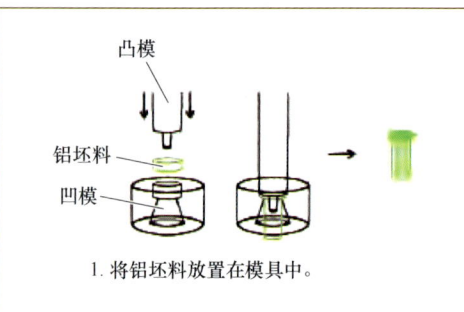

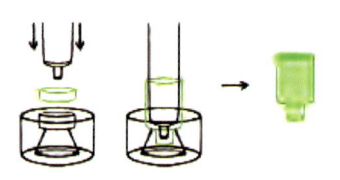

2. 利用凸模的冲击,使材料向上进入凸模和圆筒形凹模之间的空隙。

– 产量

冲击挤压是一种大批量生产方法。根据零件尺寸,最小产量至少为 3000 件。

– 单价与投资成本

令人惊讶的是,工装成本并不像想象的那么高,但其产品加工速度意味着它需要大的订单量。单价非常低。

– 加工速度

著名的 1L 装的希格瓶,它的加工速度是每分钟 28 个。

– 表面质量

表面质量较好。

– 形状类型/复杂程度

可用反向冲击挤压来成形薄壁或厚壁的圆筒或方筒零件,这类零件的一端是封闭的。正挤压采用不同形状和尺寸的实心棒料,成形出实心截面的零件。两种工艺方法都适用于轴对称的形状。就长宽比而言,存在一些指导原则,但具体零件需要向供应商询问,因为它取决于所使用的材料。

– 尺寸规格

适用于质量从几克到约 1kg 的零件。

– 精度

反向冲击挤压可实现零件的高精度。很显然,由于最终物体是实心的,正挤压可以提供更好的成形精度。

– 相关材料

铝、镁、锌、铅、铜和低合金钢。

– 典型产品

反挤压是成形饮料和食品罐、喷雾罐以及类似容器的主要方法。正反复合挤压可成形棘轮头等零件。

– 类似方法

锻造(见第 185 页)和挤压成型(见第 94 页)。

– 可持续问题

反向冲击挤压使得金属在成形后的强度和刚度都有所提高,因而壁厚可以更薄,这可以使得材料用量最小化。它是一种冷加工工艺,仅需一次冲击便能使金属成形。对于这种短加工周期的工艺,能耗相当低。就材料使用而言,值得注意的是,铝可以大量回收再利用。

– 更多信息

www.mpma.org.uk
www.sigg.ch
www.aluminium.org

纸浆成型
(包括粗浆成型和热成型)

纸张是现今最能有效收集和回收的材料之一。大部分被收集而来的纸张会被化为纸浆，用于生产各式新的工业产品。这些收集品通常是简单的纸片或包装纸。然而，成型纸浆所采用的大规模生产技术却不那么寻常，值得我们加以注意。

纸浆成型产品的制造方法主要有两种：传统的粗浆成型和热成型。两种方法在一开始都需要将收集到的纸浸泡在大水箱中，纸和水的比例根据最终产品所需的稠度水平来配置。通常情况下，纸的配比低于1%。随后，利用刀片搅拌两者形成的灰色混合物，使其成为"纸浆"。

产品	Wasara 碗
设计师	Wasara
制造商	Wasara
材料	竹浆和甘蔗渣浆
国家	日本
日期	2012 年

相比于使用纸张，Wasara 更专注于使用非木纤维原料。这项工艺的特点在于巧妙利用了粗糙和光滑的纹理，体现了日本美学。

与大多数其他材料成型方法不同，纸浆成型的模具并不是固定不动的。用于纸浆成型的铝制或塑料凹模（上面布满排水孔）会浸没在液体纸浆中。模具上盖有网状物或纱布，使得水可以排出。因此，在最终产品上可以看到典型的网格印记。例如，标准鸡蛋盒。随后，采用凸模压缩纸浆，并利用真空将水从模具中抽出，使得纤维牢固地吸在模具上。就此，使整个物品变干，形成最终产品。

对于热成型工艺，除其名称所指需要加热外，它还涉及转移机构和成型。在成型之后，零件会被转移机构拾取，送至热压力机成型出最终形状。热成型有几点优势，包括成品的表面质量更好，但其装备非常昂贵。

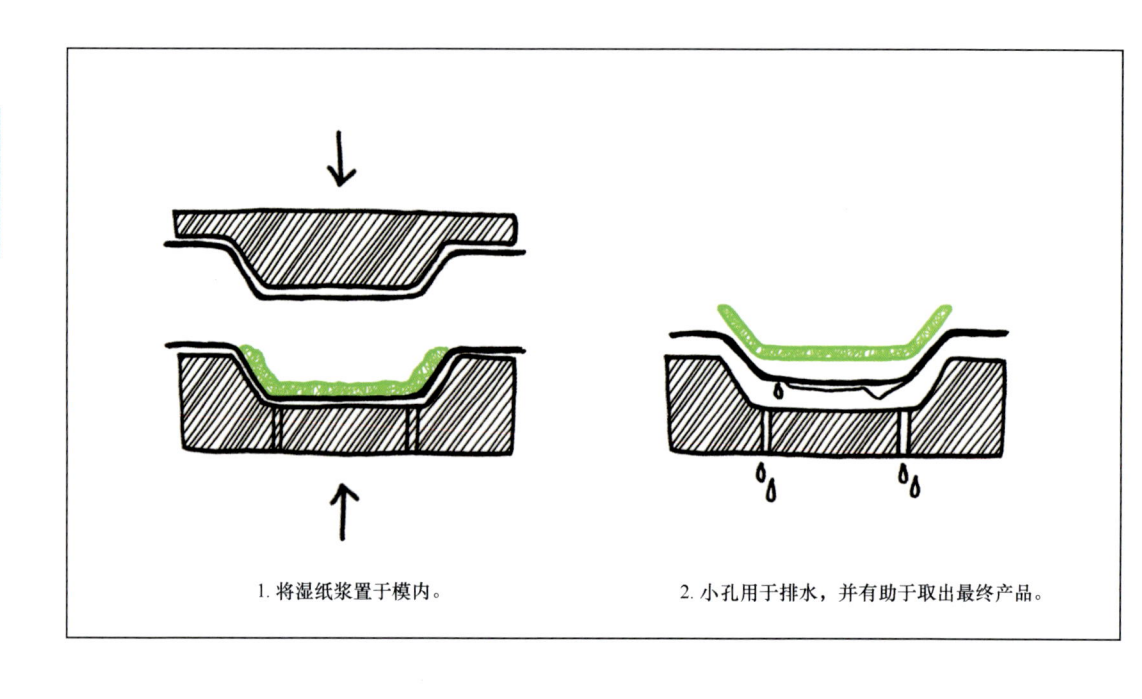

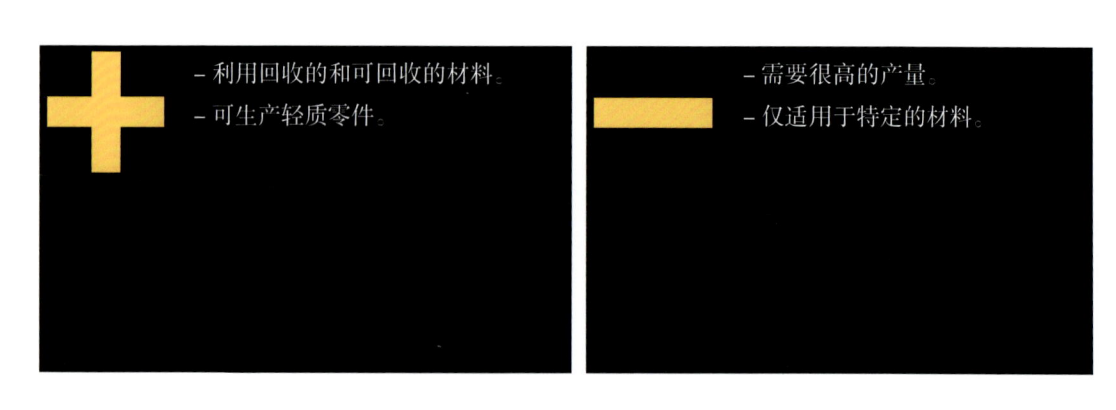

1. 将湿纸浆置于模内。

2. 小孔用于排水，并有助于取出最终产品。

- 利用回收的和可回收的材料。
- 可生产轻质零件。

- 需要很高的产量。
- 仅适用于特定的材料。

- **产量**

考虑到工装成本以及产品的制造速度，粗浆成型和热成型都需要很高的产量。通常情况下，最小的生产周期是两天，即最小产量5万件。

- **单价与投资成本**

工装成本高且准备时间长。两种工艺对模具有不同的要求。热成型工艺的成本约为原始工艺的两倍。

- **加工速度**

加工速度取决于厚度以及需要干燥的纸张量。举例来说，成型四个手机盒所用的嵌入物需要约一分钟。基于多腔成型的方式，可同时成型四个零件。因此，四副不同的模具每小时总计可生产960件产品。

- **表面质量**

试想一个蛋品包装纸盒，感受一下它那独特的柔软、温暖，以及类似饼干的表面。粗浆成型工艺会生成一个粗糙表面，上面留有金属丝网的网状印痕，另一面则是对应抛光后的铝制或塑料模具表面的光滑表面。

- **形状类型/复杂程度**

可成型一些还算比较复杂的图案，但需要大的拔模角度；不允许有任何复杂的三维细节。

- **尺寸规格**

标准化生产的尺寸规格最大为1.5m×0.4m，不过有些制造商可制造长达2.4m的零件。

- **精度**

取决于特定的工艺。对于热成型，精度范围为±(0.5~1)mm。对于粗浆成型，精度范围为±(2~3)mm。

- **相关材料**

原料的主要来源有两个：新闻纸和纸板。材料的选择取决于最终产品及其所需的强度。对于需要满足跌落测试要求的牢固包装（用于手机、PDA和相机），纸板中的长纤维可提供最佳解决方案。

- **典型产品**

传统的粗浆成型用于制造酒包装和工业包装。热成型用于生产更复杂的产品，如手机包装。

- **类似方法**

无。

- **可持续问题**

纸浆由可回收的纸产品制成，因此该工艺有助于减少废品和原材料的首次使用，并且纸浆在其使用结束后可回收再利用。传统的粗浆成型所需能量很少，而热成型工艺涉及加热，会显著增加能耗。该工艺的主要缺点在于需要大量的水。

- **更多信息**

www.huhtamaki.com
www.mouldedpaper.com
www.paperpulpsolutions.co.uk
www.vaccari.co.uk
www.vernacare.co.uk

接触成型
（包括手糊成型和喷射成型，以及真空袋成型和袋压成型）

接触成型是一种用于成型复合材料的方法。通过将塑料强化纤维层叠在一起，然后在顶部涂覆液体树脂使之产生硬壳。最简单的成型方式当属手糊成型。首先将增强物放置在模具上，随后将树脂刷在上面或喷入模具内即可。如果你曾经修理过旧车或船的凹坑或洞，那么你应该已用过这种工艺的最简单版本。工业上，这种工艺主要用来生产大型复合材料零件。它是增强纤维与热固树脂最常见的结合方法之一。

手糊成型所用的敞口模具可由任意材料制成，不过木材、塑料或水泥较为常用。增强纤维通常是玻璃或碳，不过其他材料，如天然纤维也可以使用。利用刷子或喷涂方式在增强纤维中加入树脂，随后采用滚筒进行压扁操作，使得上述混合物在模内均匀分布。当面积较大时，可以采用喷射的方式。在喷射前，将切断的纤维与树脂混合在一起。在上述两种情况下，零件的厚度由铺设的层数所控制。

真空袋成型和袋压成型是复合材料手糊成型和喷射成型的衍生工艺，不过这两种工艺可获得更好的细节特征及强度。对于这两种工艺，成型过程基本类似。在袋压成型过程中，一旦材料在模具内铺设完成，一个由橡胶制成的柔韧的袋子会被放在上方，随后夹紧袋子使其受压，从而压紧材料，将树脂和增强材料压在一起。对于真空袋成型，袋内的零件在袋内空气被抽出后会固化在一起。

＋
- 增强纤维的使用使得产品的强度很高。
- 可以容易地掺入其他性能添加剂，例如阻燃剂。
- 形状和尺寸各式各样。
- 可生产厚截面零件。

－
- 劳动密集型生产过程。
- 由于树脂的存在，生产过程需要良好的通风。
- 其他复合材料成型方法（如缠绕成型）可提供更高的密度和比强度。

真空袋成型可以获得类似于高压釜成型（见第154页）的结果，但是该工艺不需要压力室。相比于手糊成型和喷射成型，真空或压力的引入，使得真空袋成型和袋压成型的零件具有更高的纤维含量和密度，从而将潜在的有害蒸汽量降到最低。

- 产量

由于涉及手工操作，上述工艺过程都比较缓慢。不过，喷射成型的效率高于手糊成型。

- 单价与投资成本

工装成本不高，但用于大批量生产时由于单件成型所需时间长，使得其单价很贵。

- 加工速度

取决于手糊技术和零件的尺寸。喷射成型的加工速度要快些，但是更大的面积并不能保证单位面积的加工速度会更快。

- 表面质量

零件的背面会有增强物的纤维织构。可以在模具内表面增加凝胶涂层来改善零件的表面质量。也可通过二次加工将一些热成型外皮固化在零件表面，以此改善表面质量。真空袋成型和袋压成型可以增加更多的表面细节。

- 形状类型/复杂程度

所有工艺方法都限于浅截面开口形状。允许存在轻微的倒扣，具体取决于零件从模具中取出时可弯曲的程度。

- 尺寸规格

没有限定。相比于喷射成型，手糊成型的壁厚更厚，最大值约为15mm。真空袋成型和袋压成型的零件尺寸仅受袋子的尺寸限制。

- 精度

由于收缩的存在，所有工艺方法的精度都难以控制。

- 相关材料

增强物主要有高级纤维（如碳、芳纶和玻璃），以及天然材料（如黄麻和棉花）。聚酯是最常用的热固性树脂，其他还有环氧树脂、酚醛树脂和硅树脂。使用热塑性塑料并不经济。

- 典型产品

玻璃钢（GRP）产品，如船体、汽车面板、家具、浴缸、淋浴盘和小渡船甲板上的廉价座椅。

- 类似方法

传递成型（见第174页）可达到类似的强度。气体辅助注射成型（见第199页）和反应注射成型（见第197页）可用于制造大型零件，但没有强度。其他替代方法包括真空浇注工艺（见第152页）、缠绕成型（见第156页）和高压釜成型（见第154页）。

- 可持续问题

所有这些工艺都需要手工辅助，但能耗很低。天然纤维的使用可以减少不可再生材料的消耗。复合材料产品在其报废后难以回收再利用。不过，它们卓越的强度以及刚度使得它们的寿命周期很长。

- 更多信息

www.compositetek.com
www.netcomposites.com
www.compositesone.com
www.composites-by-design.com
www.fiberset.com

真空浇注工艺（VIP）

真空浇注工艺（VIP）是成型复合材料的一种方法。它将树脂和增强纤维一起混合到致密的固体物质中，来保证最终产品的密度和强度。本质上，它是接触成型（见第150页）的一种高级形式。相比于类似的复合材料成型技术，它是一种清洁、高效的方法。借助该工艺，两种主要成分可在单一步骤中组合在一起。

对于手糊成型，在进行液体树脂刷涂或喷涂前，需要将增强纤维层铺在模内。对于真空浇注工艺而言，材料的干燥部分是堆叠在模具上，然后用软片覆盖，在软片和模具之间形成密封环境。随后，将空气抽出，形成真空环境，然后将液体树脂注入纤维中。抽真空的操作使得树脂可以完全浸透干材料，由此造就了最终零件的密度和强度。

1. 船体被软塑料板覆盖，进行抽真空前的密封处理。

2. 检查软塑料板，确保其完全密封。

3. 真空泵，用于抽出软板和船体间的空气。

– 产量

由于准备时间非常漫长，生产过程比较缓慢。

– 单价与投资成本

真空浇注可在配备基本设备的小型车间内进行。这些设备可从各个供应商那里购买。不过，这种工艺需要大量的试错实验，并且有很高的故障率。

– 加工速度

缓慢。

– 表面质量

可涂覆凝胶涂层以获取好的表面质量。

– 形状类型 / 复杂程度

一个常见的应用是船体制造。由此你可以想象出零件的复杂程度和规模。

– 尺寸规格

适用于大型零件。由于纤维需要置于模具上或模具内，小于 300mm × 300mm 的零件很难做出来。

– 精度

精度不高。

– 相关材料

如同其他复合成型方法，所使用的典型树脂是聚酯、乙烯基酯和环氧树脂，增强剂是玻璃纤维、芳族聚酰胺和石墨。

– 典型产品

螺旋桨、船用零件和一些设备，例如用于救援的担架。担架的铝框架包覆着用真空浇注成型的复合材料。

– 类似方法

接触成型（见第 150 页）、传递成型（见第 174 页）和高压釜成型（见第 154 页）。

– 可持续问题

该工艺通常用于大型零件，其较高的误差和故障率会导致材料的浪费，且大部分材料无法再利用。不过，纤维和树脂都是手工铺设，可平衡掉部分加热树脂和抽真空所消耗的能量。此外，真空环境可确保仅有最少量的树脂混入纤维，过量的树脂都会被吸出，从而减少了材料的消耗，同时增加了产品的强度。

– 更多信息

www.resininfusion.com

www.reichhold.com

www.epoxi.com

- 纤维与树脂的有效配比，使得树脂的使用较为节约。
- 干净。
- 可消除气穴。
- 比强度高于接触成型零件。

- 装置复杂。
- 需要大量的试错实验。
- 高故障率。

高压釜成型

先进的复合材料已在各行各业被广泛应用,从高级品牌的运动产品到工程零件无所不及。这些材料组成的零件不仅轻质,且具有很好的强度。但是,如何混合先进复合材料的两种截然不同的成分(各种纤维和聚合物树脂)给制造商们提出了严峻的挑战。他们必须找到新的方法,使得这些原材料能以一种有经济效益的方式组合在一起,且这种方法适合工业化生产。在生产制造中,热和压力的使用非常常见。在高压釜成型中,热和压力的组合被用来将原材料压紧在一起,从而实现足够高的强度。

高压釜成型是袋压成型(接触成型,见第150页)的一种改进形式,复合材料在高压釜中完成成型。由于压力的施加,使得高压釜成型成为获得极高密度先进复合材料零件的成型方法之一。这种工艺方法的第一步是将增强纤维和树脂置于模具上,这可以通过多种方法来实现,例如手糊技术或喷射技术。然后,将柔性袋放置在表面,有点像被子,接着将整个物品放入高压釜(密封室)中。加热高压釜并施加 50~200psi 的压力,迫使柔性袋挤压入模具或分布在模具周围,从而将树脂和纤维压在一起。上述操作消除了任何潜在的空气间隙,相比于手糊成型或喷射成型,固化时间较快。在热和压力的共同作用下,材料被挤在一起,使得最终的零件具有非常高的密度。

- **产量**

批量生产到中等规模生产。

- **单价与投资成本**

模具可由多种材料制成,包括造型黏土。这种黏土模具相当便宜,可用于小批量生产。

- **加工速度**

尽管树脂和增强材料的铺设可自动化完成,但是该方法仍需要手工劳动,且材料必须经历多个阶段。材料在高压釜中的时间长达15h。

- **表面质量**

有时模具表面会涂覆凝胶涂层,可提高零件的表面质量。不用这种凝胶的话,表面会存在纤维织构。

- **形状类型/复杂程度**

尽管该方法非常灵活,适应于不同形状的模具,但是限于相当简单的形状。

- **尺寸规格**

零件尺寸仅受高压釜尺寸的限制。

- **精度**

由于收缩的存在,所有工艺方法的精度都难以控制。

- **相关材料**

适用于各种高级纤维,如碳纤维和热固性聚合物。

- **典型产品**

广泛应用于航空航天工业,用于制造飞机、航天器和导弹鼻锥的高比强度零件。

- **类似方法**

各种形式的接触成型(见第150页)、真空浇注工艺(见第152页)和缠绕成型(见第156页)。

- **可持续问题**

高压釜成型时需要施加几个小时的强热和压力,导致高能耗和排放的增加。不过,热的使用可以改善材料的性能和表面质量,从而延长产品的寿命并防止其成为废品。不幸的是,由于组合起来的材料很难分离,复合材料难以循环再利用。

- **更多信息**

www.netcomposites.com

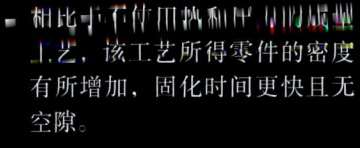

- 相比于不使用热和压力的层dn工艺,该工艺所得零件的密度有所增加,固化时间更快且无空隙。
- 可以为成型零件着色。

- 仅适用于制造壁厚较大、致密的中空零件。

缠绕成型

将浸过树脂胶液的连续纤维缠绕到线轴上,然后将缠绕的纤维从线轴拉出以形成刚性塑料圆柱形零件,这是缠绕成型的本质。

在缠绕成型中,聚合物树脂和增强纤维被用来组合形成坚固的中空复合材料。成型过程涉及将连续长度的带或粗纱(换句话说,纤维)拉过聚合物树脂溶液池。将带黏性的纤维缠绕在一个预制芯棒上,直到达到所需的材料厚度。芯棒的形状决定了成品的内部尺寸。如果最终产品可能被用于加压条件,可以留下芯棒以提高强度。

缠绕成型的形式有多种,其不同之处在于绕组的构造。对于圆周缠绕,纤维如棉线一样平行缠绕在线轴上;对于螺旋缠绕,纤维与卷轴成一定角度缠绕(制成一眼即可识别的编织表面图案);对于极向缠绕,细线几乎平行于线轴的轴线进行缠绕。

产品	纺碳椅
设计者	Mathias Bengtsson
材料	碳纤维和聚合树脂
国家	英国
日期	2003 年

这把椅子是用螺旋缠绕技术制成,不过对其预期效果要低于正常情况下的缠绕成型零件。这种装饰华丽的纺织结构,坚定地确立了缠绕成型在设计应用方面的地位。

薄壁中空——缠绕成型　　157

1. 纤维缠绕机正在同时成型三根复合材料管子。

2. 黄色控制臂将树脂浸渍的纤维卷在管状心轴上。树脂浴在图中未给出。

3. 纤维的螺旋缠绕图案清晰可见。

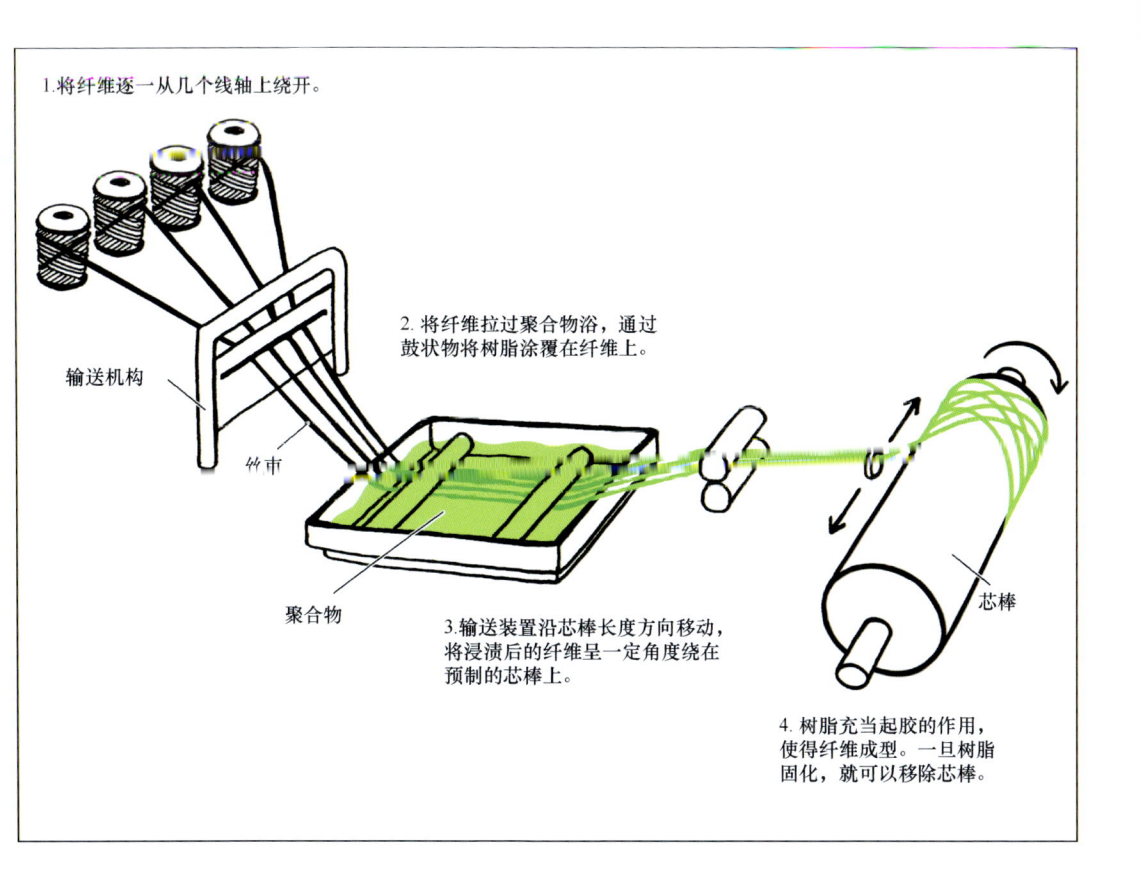

1. 将纤维逐一从几个线轴上绕开。

2. 将纤维拉过聚合物浴，通过鼓状物将树脂涂覆在纤维上。

3. 输送装置沿芯棒长度方向移动，将浸渍后的纤维呈一定角度绕在预制的芯棒上。

4. 树脂充当起胶的作用，使得纤维成型。一旦树脂固化，就可以移除芯棒。

输送机构

纤维

聚合物

芯棒

– 产量
可用于一次性生产，也可用于大批量生产。较为经济的规模约为 5000 件至数十万件。

– 单价与投资成本
泡沫工装可用于小批量生产或一次性生产，功效等同于现有的铝棒材，因此成本可有效控制。

– 加工速度
取决于最终零件的形状和所需的壁厚。不过，通过"预浸渍"系统将树脂预涂在纤维上，则该工艺过程将不再需要树脂浴。加工速度还受所用纤维"丝束"数量的影响，多个丝束可以加快芯棒的覆盖。

– 表面质量
内表面取决于芯棒的表面质量，外表面可以用多种方式进行加工，包括机加工。

– 形状类型/复杂程度
产品非常坚固的薄壁或厚壁中空零件，包括不对称形状。

– 尺寸规格
可制造大型纤维缠绕机进行大尺寸规格零件的成型。在 20 世纪 60 年代，曾生产过一个全塑料的，长约 396m、直径为 53m 的 NASA 火箭用电机外壳。

– 精度
精度取决于内径，内径由芯棒的尺寸决定。

– 相关材料
通常用玻璃或碳纤维增强热固性塑料。

– 典型产品
这种工艺常用于生产诸如航空零件、罐和火箭发动机外壳等封闭压力容器。由于这些零件的高比强度，它们会被用作"隐形"材料，来替代军事装备中的金属材料。该工艺还在许多昂贵的复合材料"设计"笔以及图示的椅子中发挥其装饰作用。

– 类似方法
拉挤成型（见第 97 页）和手糊成型或喷射成型（见第 150 页接触成型）。

– 可持续问题
缠绕成型在很大程度上是自动化的，因此需要电能为电机供电。机器的高速运转有助于通过大规模生产来使得能耗获得有效利用。高比强度可以使得产品减重。

– 更多信息
www.ctgltd.co.uk
www.vetrotexeurope.com
www.composites-proc-assoc.co.uk
www.acmanet.org

– 产品具有非常高的比强度。

– 缠绕成型的零件通常表面有编织纹理，除非表面已被后处理。

离心铸造
（包括真离心铸造、半离心铸造和离心法铸造）

离心铸造是一种基于重力作用的生产工艺。借助类似于莴苣叶子在沙拉搅拌器或者人们在广场跳华尔兹旋转时的受力原理，将加热的液态材料水平地贴靠在模具内表面。一旦液体冷却后，可将成品零件从模具中取出。在工业化生产中，离心铸造常用于制造大型金属圆筒，这类零件的表面有特定的性能要求。

金属离心铸造可分为三种类型：真离心铸造、半离心铸造和离心法铸造。正如你所猜到的那样，每种工艺都是利用离心力将熔融金属紧贴模具内壁以制成各种形状。

真离心铸造用于制造各类管子，熔融金属被注入旋转的圆筒形模具中。零件的外表面与模具内形一致，最终管子的壁厚则由注入材料的量所决定。这种铸造工艺解决了金属铸造的一个传统问题，所得零件的外表面具有非常细的晶粒，因而耐大气腐蚀（这是管道的常见问题），然而内表面有很多杂质，非常粗糙。

半离心铸造会引入耐久的或一次性的模具来制造对称形状，如轮子和喷嘴。它需要一根垂直的芯轴，模具被固定在芯轴上，类似旋转的陀螺。它比真离心铸造的旋转速度慢，并且零件可以"堆叠"。换句话说，可将多个模具附接到主轴上，一次生产多个零件。由于最靠近中心（即芯轴）的材料的旋转速度比最远的材料要慢，所以在零件中间可能存在小气孔。

离心法铸造类似于半离心铸造，旋转围绕垂直芯轴进行，但它主要用来生产小零件。金属被压入各种型腔（距离芯轴距离很短）以生成细小特征。

- 产量

从珠宝车间相对简单的工装到大规模工业化生产，这些工艺可用于批量生产而非大规模生产。

- 单价与投资成本

取决于特定的生产类型。低成本的石墨模具可用于小规模生产（小于60件），相对昂贵的耐久性钢模具用于大规模生产，产量可能为几百件。

- 加工速度

加工速度慢。取决于所用材料和零件的尺寸、形状和零件壁厚，速度会有所不同。

- 表面质量

真离心铸造的零件外表面晶粒很细。半离心铸造由于旋转速度较慢，铸件中心的力很小，因此会出现需要在成型后用机加工消除的裂缝和气孔。离心法铸造可用于制造具有细小特征的零件。

- 形状类型/复杂程度

真离心铸造只能制造管状产品。半离心铸造可以制造轴对称（围绕垂直芯轴对称）零件。离心法铸造更为灵活一些，可以制造更为复杂的形状。

- 尺寸规格

真离心铸造可制造直径为3m、长15m的大型管。壁厚范围在3~125mm之间。半离心铸造和离心法铸造生产小零件。

- 精度

当使用金属模具时，外径的精度可达0.5mm。

- 相关材料

大部分其他铸造方法使用的材料均可，包括铁、碳钢、不锈钢、青铜、黄铜，以及铝、铜和镍的合金。在铸造过程中注入第二种材料，可以实现两种材料的同时铸造成型。玻璃和塑料同样可以使用。

- 典型产品

金属铸造是重工业的基石，用来生产大直径的中空零件。真离心铸造的典型零件主要是用于石油化工行业的管道及供水系统零件。该工艺还被用来制造照明灯杆和其他公共设施。半离心铸造用于生产轴对称零件，如酒和牛奶的贮藏容器、锅炉、压力容器、飞轮和气缸套。珠宝商采用离心法铸造来制造小尺寸的金属和塑料零件。

- 类似方法

旋转铸塑（见第135页），尽管模具在离心铸造中的转速要高得多。

- 可持续问题

每一种离心铸造技术都依赖设备在成型周期内的连续旋转，同时还需要熔化材料，所以离心铸造属于能量密集型工艺。不过，一旦所要求的厚度达到就不需要再添加熔融金属，因此不会产生废料，材料的消耗保持最少。铸造能够形成精致的外表面，使得金属具有优异的耐磨和耐腐蚀性能。

- 更多信息

www.sgva.com/fabrication_processes/rna_centrif.htm

www.acipco.com

www.jtprice.fsnet.co.uk

薄壁中空——离心铸造　　161

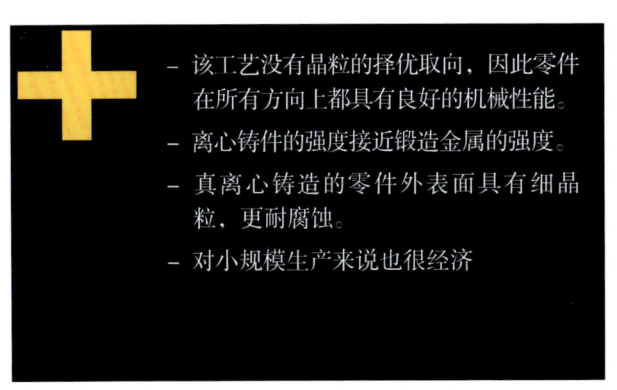

1. 将熔融金属倒入密封的模具中。

2. 模具以300~3000r/min的速度绕其轴线旋转。

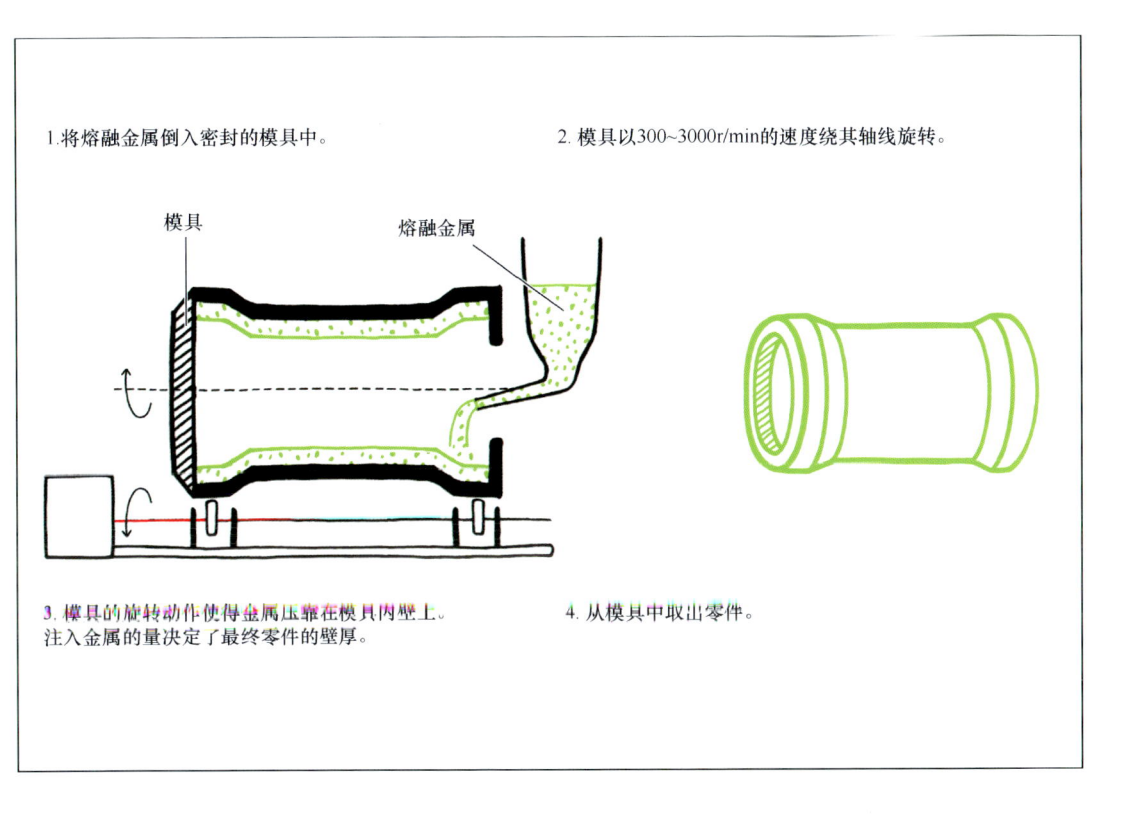

模具　　熔融金属

3. 模具的旋转动作使得金属压靠在模具内壁上。注入金属的量决定了最终零件的壁厚。

4. 从模具中取出零件。

+
- 该工艺没有晶粒的择优取向，因此零件在所有方向上都具有良好的机械性能。
- 离心铸件的强度接近锻造金属的强度。
- 真离心铸造的零件外表面具有细晶粒，更耐腐蚀。
- 对小规模生产来说也很经济

- 生产基地不多。
- 所能生产的形状受限。

电铸

19世纪初，英国科学家汉弗里·戴维爵士基于电解液中通过电流的最初工作，发明了一种通过盐浴来镀金属的简单电镀工艺。自发明以来，这项工艺几乎没有发生变化。电铸工艺介于表面涂层和成形技术之间，是一种特种加工工艺。你可以形象地将其比作在形状表面生成了新的"皮肤"。这层皮肤从模具上取下来后就成了最终零件。本质上来说，该工艺是电镀工艺的进阶版本。对于电镀工艺，金属层只能用作原始形状的覆盖层。

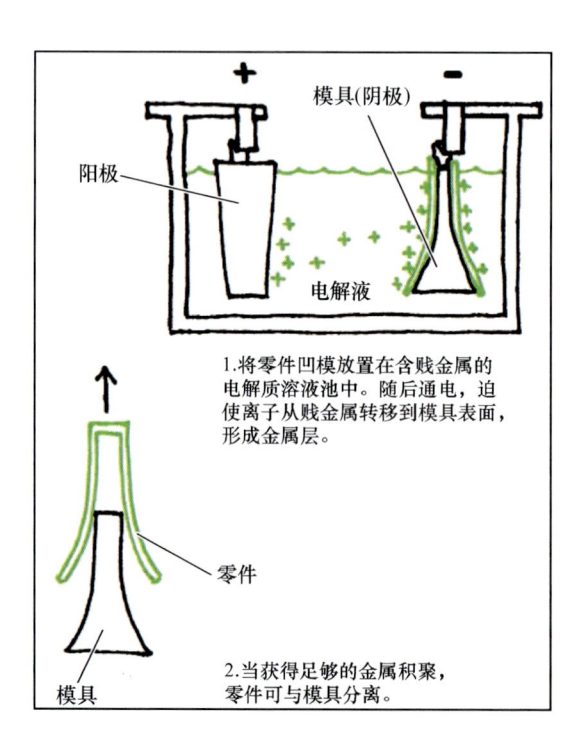

电铸的本质是将金属电沉积到模具表面。在简单电镀中，形状（阴极）表面在电解液中会被金属涂覆。在电铸中，形状将会转变成模具，在电解液中其表面会有金属化物质（阳极）生长出来。电流迫使金属离子从阳极转移到阴极上。与电镀有所不同的是，一旦获得了足够的金属积聚，该零件可以与模具分离。模具并非必须由金属制成，它可以由任意非导电材料制成，但在电铸之前需要在外表面涂覆导电层。

电铸工艺的优势在于，它可以很容易地再现复杂平面和三维图案。由于细节特征都已在模具上有所体现，因而无须借助昂贵的工装。该工艺的独特之处在于，它可以在模具周围产生均匀厚度的材料层。压制成形和板料成形则有所不同，这类工艺会拉伸金属板，因而零件的厚度不均匀。

1.将零件凹模放置在含贱金属的电解质溶液池中。随后通电，迫使离子从贱金属转移到模具表面，形成金属层。

2.当获得足够的金属积聚，零件可与模具分离。

– 产量

考虑装载模具和金属堆积所需的时间，该工艺不适用于大批量或快速生产。

– 单价与投资成本

这是一种复制复杂图案设计较为经济的方式，无须投入大量的工装。电铸的成本主要在于所使用的金属总量，因此最终单价取决于模具的表面积和沉积的金属层厚度。

– 加工速度

加工速度缓慢，具体速度取决于金属沉积的量。

– 表面质量

工艺的本质（该工艺使用模具，并且零件是由微小离子逐步形成的）决定了表面图案可以非常复杂。

– 形状类型/复杂程度

适用于制造多件复杂且装饰华丽的形状。可用诸如蜡这类材料来加工模具，在电铸之后可将模具熔化，因而允许倒扣特征。

– 尺寸规格

受限于容纳模具的电解液池的尺寸。

– 精度

与其他金属成形技术不同，电铸的精度非常高，零件各处的材料厚度完全相同。它不同于弯曲工艺，金属弯曲时角部区域的材料会变厚。

– 相关材料

镍、金、铜、镍钴合金以及其他可电镀合金。

– 典型产品

大量装饰华丽的中空型维多利亚银色餐具都由该工艺制成。如今，它仍用于制造高度精细的银器，同时也被用于实验仪器和乐器（例如，法国号）的生产。

– 类似方法

简单的电镀，作为微模电铸的一部分（见第248页）。

– 可持续问题

电解质溶液中含有有毒物质是电铸的主要问题之一。不过，已有系统可以将水中的化学物和金属去除掉，从而使之再循环用于生产，减少浪费。尽管如此，电铸过程需要连续放电，因而属于能量密集型工艺，且生产率相对较低。

– 更多信息

www.aesf.org
www.drc.com
www.ajtuckco.com
www.finishing.com
www.precisionmicro.com

- 极好的处理细节的能力。
- 金属层厚度均匀。
- 工装成本低。
- 产品复制的简单方法。
- 高精度。

- 加工速度缓慢，因而产品昂贵。

5：

其他态转固态

——将材料转变为固态制品的加工

166	烧结
168	热等静压（HIP）
170	冷等静压（CIP）
172	模压成型
174	传递模塑成型
176	发泡成型
179	胶合板壳发泡成型
182	膨胀木材法
185	锻造
188	粉末锻造
190	精密铸造原型（pcPRO®）

本章主要研究材料向固态转变的一系列工艺过程，传统上属于"粉末冶金"的范畴，但实际上"粉末冶金"这个术语已经不能充分地反映该领域所涉及的技术与材料。本章所涉及的材料不仅有粉末状态的，还包括陶瓷、塑料和金属。最基本的工艺过程是将金属粉末压实成特定形状后，通过烧结的方式将微小颗粒融合在一起，这个方法对很多材料都有效（大部分为微粒状）。相比之下，锻造则是将成形物从一种固体状态转化成另一种固体状态，因而并不属于粉末冶金的范畴。

烧结
（包括无压烧结、压力烧结、火花烧结和模压烧结等）

烧结（烧结的英文 sintering 是煤渣 cinder 这个词的派生词）传统上和陶瓷体的生产有关，然而现在这个术语已被广泛应用于粉末冶金生产领域。本质上，烧结是在略低于物质熔点的温度下加热直到这些微粒熔合在一起。

烧结在金属、塑料、玻璃、陶瓷工业中以多种形式存在。无压烧结将粉末放置在加热模具中振实后烧结成型。压力烧结是将粉末放置在模具中先振实，后加热，同时采用机械或液压的方法施加压力。火花烧结则是将脉冲电流通过模具进入粉末，从而在内部产生热量（前两种方法则需要外部加热）。模压烧结主要应用于陶瓷和金属粉末，粉末先在模具内加压成型为初始状态，然后加热至粒子烧结，即融合在一起。

由钨和聚四氟乙烯等高熔点材料组成的零件，烧结后密度更大且孔隙率低。烧结件的一个特点，是可以控制最终零件的孔隙率，尤其对于某些材料效果更佳。烧

＋
- 适合不同壁厚的零件。
- 材料高效使用。
- 能够成形用其他方式很难成型的材料，尤其是硬脆材料。
- 零件有很好的非定向属性。
- 能够生产复杂的形状。

－
- 需要多个不同的阶段。
- 由于烧结件总体体积的缩小，因而很难达到高精度。

结件的孔隙有一些好处：例如，青铜孔隙利于润滑剂的流动，因而用作轴承材料。热等静压（HIP）则是消除孔隙的一种方法（见第168页）。

选择性激光烧结（SLS）（见第250页）是一种更为先进的成型工艺，可以很好地控制热量。此工艺适用于快速原型设计。

- 产量

可用于小批量生产，也可用于像金属注射成形件（见第214页）这样的大批量生产，后者要求最小10000件的产量。

- 单价与投资成本

模具成本有低有高，主要取决于所选的加工工艺。由于无材料浪费，此工艺显得更为高效。

- 加工速度

加工速度主要取决于选用的材料和方法。例如，将无压法压实成型的零件放至连续带式炉上。对于青铜材料，完全烧结通常需要5~10min，而钢则最少需要半小时。

- 表面质量

尽管最终获得的零件内部可能是多孔的，但从其表面来看，这类工艺和高压压铸（见第217页）或者金属注射成型得到的零件没有区别。另外对于烧结件，也有一系列表面处理工艺，如电镀、油和化学黑化上光等。

- 形状类型/复杂程度

不适合薄壁件，形状上不能有底切。

- 尺寸规格

尺寸受压力机的限制，最大尺寸可达700mm×580mm×380mm（28in×23in×15in）。较大型号的压力机提供的压力大约为2000tf，每平方英寸零件承受力为50tf。

- 精度

除非再次对零件加压和紧实，否则很难获得高精度，主要原因在于加工过程中存在收缩（随着材料流进空隙，零件密度有所增加，从而体积将会减小）。

- 相关材料

陶瓷、玻璃、金属和塑料均可用来烧结。

- 典型产品

轴承生产是一个很有趣的实例，产品加工过程中带来一些空隙，使得润滑剂沿空隙流入轴承。其他常见的例子包括手工工具，外科手术工具，矫正支架和高尔夫球杆等。

- 类似方法

热等静压（见第168页）和冷等静压（见第170页）。

- 可持续问题

烧结耗能中等较高，包括给高熔点材料强化加热。此过程明显增加了能量消耗。但该过程的废铁等物质可回收再加工，最终效果很好。

- 更多信息

www.mpif.org

www.cisp.psu.edu

热等静压（HIP）

产品	刀具产自 Kyotop
设计师	Yoshiyuki Matsuii
材质	氧化锆陶瓷
生产商	Kyocera
产地	日本
日期	2000 年

陶瓷刀片的锋利度好，且陶瓷不会破坏食物的味道。后续还可利用激光在陶瓷样品表面进行雕刻，比较有名的是产生"Sandgarden 效应"。

热等静压（HIP）工艺是粉末冶金领域（也涉及陶瓷、塑料等其他材料）的一种主要工艺。它是将粉末置于氩气和氮气氛围中，通过加热和压力来完成成型，最终获得的零件无孔隙且密度高，不需要烧结（见第166页）。"等静压"表明了各个方向的压力作用是均匀的。

+
- 生产高密度无孔隙的零件。
- 由于该过程压力均匀，最终零件的微观结构也是均匀的，无薄弱区域。
- 相比其他粉末冶金工艺，此工艺可生产更大型号的零件。
- 适合生产形状复杂件。
- 材料有效使用。
- 提高先进陶瓷材料的韧性及抗裂纹能力。
- 烧结清除（见第166页）是粉末冶金成型的后续加工过程。

−
- 成本高。
- 收缩可能给产品带来问题。

热等静压的本质是采用高温和真空压力去除容器中粉末所含的气体和水分。高度压实的零件均匀，且百分之百致密。

此过程不仅能成形粉末零件，而且还可对现有零件起到增强作用。后续会介绍相关例子，由于是针对现成零件因此不需要模具。HIP 常用于需去除孔隙并提高密度的铸件的处理。

- 产量
HIP 适合中等产量的生产，规模通常不到 10000 个。

- 单价与投资成本
准备成本高，适合加工昂贵零件。

- 加工速度
慢。

- 表面质量
陶瓷材料表面质量好，而其他材料则需后续进一步加工和抛光。

- 形状类型/复杂程度
简单和复杂形状均可。

- 尺寸规格
HIP 适用的产品，其长度小到几毫米以下，大则几米。

- 精度
优。

- 相关材料
绝大多数的材料均可使用，包括塑料，但最常用的是先进陶瓷和金属粉末，例如钛、不同种类的钢和铍等。

- 典型产品
由于生产成本较高，因此该技术一般仅用于有较高物理和力学性能要求的高规格零件，例如发动机组件和骨科植入物。对于先进陶瓷材料，HIP 用来成形氧化锆刀片、氮化硅球轴承和碳化钨制成的油井钻头。

- 类似方法
冷等静压（见第 170 页），部分加工陶瓷的注射工艺。

- 可持续问题
材料在凝固过程中产生收缩会导致零件不达标，须按废品件处理。采用 HIP 则可消除相关缺陷，从而减少耗材和原料使用。此外 HIP 过程增加了材料强度和密度，使得壁厚变薄，也可节约材料。

- 更多信息
www.mpif.org
www.ceramics.org
www.aiphip.com
www.bodycote.com
hip.bodycote.com

冷等静压（CIP）

为了更好地理解该工艺过程，可想象用手挤湿砂粒，在挤出绝大多数水分后，手心留下了硬块。冷等静压（CIP）是一种在室温下利用粉末成型陶瓷或金属零件的工艺，当然加压过程也可在高温下进行。将粉末放置于柔软的橡胶袋内，沿各个方向以均等压力挤压模具，粉末被压实至密度均匀。成型过程中均匀压缩整个零件，与传统压力成型如模压成型（见第172页）不同，传统模压需两部分模具。

此工艺分成两种类型：湿袋法成型和干袋法成型。湿袋法成型是将橡胶模放置在液体中，通过液体沿各个方向均匀传递压力。干袋法成型是指传递压力的液体通过特定的通道进入模具。

产品	火花塞
材质	氧化铝陶瓷
生产商	NGK

火花塞很常见，但其加工工艺却鲜有人知。火花塞上白色的氧化铝由CIP方法制成。

– 产量

干袋法成型从粉末填充到取出零件均通过设备自动完成，但该工艺产量低，仅可生产数千件，难以生产上万件。

– 单价与投资成本

对于小批量生产可以在现有的模具基础上适当改装，但针对大批量生产的模具制造价格高昂。

– 加工速度

加工速度取决于所选工艺，例如对于湿袋法成型，在每个循环及重新填充后，橡胶模需从液体中移除，对于干袋法成型橡胶模不需要每个循环都移除，而是可以重用。

– 表面质量

取决于零件，简单形状无须后续表面处理。

– 形状类型/复杂程度

湿袋法成型和干袋法成型对于不同形状复杂件均适合。湿袋法成型由于其模具易变形，便于零件取出，因此可用于复杂件，例如形状上有底切和凹角的产品、凸缘、螺纹等。干袋法成型适用于可从模具中较易取出的简单零件。

– 尺寸规格

湿袋法成型适合于大件，而干袋法成型适合于小件。

– 精度

±0.25mm（0.01in）与2%公差中的大值。

– 相关材料

先进陶瓷材料和其他耐火材料、钛合金和工具钢。

– 典型产品

此工艺可生产在严酷、恶劣环境下使用的产品，如切割工具、刀片和耐火件等先进陶瓷件，飞机及船舶燃气轮机的气缸衬垫，石油化工装备、核反应堆的抗腐蚀组件以及医疗植入物等。但用CIP工艺制造的最常见的产品是火花塞。

– 类似方法

热等静压（见第168页），部分加工陶瓷的注射工艺法。

– 可持续问题

由于此工艺中无论湿袋法成型还是干袋法成型均未采取加热，因此相比热成型，冷等静压耗能少。此过程能量效率高，零件的维护和更换更少。通过增减压力减少内部应力及裂纹的形成，从而减少废品数量。

– 更多信息

www.dynacer.com

www.mpif.org

– 相比其他粉末冶金工艺，CIP法的优点是其生产的零件密度均匀，且可达到较大的可预测收缩比。

– 生产率低。

模压成型

该工艺通过加压成型不同材料。既可用于陶瓷件加工，也可用于成型热固性塑料件（这是酚醛塑料的最初的成型方法）和纤维增强复合材料。

产品	电插头
材质	酚醛塑料，也以酚醛或者胶木为人所熟知

在日常生活中随处可以见到的便宜产品，但其背后的加工工艺常常被人忽视

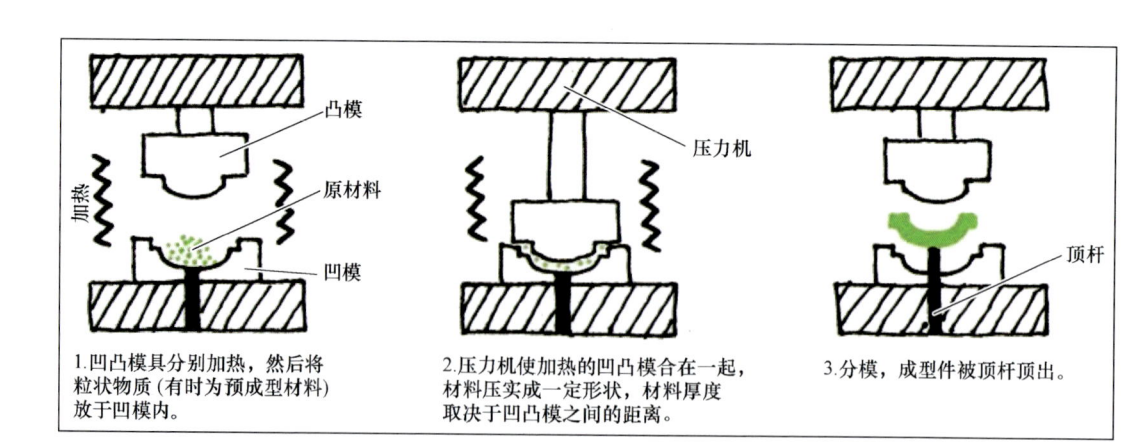

1.凹凸模具分别加热，然后将粒状物质（有时为预成型材料）放于凹模内。

2.压力机使加热的凹凸模合在一起，材料压实成一定形状，材料厚度取决于凹凸模之间的距离。

3.分模，成型件被顶杆顶出。

为了厘清模压成型的机理,可以想象成儿童将他们的拳头握紧后塞入面团,从而留下痕迹。具体到工业生产中,用颗粒状物质代替固体物质作为原材料,以热模具取代拳头,凹凸模通过合模将厚实的材料成型为薄壁容器。

– 产量
适合批量或大批量生产。

– 单价与投资成本
相比其他的塑料加工方法(例如注射成型,见第194页),模压成型的模具成本适中,仍属较低单价。

– 加工速度
影响的速度因素:模具闭合时间,而闭合时间又受零件大小及材料影响。

– 表面质量
表面质量好。

– 形状类型/复杂程度
模压成型工艺常用于大型厚壁塑料件,该工艺相比注射成型工艺更加经济。凹凸模合模成型零件的特点使得该过程适于无须二次修饰的简单成型,但允许零件有不同的壁厚。

– 尺寸规格
常用于各个方向尺寸大约300mm(12in)的小件。

– 精度
一般。

– 相关材料
陶瓷和热固性塑料,例如三聚氰胺、酚醛树脂、纤维增强复合纤维和软木等。

– 典型产品
三聚氰胺餐具(碗、杯子及类似产品)通常由模压成型制成。除此之外的产品还有电子器件外壳、开关和把手等。

– 类似方法
手糊成型和喷射成型(见第150页)、传递成型(见第174页)、注射成型(见第194页)(价格较高)。

– 可持续问题
可持续问题取决于选用的材料类型。该工艺常常用于生产热固性塑料,而未考虑塑料的回收。由于模内材料完成成型后会产生余料,因此废弃率很高。

– 更多信息
www.bpf.co.uk
www.corkmasters.com
www.amorimsolutions.com

- 适合热固性塑料的成型。
- 适合生产大件、厚壁件、实心件。
- 允许变截面和变壁厚。

- 形状复杂度受限,适合生产如餐盘一类的平面件。

传递模塑成型

相比模压成型（见第172页）和注射成型（见第194页），传递模塑成型工艺常用于生产不同壁厚和良好表面质量的大件。

此工艺流程：先将聚合物树脂在料筒内加热，并用活塞挤压材料，之后将加热材料转移至封闭型腔。根据传递模塑成型的定义，其特点是转移之前加热的材料，用的是封闭模。这样材料易流入腔体，从而很好地控制薄壁位置，实现更优的零件细节。复合材料可由纤维和树脂混合后成型，或将增强纤维先铺在模具内。

产品	伦敦公交车的车身覆盖件
材质	玻璃填充的热固塑料

该类公交车车身覆盖件是用传递模塑成型工艺制成的。由于材料在型腔内易流动，因此可在不牺牲壁厚的前提下生产大件。

先将聚合物树脂在料筒内加热，并用活塞挤压材料，之后将其"传递"至封闭型腔。

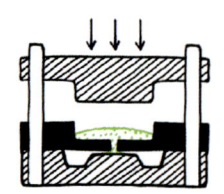

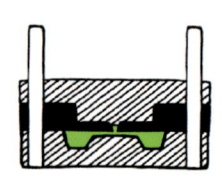

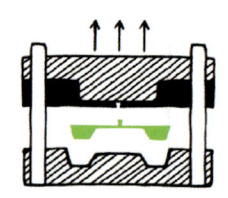

– 产量

通常用于小批量生产，近期逐渐发展为全面的工业化加工过程。

– 单价与投资成本

由于其生产周期很短，传递模塑成型工艺适合高产量生产，使得成本降低，但同时也意味着模具成本更高。

– 加工速度

加工速度差异很大，取决于零件的大小和纤维含量。对于小件，时间不到3min，而对于大件和复杂模，两小时也是正常的。

– 表面质量

与注射成型工艺（见第194页）相似，可实现良好的表面质量。

– 形状类型/复杂程度

与注射成型工艺相似，但要注意复杂的成型会大大增加生产周期。

– 尺寸规格

相比注射成型工艺，此工艺生产的零件更大。例如福特汽车公司的福睿斯车型，其90个前端部件均采用传递成型工艺，只需1个含两个件的总成。

– 精度

由于该过程采用封闭模，相比模压成型（见第172页）精度更高。

– 相关材料

最常用的是热固性塑料和复合材料。

– 典型产品

厕所座、螺旋桨叶片、汽车零部件（如公共汽车的车身覆盖件）、马桶座等。

– 类似方法

模压成型（见第172页），与传递模塑成型相比，它有一些缺点；注射成型（见第194页），它不宜成型复合材料件；真空浇注工艺（见第152页），它可用于成型复合材料。

– 可持续问题

传递模塑成型工艺可生产大件，同时对于小件生产也很高效；由于其无须分批成型不同零件，因而可减少后续加工过程中材料和能量的使用。另外，封闭模可显著减少苯乙烯的排放。

– 更多信息

www.hexcel.com

www.raytheonaircraft.com

- 生产率高。
- 可生产复杂件。
- 可生产变薄壁和厚壁大件。

- 成型过程中浇道内留有余料，材料使用不充分。
- 模具昂贵。

发泡成型

与其他塑料成型工艺不同,若生产膨胀的塑料泡沫,要求原料在加工前进行预膨胀,下文所举的椅子案例其原料为发泡聚丙烯(EPP)。有点像在烹饪时提前将原料准备好。

原材料由塑料颗粒组成,成型前用戊烷气体和蒸汽将其加热膨胀至原始尺寸的40倍,从而导致沸腾。接下来进行冷却固化,在颗粒间会形成部分真空,放置几个小时后使其内部温度和压力得以平衡。之后重新加热颗粒,用蒸汽来将其注入模内并融合。(不通过预先膨胀,而是在模具内直接完成颗粒膨胀也是可能的。)模具本身和注射成型用的模具相似(见第194页),通过型腔成型最终件。采用这种方法成型的塑料件含有高达98%的空气。

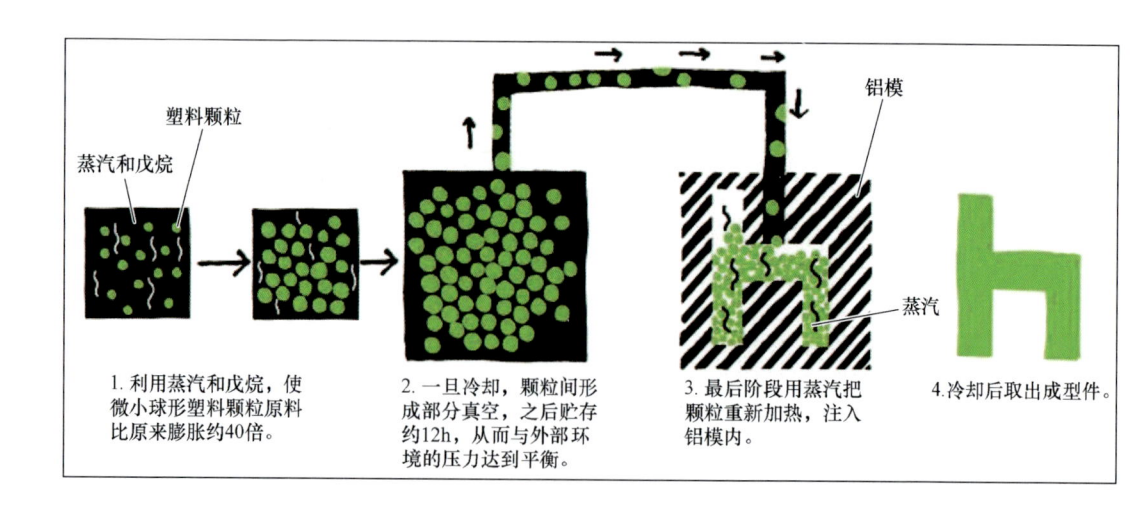

1. 利用蒸汽和戊烷,使微小球形塑料颗粒原料比原来膨胀约40倍。

2. 一旦冷却,颗粒间形成部分真空,之后贮存约12h,从而与外部环境的压力达到平衡。

3. 最后阶段用蒸汽把颗粒重新加热,注入铝模内。

4. 冷却后取出成型件。

其他态转固态——发泡成型

Enzo Mari 利用这些材料本身的性能为孩子设计了 Seggiolina POP 座椅，当然它还有一些更广泛的用途，比如用作箱子和装饰品的内衬等。

除了单独产品的生产，目前很多生产商也开始在其他部件壳体下直接进行发泡成型，进而减少后续组装时间和成本。

产品	Seggiolina POP 座椅
设计师	Enzo Mari
材质	发泡聚丙烯（EPP）
生产商	Magis
产地	意大利
日期	2004 年

Seggiolina POP 座椅有闪亮的色彩，这种传统的工业材料和工艺在孩子眼中就变成了智慧、有趣、轻质的产品。

- 产量
大批量生产。
- 单价与投资成本
铝合金模具非常昂贵,但单件生产性价比很高。
- 加工速度
生产周期取决于材料,通常为 1~2min。
- 表面质量
样品表面可涂色或喷涂,也可在其表面形成图像。表面质量取决于泡沫密度,但所有泡沫件表面均呈现出这类材料特有的纹理。同一个件上可产生不同的颜色,组合起来呈现出五彩缤纷的效果。
- 形状类型/复杂程度
和注射成型(见第 194 页)的复杂程度相似,但壁厚更加厚实。
- 尺寸规格
发泡成型是非常通用的工艺过程,产品的轮廓尺寸小到 20mm^3 大到 1m×2m(3ft×6ft)。
- 精度
不同材料间精度变化小,通常精度可达整体尺寸的 2%,对于厚壁件会更高。
- 相关材料
发泡聚苯乙烯(EPS)、发泡聚丙烯(EPP)、发泡聚乙烯(EPE)。
- 典型产品
冲浪板和自行车头盔、包装水果和蔬菜托盘的袋子、绝缘块、轿车头枕位置的头部保护装置、保险杠芯部、转向杆和声控设备等。
- 类似方法
注射成型(见第 194 页)和反应注射成型(RIM)(见第 197 页)。
- 可持续问题
空心泡沫结构中主要为空气,塑料颗粒膨胀减少了材料使用。由于成型期间需不断加热加压,因此材料成型前需较多的能量。产品重量轻有利于运输,但材料不可循环。
- 更多信息
www.magisdesign.com
www.tuscarora.com
www.epsmolders.org
www.besto.nl

- 在尺寸型号和应用类别方面非常多样。
- 改善了结构性能。
- 重量轻。

- 模具昂贵。

胶合板壳发泡成型

飞机的制造者们（例如 Mosquit 等）是最早意识到胶合板具有轻质结构的。虽然胶合板在家具生产中已经没有多少新意了，但我们的兴趣点是其在家具生产中更具创新的应用。

例如，Laleggera 椅子即为这样的构造：显示了一种反向的裁剪方式。就像孩子拼模型一样，将几块胶合板的边缘用胶粘在一起，组成不完整的空心结构壳体。为获得完整结构件，首先在壳体内注入聚氨酯泡沫，随后材料硬化。这可以看成是发泡成型的另一种形式。传统的发泡成型是将材料通过蒸汽注入铝模，膨胀后形成自身边界，从模内取出后形成产品（见第176页）。

Alias 将两种不寻常的材料和工艺结合起来生产 Laleggera 系列家具，获得的产品具备新型功能、重量轻，且有艺术美感。

产品	Laleggera 系列的椅子
设计师	Riccardo Blumer
材质	聚氨酯泡沫和木板
生产商	Alias
产地	意大利
日期	1996 年

"Laleggera"按字面可以翻译为"轻便的椅子"，这把椅子确实名副其实。新制造技术将不同的材料有趣地结合在一起，而非简单组合。

– 产量

此成型比较特殊，因此无可比较。据生产商描述，2005 年椅子产量超过 8000 把。

– 单价与投资成本

该信息难以找到，一般情况下需要做一些试验来确定工艺，但试验过程应该是简单且经济的（试验材料为切片材料与注射泡沫的结合物）。

– 加工速度

每把椅子从开始生产到结束需四周。

– 表面质量

这种生产方式获得的表面质量取决于胶合板而非泡沫芯。胶合板的表面根据所选的木材类型而变化。

– 形状类型 / 复杂程度

切削胶合板并拼成空壳的能力决定了产品形状的复杂程度。

– 尺寸规格

该系列中最大的为桌子，尺寸为 240cm × 120cm × 73cm（94 $\frac{1}{2}$ in × 47 $\frac{1}{4}$ in × 28 $\frac{3}{4}$ in）。

– 精度

无信息，精度由胶合板和相应的注射泡沫决定。

– 相关材料

椅子外部用胶合板，内部用聚氨酯泡沫。

– 典型产品

该工艺目前仅用于生产桌椅。但也没有证据表明该方法不能用于生产对强度和轻质性有要求的其他产品。

– 类似方法

该工艺由 Alias 和设计家 Riccardo 提出。生产商称无类似工艺，本书中最为相近的工艺为膨胀木材法（见第 182 页），但两者的产品差别很大。

– 可持续问题

生产工艺非常依赖手工制造。胶合板和发泡材料的使用使结构轻量化从而节省材料。废板可循环使用，同时将聚氨酯泡沫注入空心结构中避免浪费。重量降低可使运输期间能耗显著降低。

– 更多信息

www.aliasdesign.it

其他态转固态——胶合板壳发泡成型 181

1. 桌框由凹凸模压制形成。

2. 组装前的成型件。

3. 将成型件粘合成桌子的结构。

4. 桌架周围加上胶合板。

- 组合材料件强度大且重量轻。

- 要实现批量生产需反复试错。
- 生产基础有限。

膨胀木材法

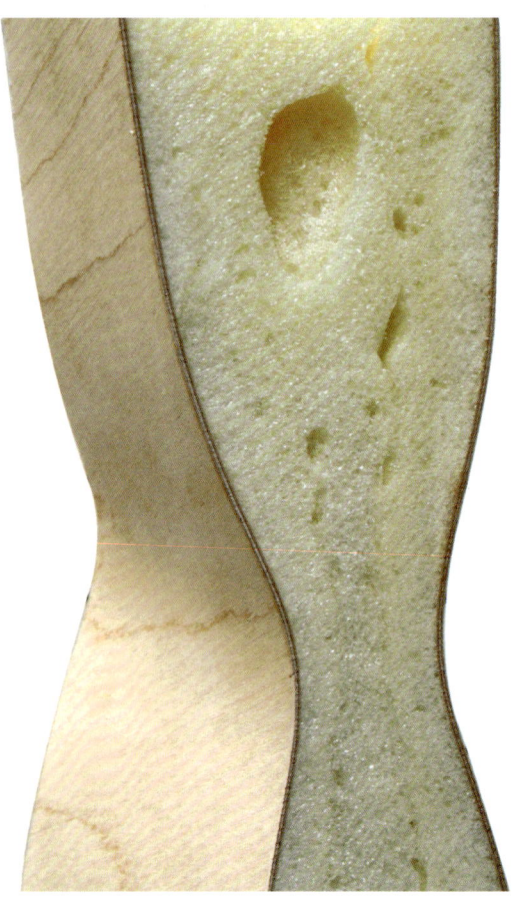

木材也许是最早被人类用作生产物品的材料。有许多新的成型工艺，可将木材加工成其他状态。大多木制品用刀片切削成型，下面讨论一种较柔和的木材成型工艺，主要通过样品自身纹理控制最终成型。

古埃及人发明了横纹层压木板工艺；最近的弯曲胶合板技术引入弯曲变形；新型膨胀木材工艺标志着木质品成型达到更高水准。让木材发生复合弯曲形状总是又耗时又增加成本的，而设计家 Malcolm Jordan 发明了独特的成型工艺，可成型波浪状胶合板且可控制成型过程，不过工艺方案现处于保密状态，尚未公开。

产品	门板
设计师	Malcolm Jordan
材质	泡沫芯木板
生产商	Curvy Composites
产地	英国
日期	2005 年

该独特工艺呈现很好的视觉效果，有波状弯曲和复合弯曲，与木板天然的柔和感完美匹配。

该工艺源自英格兰南海岸的布莱顿大学的三维设计计划。Malcolm Jordan 说，"我是一位经认证的直升机工程师，航空背景及周围的轻质复合结构让我形成了设计的主线。我用不同胶合板芯材尝试一系列试验。"

最后得到胶合板夹着泡沫芯的复合结构件。胶合板面在夹具中夹紧，未夹紧面自由移动形成复合曲面。波浪大小和成型技术由胶合板材事先确定，不受线性及平板限制。

– 产量
适合批量生产，但不合适大批量生产。

– 单价与投资成本
与类似方法（见右侧）相比，投入低，单件成本适中。

– 加工速度
取决于产品形状及类型，例如对于批量板生产，面板和边框提前预装。尽管泡沫注射工艺成型很快，但需在夹具内夹紧组件长达8h来完成泡沫的注入。因此可采用多个夹具加速泡沫的注入。

– 形状类型/复杂程度
面板可能制成一边平整，一边起伏的形状，也可制成两边起伏彼此镜像的形状。由于泡沫注入前胶合板面可弯曲，因此成型过程无须用线性板和平面板限制。工艺过程中可将实心插件组装为"稳固点"，如腿与配件连接起来。

– 尺寸规格
产品的尺寸由胶合板片材尺寸决定。在家具生产中有很大的使用前景，对用于建筑和内部设计的五花八门的雕塑和空间用品也有较大的可能性。

– 精度
使用压力将天然材料成形为非天然三维形状，这是一个不精确的工艺过程。最初，很难预测弯曲，有时结果也并非想要的那样。但若压力点位置、温度、泡沫量恒定，视觉上看到的效果差不多。

– 相关材料
聚氨酯膨胀泡沫（不同类型阻燃剂和非自由异氰酸酯），桦木面板厚度为0.8~3mm（$1/_{32}$~$1/_8$ in）。

– 类似方法
胶合板深度三维成型（见第81页）和胶合板壳发泡成型（见第179页）。

– 可持续问题
胶合板由天然薄木片加工得到，其为可再生、可持续资源。利用泡沫膨胀特性，可制备空心充气颗粒，较少的耗材可获得相对更大的产品。泡沫注射时，当板壳填充至所需形状和大小，泡沫即停止流动，从而避免浪费材料。压力聚集有时会引起胶合板爆炸，产生的余料不能重返至原位再利用。

– 更多信息
www.curvycomposites.co.uk

1. 金属夹具夹持胶合面板。

2. 泡沫注入前胶合板最后的准备工作。

3. 完成的模制板。

4. 样品横截面展示泡沫芯。

+
- 最终组件重量轻、强度高，通过胶合板表面分散载荷。
- 抗冲击性强，隔离声和热。
- 无须复杂的模塑技术，手工雕刻或机械加工。

−
- 控制泡沫压力。经验表明产生的压力足以使胶合板破裂（爆炸），当前由入口和出口限制装置控制注入泡沫量和压力。
- 弯曲胶合板会突出木材的内部缺陷，该缺陷常由单板切割时所用的生产工具引起。严格选择胶合板或将单板附在胶合板上可解决此问题。
- 仅有一家生产商。

锻造
[开式模锻、闭式模锻（落锤锻造）、压锻和顶锻]

锻造是主要的金属成形工艺，用大型机器锤击金属获得所需形状。锻造不仅可成形金属，也可使其力学性能发生改变，最终提高材料强度及延展性。其中开式模锻形式相对简单，将金属加热至再结晶温度以上，之后用锻锤锤击成形，有点像传统铁匠打铁，其中移动工件是该工艺的关键所在。具体在工业生产中包含多种形式，如热锻和冷锻。

闭式模锻（落锤锻造）和上述开式模锻工艺过程极为相似。对于开式模锻造，通

产品	原料，半成扳手
材质	钢
生产商	原本的生产商未公开，由英国的国王迪克工具厂完成
产地	德国和英国

首先用闭式模锻工艺生产出未完成的环状扳手，之后用定位孔钻孔并用锯齿开12个口。

过设备上的锻锤反复锤击金属成形。对于闭式模锻，上下模形状决定成形形状。闭式模锻可用于冷锻，也可用于热锻。热锻需对金属板料加热，晶粒在此过程会发生演化，从而使最终部件的强度更高。

压锻是将加热的棒材缓慢放于两个辊子之间，在送料过程中使得金属成形。顶锻通过对模具中杆材加压使其端部成形，常见的产品有钉和螺栓。

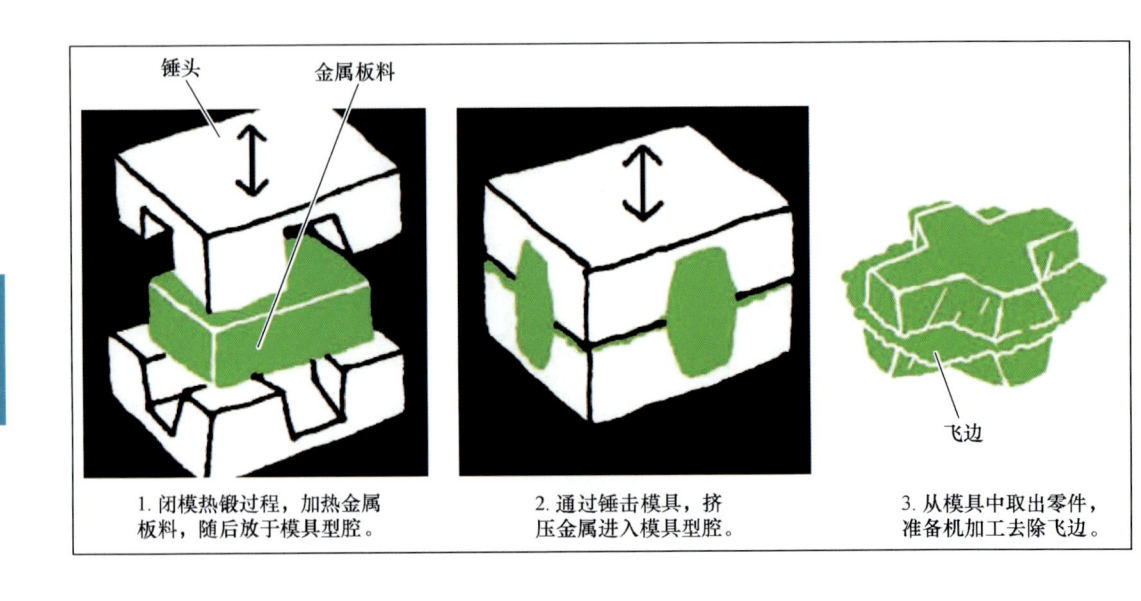

锤头　金属板料

1. 闭模热锻过程，加热金属板料，随后放于模具型腔。

2. 通过锤击模具，挤压金属进入模具型腔。

飞边

3. 从模具中取出零件，准备机加工去除飞边。

- 选择锻造的一个主要原因是为了不影响金属中晶粒结构，允许晶粒流动形成特定的形状，从而得到的产品强度更大、延展性更好。
- 锻造金属件无裂纹和空隙产生，而高压压铸（见第 217 页）和砂型铸造（见第 226 页）则会产生裂纹和空洞。
- 比起设置内浇道和浇口，采用锻造工艺材料浪费更少。

- 锻造件常需通过机械加工以来去除合模留下的余料。

– 产量
小到简单手工锻件，大到 10000 件批量均可。

– 单价与投资成本
手工开模热锻，成本取决于手工技术人员。若采用自动化工艺，模具成本很高。

– 加工速度
很慢，由于 90% 的锻造工艺均为热锻，因此工件成形前需进行加热。

– 表面质量
为了达到良好光滑的表面质量，去除飞边，锻件常需机械加工。其中飞边由挤压出来的金属形成，在零件周围成扁平网状。

– 形状类型/复杂程度
锻造类型决定了产品形状和复杂程度。在闭式模锻中，为成形复杂形状，需设置拔模斜度，设计分型面。所用金属类型影响拔模斜度的数值。

– 尺寸规格
锻造用于生产小到几克，大到半吨的零件。

– 精度
很难达到高精度，部分原因是由于模具磨损带来的。金属材料不同，精度也不同。

– 相关材料
热锻造可以成形大多数的金属及合金，但其锻造的难易程度有很大不同。

– 典型产品
由于锻造件强度高（相对于金属铸件），因此可大量用于飞机发动机及飞机结构件。其他应用还包括手工工具，如锤子，扳钳和扳手，以及剑——尤其是武士剑。

– 类似方法
粉末锻造（见第 188 页）、反挤压（见第 144 页）和旋转锻造（见第 104 页）都可看作是锻造成形。

– 可持续问题
锻造过程中材料强度增加，可提高产品的延展性和寿命。但热锻技术能耗大，还会增加碳排放，影响环境。另外，一次加工产生大量多余金属，将来需更多能量来处理这些余料，不过余料可循环使用。

– 更多信息
www.forging.org
www.iiftec.co.uk
www.key-to-steel.com
www.kingdicktools.co.uk
www.britishmetalforming.com

粉末锻造
（又名烧结成型）

粉末冶金锻造可归类为粉末冶金工艺。结合烧结（见第 166 页）和锻造（见第 185 页）来生产最终零件。对于金属粉末成型，先将模内金属粉末压实到接近完成状态，称为预成型，与最终件在形状上略有不同。预成型烧结成固态件，接着从炉子中取出，涂上石墨润滑剂，然后转移到锻压力机上。最终零件在闭模中成型，促使金属晶粒互锁为固态且材料质密。该工艺可获得高密度且无孔洞的零件。

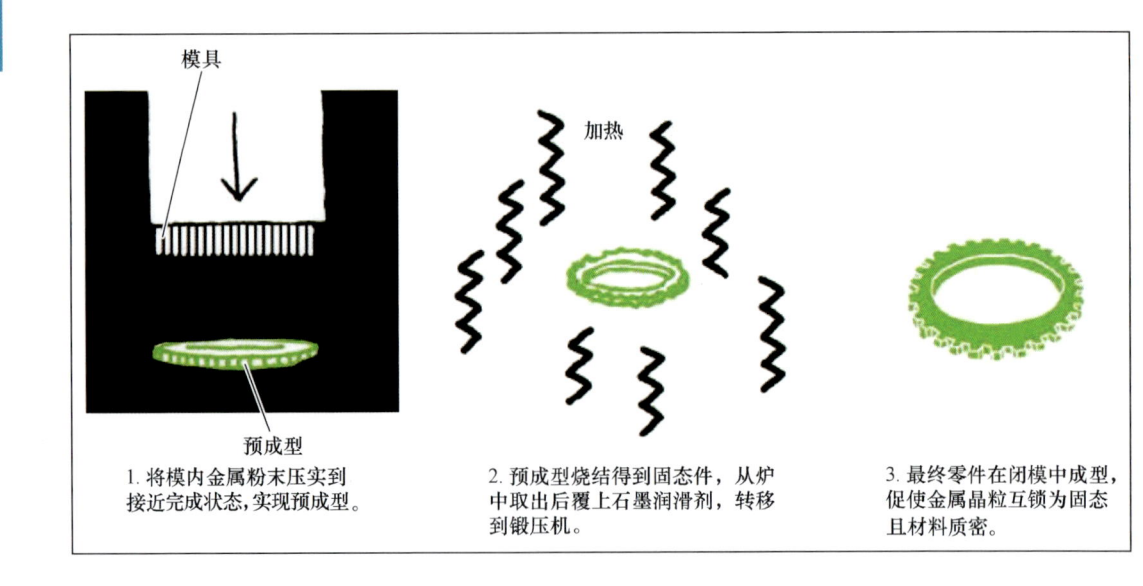

模具

预成型

1. 将模内金属粉末压实到接近完成状态，实现预成型。

加热

2. 预成型烧结得到固态件，从炉中取出后覆上石墨润滑剂，转移到锻压机。

3. 最终零件在闭模中成型，促使金属晶粒互锁为固态且材料质密。

其他态转固态——粉末锻造

- **产量**
  高产，通常超过 25000 件。
- **单价与投资成本**
  高产工艺价格昂贵，部分原因在于该方法需两套模具。通过大批量生产来降低单价。
- **加工速度**
  取决于工艺安排和部件尺寸，可以达到非常高的速度。
- **表面质量**
  表面良好，无须进行热处理这样的再加工工艺。
- **形状类型/复杂程度**
  该工艺能生产复杂形状。粉末锻造允许不同壁厚，可小至 1mm（$1/25$ in）。底切无法实现。
- **尺寸规格**
  与闭模锻造和压力锻造相似（两种锻造工艺见第 185 页），可以以扳手和齿轮[直径大约 200mm（约 8in）]作为参考。
- **精度**
  相比其他锻造工艺，粉末锻造生产部件的精度更高。
- **相关材料**
  绝大多数的黑色金属和有色金属。大量的粉末锻件采用含少量铜和碳的铁。
- **典型产品**
  许多工业用的工程件，包括汽车零部件，连接杆，凸轮，手工工具和变速器组件等。
- **类似方法**
  闭式模锻和压锻（见第 185 页）及模压成型（见第 172 页）。
- **可持续问题**
  相比传统锻造工艺，粉末锻造精度高、余料少，因此很少需要再加工，使得能量使用率高。但该工艺过程仍需高温确保材料流动，因而能耗高。另外，锻造过程给模具和基材带来强烈的冲击力，因此对于后期维护要求更高。
- **更多信息**
  www.mpif.org
  www.gknsintermetals.com
  www.ascosintering.com

- 金属中无裂纹和孔洞，而砂型铸造（见第 226 页）则可能产生裂纹和孔洞。
- 相比其他粉末冶金工艺，粉末锻件延展性好、强度高。
- 相比其他锻造工艺，材料利用率高，且废料少（见第 185 页）。
- 相比其他锻造工艺，后续成型操作更少。

- 由于模具价格高昂，因此只适合大批量生产。

精密铸造原型（pcPRO®）

德国的弗劳恩霍夫研究院是世界上最大的材料研发及生产机构之一。研究院近期在精密铸造原型工艺上取得进展。

精密铸造原型（或者pcPRO®）是一种快速成型工艺，在单个机器中结合了铸造和铣削操作。该工艺分为两个阶段：第一阶段，铣床（见第20页）根据CAD文件信息将模具切成铝块状，第二阶段，模内填充聚合物树脂，树脂硬化后，同样地用铣床将其精确地切成最终形状。该工艺本质是每次在模内填充树脂后，产品一面（模塑边）完全按照模具型腔精确成型，而上面（铣面）则需根据CAD文件信息进行调整。

产品	样件
材质	聚合物树脂
生产商	弗劳恩霍夫研究院
产地	德国
日期	2004年

此图通过样件的正反面显示了CAD驱动切削的细节，切削线和平铸面均可见。

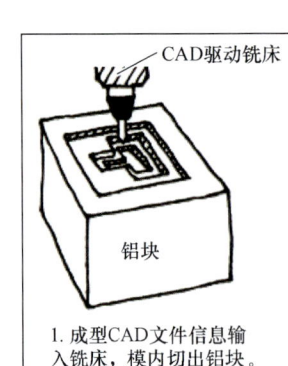

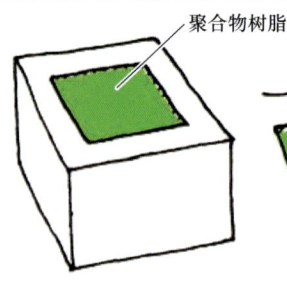

1. 成型CAD文件信息输入铣床，模内切出铝块。
2. 模内填充聚合物树脂。
3. 树脂硬化后，用铣床将其精确地切成最终所需形状。
4. 取出完成件。

一个产品的原型在获得最优形状前通常需要做多次调整，使得模型生产者每次需从头来一遍。通过精密铸造原型方法，生产者只需要调整 CAD 文件即可。还有一个优点是，对于电子类产品，不同的外壳往往仅需要调整其中的一面，这一面可以通过调整 CAD 文件实现，而另一面用同一副模具即可。

– 产量
该工艺由 CAD 控制成型，单件和批量生产均合适。每次成型仅在铣削一面有所差异，而模塑面则保持一致。

– 单价与投资成本
加工工具（在此情况为模具）由生产零件的相同机器生产，意味精密铸造原型性价比很高。

– 加工速度
铣模过程常需半小时到两小时，树脂铸造和固化后，铣出一件产品至少一个小时，取决于产品的复杂度。

– 表面质量
正常铣平面质量。

– 形状类型 / 复杂程度
产品形状取决于 CAD 图形和刀具的限制，对于复杂形状件或内部轮廓带底切则需用五轴加工（沿五条轨迹移动的刀片），有底切的外部轮廓需特殊的模具镶块或硅胶。

– 尺寸规格
标准机器生产件的尺寸为 250mm × 250mm × 150mm（10in × 10in × 6in）。

– 精度
取决于机器的精度，通常 10μm。

– 相关材料
双组分树脂。

– 典型产品
外表面精度高内表面精度低的复杂产品。该工艺用于手机、相机、汽车零部件、电子产品和计算机配件的快速成型。

– 类似方法
传统铣削（见第 20 页）和铸造工艺，以及立体光刻（见第 244 页）。

– 可持续问题
本工艺将铸造与铣削结合，具有很高的能效。通过减少机器使用，可显著减少能耗。省略了不同工艺之间的运输环节亦可帮助减少能量消耗。铣平面加工可直接完成，无须换全新模具，又减少了材料的使用。

– 更多信息
www.fraunhofer.de

+
- 将自动化和定制形状加工相结合
- 节约时间，经济效益高
- 品质高

–
- 提供此工艺的生产商较少

6:

复杂

——具有复杂形状和表面的制品的加工

194	注射成型
197	反应注射成型（RIM）
199	气体辅助注射成型
201	MuCell® 微发泡注射成型
204	嵌件成型
207	多重注射成型
210	模内装饰
212	模外装饰
214	金属注射成型（MIM）
217	高压压铸
220	陶瓷注射成型（CIM）
222	熔模铸造
226	砂型铸造
229	玻璃压制
232	压力辅助注浆成型
234	黏塑性加工（VPP）

本章介绍的工艺可称为"塑性成形",因为材料在模制时质软、韧性好且多处于热态。此类工艺促使价格低廉的模塑件的数量激增。对于模具的投入可实现以低单位成本生产复杂件。本章包含许多大批量生产工艺,如塑料产品的注射工艺和金属压铸工艺,另外也研究了在复杂形状件上添加装饰材料的方法。

注射成型
[包括水注技术（WIT）]

注射工艺是塑料加工技术之母吗？利用该工艺我们可将塑料制成包装袋、玩具和电子产品外壳等。法国哲学家 Roland Barthes 在其"神话"(1957) 谈到注射"理想形状的机器，平面和椭圆形（一种非常适合显示秘密行程的形状）毫不费力地产生一堆绿色水晶般闪闪发光的更衣室装饰物。一头是未加工天然原料，一头是加工完成的人造物，被一个戴着布帽半神半机器化的跟班监督着。"

该工艺所用塑料颗粒从料斗进入带螺杆热缸内。螺杆推动热塑料慢慢融化，最后以高压注入浇口和流道，从而将聚合物充入水冷钢模。待零件在压力作用下固化，顶针便将模具内成品件顶出。

水注技术（WIT），亦称为水辅助注射成型技术，是一种相对新型的注射工艺，其优势有望超越传统注射工艺和气体辅助注射工艺（见第 199 页）。用水将熔体（聚合物）冲入模内且并使其紧贴模壁，从而获得中空件。水的使用消除了气体辅助注射相关的问题，例如气体溶入塑料内。另外，由于水不可压缩，相比空气而言可提供更大的压力，有利于更复杂的零件以及更好的表面质量。且采用水冷后，冷却速度加快，成型周期缩短。

产品	BIC Cristal 圆珠笔
设计师	Marcel Bich
材质	聚苯乙烯（轴）；聚丙烯（盖子和插头）
生产商	BIC
产地	法国
日期	1950 年

每天数百万的 BIC Cristal 圆珠笔被销售到全世界。除了钢笔墨盒和笔尖，其他所有重要元素组成均由注射工艺制得。

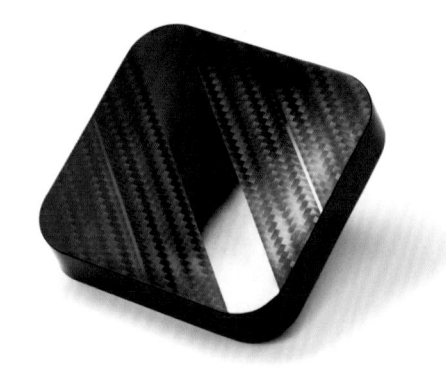

动态加热是一种加热模具的方法，通过在局部区域快速加热和冷却，可在注射成型过程中对塑料进行更有效的控制。正如这个 Roctool 样品所示，它可以提供非常精细的表面全息图案。

– 产量

少量注射生产商生产 5000 件或更多，但一般来讲最少产量为 10000 件。

– 单价与投资成本

单价很低，但模具成本通常高达数万美元。

– 加工速度

成型周期取决于材料类型、壁厚和产品形状。例如，简单的瓶盖加工时间最快 5~10s，大多数复杂件通常需要 30~40s。

– 表面质量

表面质量取决于模具表面，从电火花腐蚀到高光均有可能。设计产品时需考虑模内顶针的位置，它会留下小的缩圈。模具不同部分组合时需考虑分型线。

– 形状类型/复杂程度

如果产量非常大，注射成型可用于制造高度复杂件。而底切、不同壁厚、插件、螺纹等会显著增加模具成本。一般而言，注射成型适用于薄壁件。

– 尺寸规格

微型注射是一个特殊领域，仅有少量生产商专注于生产不到 1mm（$1/25$ in）的小件；对于像公园座椅这样的大件，可用空气辅助注射成型（见第 199 页）；对于厚壁件，则可尝试反应注射成型（RIM）（见第 197 页）。

– 精度

±0.1mm（$1/250$ in）。

– 相关材料

主要用于热塑性塑料，也可用于热固性材料和弹性体。

– 典型产品

由于注射工艺应用广泛，很难把全部常见产品都讲到，从糖果包装（如嘀嗒糖盒子）到医疗植入物等。

– 类似方法

在金属成型领域类似的方法是金属注射成形 MIM（见第 214 页）或高压压铸（见第 217 页）。

– 可持续问题

该工艺过程精确、可控，且使材料和能量的使用得到优化。若采用水注技术，由于其周期短且所用的水可循环使用，因而具有更高的能效。然后由于注射件生产速度快且价格便宜，通常人民不太在意，因而需要经常性地鼓励大家循环使用。此外，塑料件燃烧时会产生有毒废气。

– 更多信息

www.bpf.co.uk

www.injection-molding-resource.org

复杂——注射成型

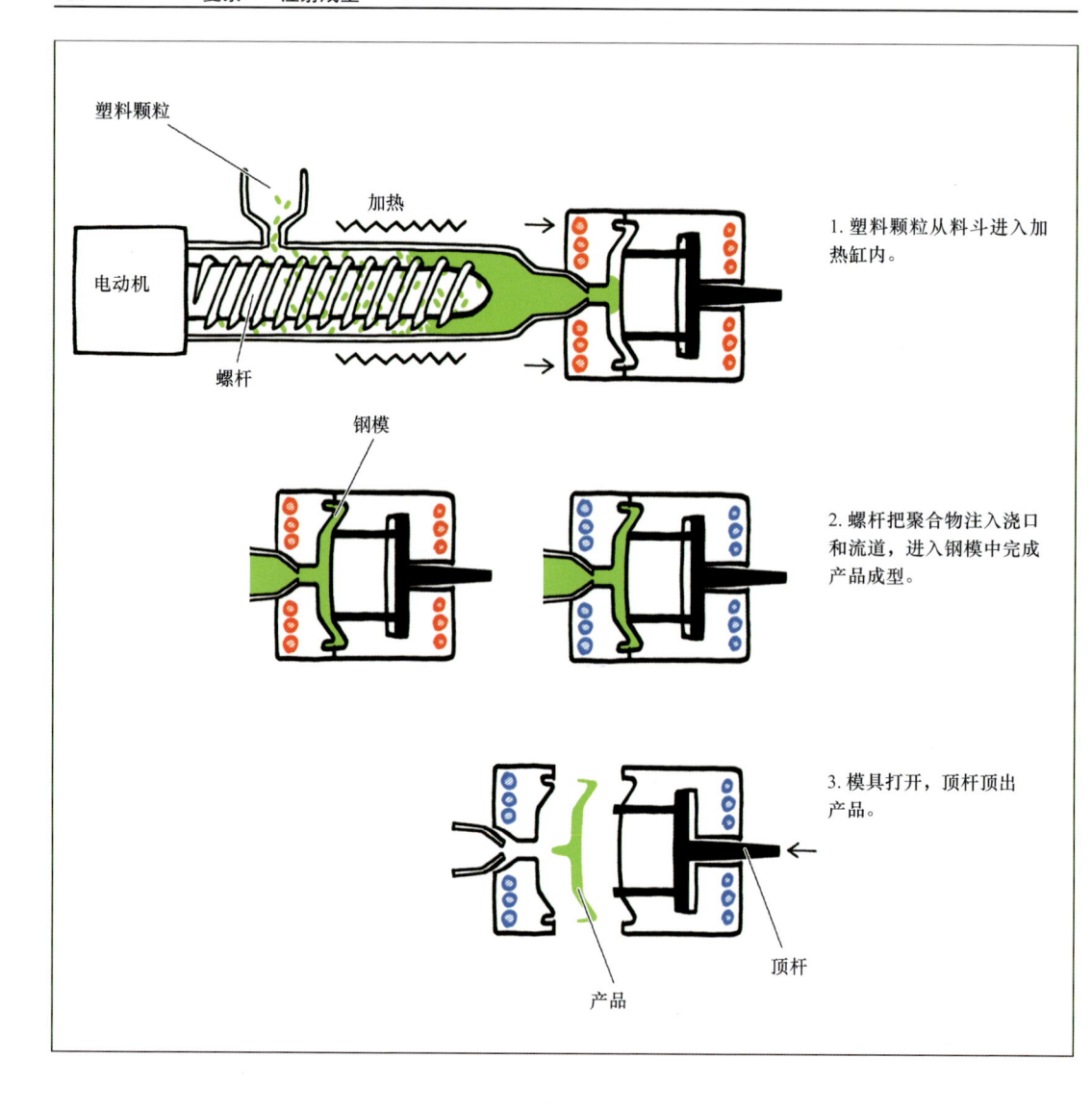

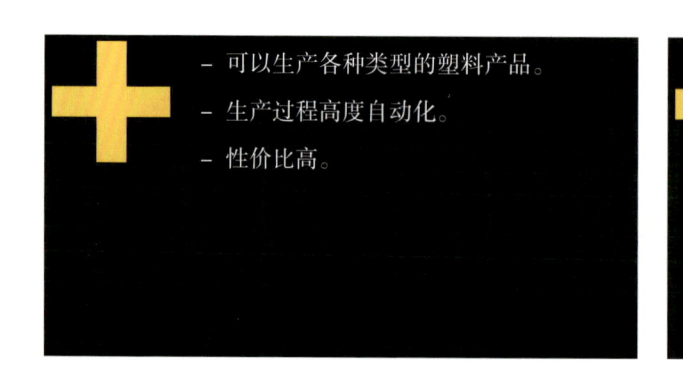

塑料颗粒 · **加热** · **电动机** · **螺杆**

1. 塑料颗粒从料斗进入加热缸内。

钢模

2. 螺杆把聚合物注入浇口和流道,进入钢模中完成产品成型。

3. 模具打开,顶杆顶出产品。

顶杆 · **产品**

＋
- 可以生产各种类型的塑料产品。
- 生产过程高度自动化。
- 性价比高。

－
- 投入较大,且适合大批量生产。
- 交货时间长。

反应注射成型（RIM）
（包括 R-RIM 和 S-RIM）

反应注射成型（RIM）是用于生产结构泡沫件的工艺。标准的注射工艺（见第194页）使用的是塑料颗粒，而 RIM 将两个反应的热固性液态树脂注入混合室，之后通过喷嘴注入模具内，发生化学反应产生的热量促使材料自成型，且泡沫芯表面光滑。由 RIM 生产的产品可以是软泡沫，也可以是固态泡沫或者很坚硬的泡沫，主要取决于所选树脂。

可在混合物内引入短纤维或长纤维来增强复合材料的强度。产品成型可以分成两类：加强反应注射成型（R-RIM）和结构化反应注射成型（S-RIM）。

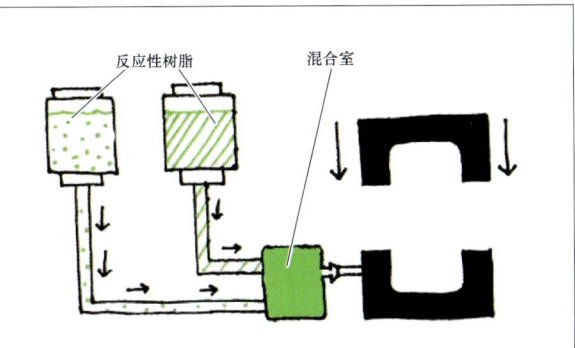

1. 两种互相反应的树脂进入一个混合室中。

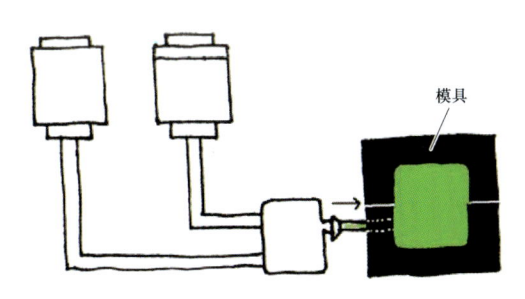

2. 混合室中的树脂进入模具门，发生放热化学反应，形成表面光滑的泡沫产品。

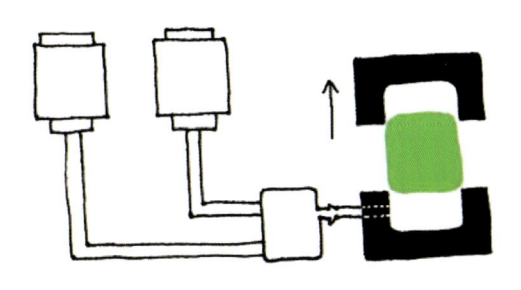

3. 从模具内取出产品。

i

— 产量

适合大批量生产，但由于可使用便宜、低强度的模具，也能用于小批量生产。

— 单价与投资成本

比起标准注射工艺（见第 194 页），该工艺是一种模具成本较低的低压工艺。但由于准备成本较高，大批量生产会更经济。

— 加工速度

该工艺的加工速度不像标准注射工艺的那么快速，周期也相当长，主要取决于件的类型和复杂度。一般每个件要花几分钟，而非几秒。

— 表面质量

该工艺生产的泡沫材料"自带表面"，也可生产心部柔软但同时具有与注射成型工艺类似的硬质外表面。

— 形状类型/复杂程度

可以是大且复杂的固体形状，也可以是变壁厚件。RIM 件通常壁厚是 8mm（$^3/_8$ in）。

— 尺寸规格

适合大件，长度可达 2m（6 $^1/_2$ ft）。

— 精度

高精度。

— 相关材料

RIM 常用于成型致密聚氨酯泡沫件，其他常见材料还有酚醛树脂、尼龙 6、聚酯和环氧树脂。

— 典型产品

RIM 生产柔性和刚性大的发泡成型制品，如汽车保险杠和汽车内饰、工业用的托盘、大型电子产品外壳、冰箱面板等。

— 类似方法

注射成型（见第 194 页）、传递成型（见第 174 页）。气体辅助注射成型（见第 199 页），可生产复杂大型轻质产品，但不适用于泡沫件。

— 可持续问题

利用的泡沫膨胀特性可生产空心结构件，因而材料使用比传统注射工艺更低，在抵抗收缩的同时具有更好的强度。另外，加热温度低减少了能耗和排放。缺点是速度慢，从而能量使用效率低于传统注射工艺，且材料不能循环使用。

— 更多信息

www.pmahome.org

www.rimmolding.com

+

- 可生产变壁厚产品。
- 由于此过程要求低温低压，模具成本比其他高产塑性工艺更低。
- 生产比强度高的产品。
- 适合生产大件。

—

- 小件需要多腔模。

气体辅助注射成型

在标准注射成型中，热塑性塑料经加热后注入型腔内（见第 194 页）。模具内设置有冷却水道，以确保模具保持低温，塑料在模具内成型冷却后取出。由于在冷却过程中零件会收缩，从而导致部件脱离模壁，因而需要向模内注入更多材料避免此现象。

另一种广泛使用的方式，是当塑料仍处于熔融状态时，向型腔中注入气体（常为氮气），气体压力使塑料膨胀以抵消收缩，从而可使塑料始终和模具表面接触直至固化，形成中空部件。

气体辅助注射成型有两种类型：内部法和外部法。前者应用最广泛；当零件要求精度更高，表面积更大时，采用外部法。在塑料面和相邻模具型腔之间注入很薄的气层，实现气体辅助注射成型。

利用此工艺带来的轻量化，意大利生产商 Magis 生产了一系列家具，重新定义了大尺寸塑料制品的设计原则。常见的低端公园椅子由标准注射成型工艺生产，在当地的五金店里这类椅子横截面薄，结构强且稳固。相反，由 Jasper Morrison 设计的 Magis 系列，看起来为实心，但其实内部是中空的。

产品	中空椅子
设计师	Jasper Morrison
材质	聚丙烯，加固玻璃纤维
生产商	Magis
产地	意大利
日期	1999 年

这种可叠堆放置的椅子坚固耐用，可以承受很大的外力，重量轻、中空且经济，所有这些都是采用气体辅助注射成型的优点。

- 产量
  严格要求大批量生产。
- 单价和投资成本
  类似于标准注射工艺（见第194页），具有低单位成本和高投资的特点。
- 加工速度
  由于该工艺材料仅注入一次，且比标准注射成型冷却更快，因此成型时间减少。
- 表面质量
  采用气体辅助注射成型的主要优点在于表面质量更好。在标准注射成型过程中，应力常沿着模内流线产生，从而会导致扭曲，而引入气体后可有效分配压力，消除塑料内部特殊位置的应力和流线。
- 形状类型/复杂程度
  注射成型工艺是生产复杂形状件最好的方法之一，包括气体辅助注射成型。产品的复杂度，取决于想在模具上花费多少钱及模内产品的数量。
- 尺寸规格
  从小型电子件外壳到大型家具。
- 精度
  相比标准注射成型工艺，该工艺可更好地控制材料流动且收缩更小，因此精度更高。

- 相关材料
  大部分材料是热塑性材料，包括高抗冲的聚苯乙烯、滑石填充聚丙烯、丙烯腈－丁二烯－苯乙烯（ABS）、坚硬的聚氯乙烯和尼龙等，也有复合材料。
- 典型产品
  从本质上讲，几乎所有的可塑产品均可由气体辅助注射成型制成。外部气体辅助注射成型常用于大表面积的组件，如车体面板、家具、冰箱门和高端塑料花园家具。
- 类似方法
  注射成型（见第194页）和反应注射成型（RIM）（见第197页）。
- 可持续问题
  气体辅助注射成型由于其产品中空、轻质，可使材料消耗明显减少。相比传统的注射工艺，它的生产周期短、速度快，明显减少能耗。另外，重量的减轻有利于节省产品运输期间的燃油消耗。
- 更多信息
  www.magisdesign.com

- 能够制成不同壁厚的组件。
- 缩短生产周期。
- 减轻重量。
- 相比传统注射工艺缩痕更少（见第194页）。
- 相比标准注射工艺，能耗减少15%。

- 与标准注射工艺相比，该工艺由于需要处理气体控制、压力调节、冷却等额外的参数，因而会带来更多潜在的问题，需要有更丰富的经验和更复杂的设备。

MuCell® 微发泡注射成型

传统的注射成型技术应用已超过 50 年，用于大规模生产塑料件，包括从手机外壳到手机套。随着新型复合材料的发展，微发泡注射成型工艺也随之进步。微发泡工艺可用于注射成型和挤压，但在混合物中引入了一种新型物质——微孔泡沫。此工艺平均会使材料减重 10%，模塑时间减少 35%。

混合发泡剂聚合物在高压作用下进入型腔。一旦聚合物扩散至型腔，氮气将以高温状态射入模内，从而使聚合物达到气态和液态之间的临界温度。此过程对于聚合物的混合尤为重要。若气体温度加过临界温度，则聚合物会熔解成熔融态。随着模内压力下降，气体使得聚合物状态再次改变，分成连续胞状结构。胞状结构尺寸小、重量轻，但强度却很高。最终聚合物混合物形成微孔泡沫。

产品	新百伦 Minimus MR10WB2
设计师	Jasper Morrison
材料	橡胶
生产商	新百伦设计工作室
日期	2013 年

这款跑鞋的橡胶鞋底采用了 MuCell® 工艺，使跑鞋格外轻盈。

由于微型胞状结构均匀连续,型腔内应力均匀分布,从而比非均匀结构的传统塑料成型工艺收缩更少。相比常规模塑工艺,此工艺获得的产品重量更轻、黏度更低。由于泡沫的膨胀特性,使其更加贴近模具形状和尺寸。其均匀的结构使产品具有出色的刚度,同时具有良好的绝热和绝缘性能。

此技术适于高精度工程塑料件的生产,不适于日常模塑产品。其为单相过程(同一加工周期内注入聚合物和气体),材料流动性的提高有利于生产更薄的部件。此工艺生产的产品壁厚尺寸通常不到 3mm ($1/8$ in)。

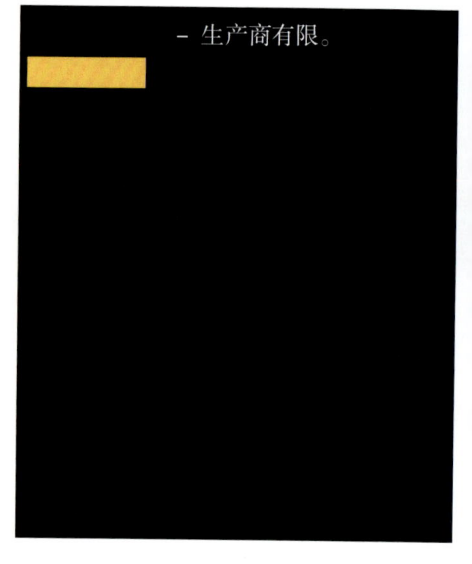

- 模制产品的重量明显下降。
- 由于其均匀胞状结构,增加了尺寸稳定性。
- 由于重量减轻和黏度降低,使得生产时间变短。
- 冷却期间无收缩。

- 生产商有限。

– 产量

适用于大批量生产，类似于注射或挤压工艺。

– 单价与投资成本

相比传统注射工艺，时间和材料使用减少，因而可大幅降低成本。但由于此工艺需投入特殊装备，因此这方面成本要高于传统注射成型。

– 加工速度

相比热塑性塑料的传统注射成型工艺，生产速度提高 15%~35%。

– 表面质量

气体的使用增加了产品平整度且减少了加固。

– 形状类型/复杂程度

相比传统模塑和挤压工艺，此工艺可获得更好的细节特征，且壁厚可更薄。

– 尺寸规格

产品包括从几克（一盎司的几分之一）的插销到几千克（几磅）的大型汽车零部件等。微发泡成型件壁厚通常不到 3mm（$1/8$ in），对于滑石粉填充的 PP 材料则不到 2.5mm（$1/10$ in）。

– 精度

±0.1mm（$1/250$ in）。

– 相关材料

工程塑料中的热塑性塑料，性能好的有 PA、PBT、PEEK 和 PET。填充玻璃纤维后产品的性能进一步提升。

– 典型产品

由于具有轻量化的特点，因此此工艺主要应用于汽车零部件。采用此工艺并注射玻璃纤维增强尼龙可生产动力组件的基板，取代金属并保证其平整度。

– 类似方法

气体辅助注射成型（见第 199 页）。

– 可持续问题

由于泡沫的膨胀，材料消耗明显减少，组件的重量也相应下降。材料的黏度更低，因此加工速度更快，能量使用效率更高。

– 更多信息

www.trexel.com

嵌件成型

嵌件成型是多组件成型（也称为双射成型）的一个分支，后者为单一生产过程中加入不同塑料件的工艺。嵌件成型在塑料件内插入其他部件（由不同材料制成，包括金属、陶瓷、塑料等）以增加强度。注射成型（见第194页）仍是此工艺的主要过程，插件在塑料注入前置于模内。

使用注射工艺的多组件嵌入成型有两种形式。第一种旋转传递，随着模具旋转，两种材料被注入同一型腔；第二种常称为"机械传递"，首先生产组件，之后转移至另外的模内，添加第二种材料。

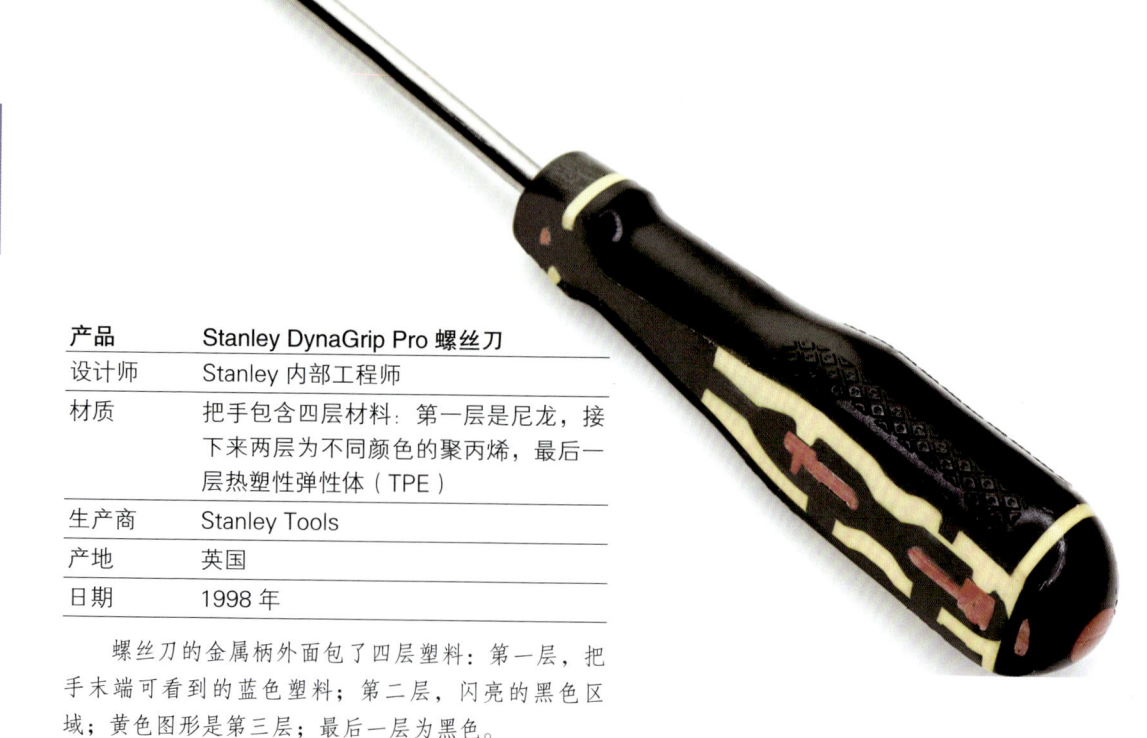

产品	Stanley DynaGrip Pro 螺丝刀
设计师	Stanley 内部工程师
材质	把手包含四层材料：第一层是尼龙，接下来两层为不同颜色的聚丙烯，最后一层热塑性弹性体（TPE）
生产商	Stanley Tools
产地	英国
日期	1998年

螺丝刀的金属柄外面包了四层塑料：第一层，把手末端可看到的蓝色塑料；第二层，闪亮的黑色区域；黄色图形是第三层；最后一层为黑色。

除了注射成型，也有其他嵌入成型方式，如使用模压成型（见第172页）、接触成型（见第150页）、旋转铸塑（见第135页）成型等。

— 产量

该工艺通常应用于大批量生产，一般在100000件以上。

— 单价与投资成本

相比不同材料的手工组装方式，此过程经济实用。

— 加工速度

取决于产品。薄壁产品冷却速度快，但塑料件的型号和组件整体设计也是重要的因素。

— 表面质量

取决于所选用的模塑工艺。相比注射成型（见第194页），嵌件成型引入材料改善表面质量，如增强牙刷手柄的摩擦力。

— 形状类型 / 复杂程度

由于嵌件成型基于注射工艺，因而它们的应用与局限基本相同。但插件自身形状也会在一定程度上影响产品形状的实现。

— 尺寸规格

可生产不同型号的产品，取决于所选的注射工艺。

— 精度

由于注射工艺精度可达 ±0.1mm（$1/250$ in），因此精度很高。

— 相关材料

材料可任意结合，如热塑性和热固性聚合物。不同层之间的化学结合程度取决于结合的材料。例如热固性与热塑性弹性体（TPEs）之间通常不能用化学方法结合。

— 典型产品

材料结合的关键在于将多样的功能汇集到单件中。例如，可在柔性而坚固的基体上装上活动接头和装饰，而无须额外组装成本。此工艺生产的常见产品有牙刷柄、剃须刀和壳体（例如带橡胶手柄的电动工具）。

— 类似方法

模内装饰（见第210页）。

— 可持续问题

此工艺无须多个生产阶段，将其简化为同一位置的单步过程，从而减少运输过程和能量消耗。但当两种或者两种以上材料结合时，由于在再次加工之前需将其分离，材料的循环利用会相对比较困难。

— 更多信息

www.bpf.co.uk

复杂——嵌件成型

机械传递工艺

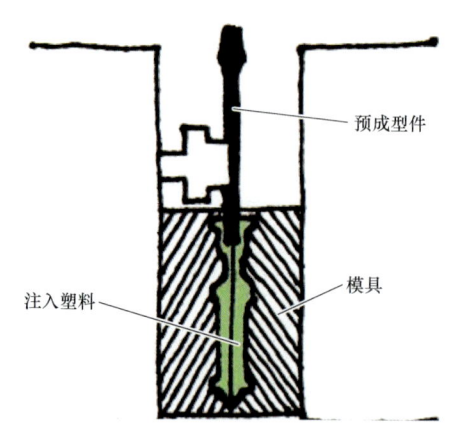

1. 预成型件为旋具的金属轴，将塑料注入预成型件和模具之间。（预成型件、注入塑料、模具）

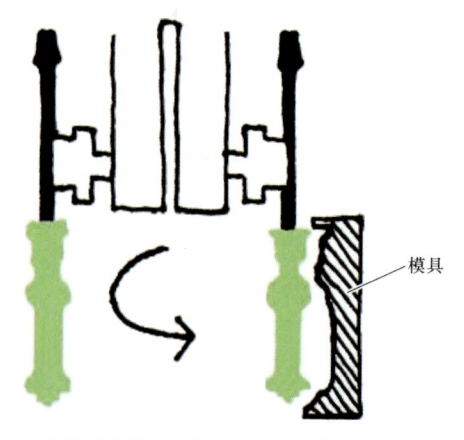

2. 成型后的件（与金属轴一起）被机械手臂转移至分离的模具内。（模具）

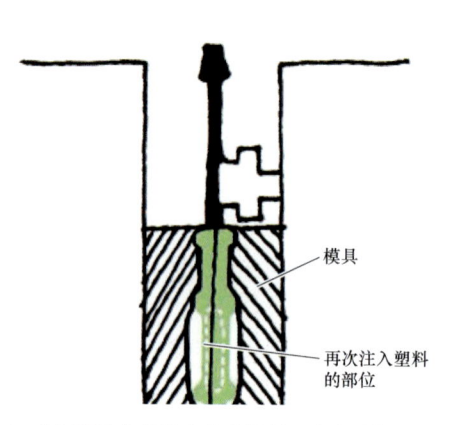

3. 此时再次往模具内注入塑料。多次重复此过程以达到所要求材料的数量。（模具、再次注入塑料的部位）

4. 从模具内取出完成件。

＋
- 将不同物理性能和手感的材料组合到同一产品中。
- 减少组装的劳动力成本。
- 可增加一系列增强功能。

－
- 模具成本高。
- 需要更专业的知识将不同的材料结合在一起，此外还需注意材料收缩及一种材料对另一种材料的作用力等问题。

多重注射成型

在传统的注射成型工艺中各个部件是单独成型的,而多重注射成型可在同一个循环内成型多个部分并将它们组装在一起,从而一次性完成产品。甚至可以在同一循环内生产可移动的产品,如帽子、手柄、铰链等。通常,多组件产品的生产时间较长,每个部件需在不同位置分开成型,最后通过组装完成产品生产。多重注射成型避免了二次加工和组装过程,减少了很多生产麻烦,相应也会缩短交货时间和降低成本。

产品	**花园修枝剪**
材质	热塑性弹性体(TPE)手柄夹子,聚丙烯手柄,钢刃
生产商	Fiskars
产地	芬兰

修枝剪的剖面展示了灰色的 TPE 是如何与黑色 PP 手柄共同注射成型的。

为了使此工艺过程的作用最大化，需进行大量的准备工作。每个方面都要考虑，从各个材料的组合性能到使用机器的类型。由于这个工艺过程很灵活，因此其工序的设计很有创新性。由于通常不止有一种工艺方案，所以需要设计者对各种方案进行比较，其中一些方法可节约成本，而另一些也许可使产品设计更加灵活多样。

多重注射机器为自动化生产，由计算机控制的机械手可将组件从一个型腔移动至另一个。

- 缩短生产时间。
- 降低单位成本。
- 同一生产过程完成多个部件的生产。
- 同一生产过程最多可使用四种不同材料。
- 此过程中可应用不同功能/修饰特征，如图片、文字和手柄等。

- 需要多种生产方案。
- 用于生产之前需对初始设计进行优化。
- 机器人有时候很难捡起和放置复杂件，从而导致模具坠落和错放。

- **产量**

一些小注射模具厂商生产 5000 个或者更少,而通常可接受的最小数量为 10000 件。

- **单价与投资成本**

机器和设计方案的投入成本高。由于此工艺在储存、装配、产品运输、材料使用等方面都有优势,因此整体成本比传统工艺低。

- **表面质量**

表面质量取决于模具表面,钢模表面可以采用电火花腐蚀到高光。设计产品时需考虑模内顶针的位置,其会留下小的缩圈。模具不同部分组合时需考虑分型线。

- **形状类型/复杂程度**

如果产量非常大,注射成型可用于制造高度复杂件。而底切、不同壁厚、插件、螺纹等会显著增加模具成本。

- **尺寸规格**

微型注射是一个特殊领域,仅有少量生产商专注于生产不到 1mm 的小件。对于像公园椅这样的大件,可用空气辅助注射工艺成型,若对壁厚有要求,则可尝试反应注射成型(RIM)。

- **精度**

±0.1mm($1/250$ in)。

- **相关材料**

此工艺适合热塑性塑料,但当把它们混合成一个组件时需考虑不同类型材料的兼容性。

- **典型产品**

医疗和保健用品、汽车、电信、电子产品、电器、化妆品。

- **类似方法**

其他结合材料的方法有模外装饰(见第 212 页)、嵌件成型(见第 204 页)、模内装饰(见第 210 页)等。

- **可持续问题**

一个加工过程生产所有零件,能量使用非常高效;减少了不同生产部件的运输成本。但多组分材料不易分离,以至于很难循环利用,因此应考虑减少材料的使用类型。

- **更多信息**

www.mgstech.com
www.fiskars.com

模内装饰

产品	示范样本
设计师	未知
材料	PET
生产商	Kurz
产地	德国
日期	未知

这些样品展示了模内装饰可以制作的图案。

顾名思义，模内装饰已不再是生产工艺，而是发展为一种经济的注射件表面装饰方法，从而无须在成型之后再对产品进行图案印刷。随着电子产品市场的扩大，此类生产技术越来越重要，同时增加了图像在键盘、品牌产品、个性化便携式消费产品上的使用。

此工艺首先在聚碳酸酯或聚酯薄膜上印刷图像，也称"箔"。将箔片装进模内，嵌入方式与模塑件形状相关，（如果零件是曲面，箔片需要切割并分别嵌入）。此过程也适用于复合曲面，但箔片在嵌入模具之前需先成型为相应的形状。

模内装饰的一个用处是取代喷涂或特定颜色的注射件。当采用不同材料成型时，各个材料之间的颜色匹配非常困难，而模内装饰则可做到各个部位之间颜色自然过渡，例如手机的前后表面是采用不同的材料成型的，颜色过渡也非常完美。

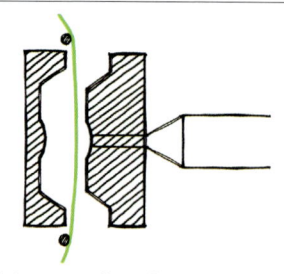

1. 将预先装饰好的平板"箔片"（通常由PC或PET塑料薄膜制成）插入注塑模具的背面。也可以使用弧形片材，但通常需要通过热成型处理进行预成型。

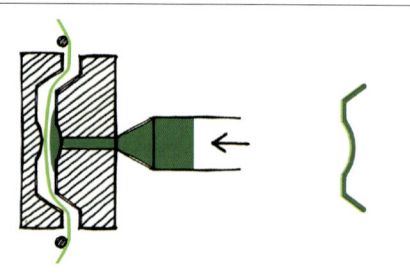

2. 然后将塑料注入模具中，将薄膜层塑封到最终的塑料零件上。

复杂——模内装饰

- **产量**
  适合大批量生产。
- **单价与投资成本**
  相比需要额外涂装或喷涂的工艺，模内装饰性价比更高。
- **加工速度**
  薄膜的嵌入过程在一定程度上影响了整体速度。但这个过程是可以实现自动化的，与单独的涂装工艺相比，它还是节省时间的。
- **表面质量**
  不同薄膜会有不同的表面质量，有侧重功能的也有侧重装饰的。
- **形状类型/复杂程度**
  模内装饰对于简单和复杂的复合曲面均可用。
- **尺寸规格**
  与注射工艺一致（见第194页）。可以用来生产非常小的件，但要求形状比较简单。
- **精度**
  无相关数据。
- **相关材料**
  聚碳酸酯、丙烯腈–丁二烯–苯乙烯（ABS）、聚甲基丙烯酸甲酯（PMMA）、聚苯乙烯、聚丙烯等。
- **典型产品**
  模内装饰不限于文本类图样，还产生不同的颜色，或增加表面样式。所用的最有趣的箔片（虽然看不见）具有表面"自愈"功能，该保护层有利于避免手持产品（如手机壳、闪光灯等）出现划痕。其他的应用还有装饰手机壳、数字化手表、键盘、自动化装饰线等，而这些仅是其涉及的一小部分产品。
- **类似方法**
  模外装饰（见第212页）与之相似，但所用材料不再是箔。此外升华涂层也有类似之处，但它是属于成型之后的再加工过程，且适合于工程聚合物如尼龙。
- **可持续问题**
  将装饰和生产相结合，无须额外的机械加工、能量使用和运输，因此可使能耗显著减少。另外，装饰膜可用于增强和保护材料表面，延长产品寿命。
- **更多信息**
  www.kurz.de

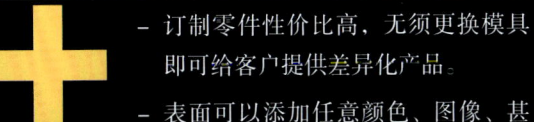

- 订制零件性价比高，无须更换模具即可给客户提供差异化产品。
- 表面可以添加任意颜色、图像、甚至表面特征。
- 对于短期、长期生产同等适用。
- 薄膜可用于抵抗表面刮伤，避免化学反应，防止磨损。

- 由于模具需可容纳薄膜或箔片，会增加额外的模具设计成本。

模外装饰

模外装饰本身不是真正的生产工艺，而是标准注射成型工艺（见第194页）的延伸，作为两步生产过程的一步。值得注意的是，此工艺可以提供给塑料件接近手工的质地，可巧妙地将不同的材料覆盖到塑料件上。

部分手机的外表上有小部分编织物，这是一种非常有趣的组合，通常会认为需要在手机外壳成型后手动地将编织物固定在其表面上，这需要大量劳动力且价格高昂。陶氏化学的子公司 Inclosia Solutions 提出了一种新的技术，在模塑期间将塑料和其他类型材料相结合，从而避免了后续二次加工。

此类生产的优点在于给设计者提供了一套新的材料、表面以及涂饰，从而区别于传统注射产品。现有电子产品都有类似塑料外皮，而通过这项工艺，可实现表面柔和有质感，更像纺织品或木质工艺品。此工艺拓宽了产品的应用领域，超出了现今清一色的大量塑料件的界限。其可用于穿戴，从而与我们的衣服、家具和首饰更加相关。

产品	手机保护壳
设计师	未知
材料	Alcantara®
生产商	三星
产地	韩国
日期	未知

使用优质无纺布在塑料基板上模压成型后做成手机壳，表明了编织物在消费电子领域呈现增长趋势。

复杂——模外装饰

- 产量

大批量生产。

- 单价与投资成本

产品的单价比标准注射成型工艺(见第 194 页)更高,由于需要结合另一种材料,模具成本更高。

- 加工速度

由于此两步工艺过程中,需在预成型件上成型另一种材料,因此比多组件(双射)模塑法更慢。

- 表面质量

此处关键点在于在塑料产品上再附一层"皮肤",因此表面质量主要取决于所覆盖的那层材料。

- 形状类型/复杂程度

受所装饰的另一种材料的影响,外部装饰非常适合平面和浅拉面。

- 尺寸规格

最大标准尺寸约为 300mm × 300mm (12in × 12in)。

- 精度

取决于不同材料的收缩。

- 相关材料

许多薄材可用于模外装饰,如铝板、皮革、织物和薄木板。

- 典型产品

模外装饰工艺用于多种类型产品,主要集中在个人移动科技类产品,如手机、个人数字化助手(PDAs)和笔记本电脑。

- 类似方法

模内装饰(见第 210 页)和嵌件成型(见第 204 页)。

- 可持续问题

模外装饰多出一个加工过程,即将装饰用品加到模塑产品上,故增加了能量消耗。但增强的装饰表面可通过增加价值感知来延长产品的寿命。由于需要分离材料,会影响到多材料组件的循环使用。

- 更多信息

www.dow.com/Inelosia

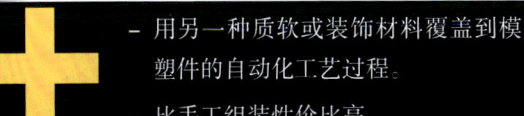

- 用另一种质软或装饰材料覆盖到模塑件的自动化工艺过程。
- 比手工组装性价比高。
- 与大多数工程热塑性材料和弹性体兼容。

- 作为表面装饰工艺,尽管模外装饰有一定的优势,但由于其为两步过程,增加了成本。
- 当用未测试的材料的时候,可能需要反复试验。

金属注射成型（MIM）

相比标准注射成型工艺（使用塑料；见第194页），金属注射成型（MIM）是一种相对新型的工艺，用大量高熔点金属生产复杂形状产品，如工具钢和不锈钢，这些材料不适于高压压铸（见第217页）。此过程受原料金属粉末适用性的限制，粉末需特别精细。

产品	工程组件
材质	低合金钢和不锈钢
生产商	PI铸造的子公司，金属注射公司
产地	英国
日期	于1989年首次产生于英国

MIM工艺生产的常见产品为小型复杂工程件。我们可以用高温熔融态金属生产精确的固态金属件，此类产品很难铸造成型。相比其他金属成型，这些组件的强度和硬度更好。

由于需在金属中添加黏结剂，MIM 比注射成型工艺的加工步骤更多。不同公司所用的技术，每家均有自己独特的黏结剂系统，黏结剂可占到复合物的 50%，黏结剂由多种材料组成，通常包括蜡和多种塑料。它们与金属粉末混合生产模塑复合物。一旦塑造出形状，黏结剂就不再需要，可将其从金属颗粒中移除。剩下的物质进行烧结（见第 166 页），在此过程中部件会收缩 20% 左右。

- **产量**

  为了摊低准备成本和模具成本，需要大批量生产——最少 10000 件。

- **单价与投资成本**

  投资高但单价低。

- **加工速度**

  与标准注射成型工艺（见第 194 页）类似，但烧结以及移除黏结剂会增加此工艺的时间和成本。

- **表面质量**

  此工艺组件表面质量佳，可生产精细的工艺特征。

- **形状类型/复杂程度**

  与注射成型产品相似，形状可高度复杂。采用多腔模具则可进一步提高产品的复杂程度。

- **尺寸规格**

  MIM 目前只能生产用于大型产品的小零件。

- **精度**

  MIM 工艺通常精度可达 ±0.10mm（$^1/_{250}$ in）。

- **相关材料**

  MIM 对于各种表面质量的复杂零件均经济适用。适用于多种金属：青铜、不锈钢、低合金钢、工具钢、磁合金、低热膨胀合金等。

- **典型产品**

  外科手术和牙科工具、计算机组件、汽车零部件、电子消费品的外壳（手机、笔记本电脑、PDAs）。

- **类似方法**

  从产品数量和可实现的形状复杂度来看，高压压铸（见第 217 页）与 MIM 最为接近。两种工艺的主要不同是 MIM 可加工高熔点金属，如低合金和不锈钢。

- **可持续问题**

  相比传统的塑料注射工艺，外加的加工过程和加热可明显增加能量消耗。与铸造和金属机械加工相比，此工艺几乎没有余料或废料，从而减少再加工过程的浪费和能量使用。由于材料的高温属性，因此其不能循环使用。

- **更多信息**

  www.mimparts.com
  www.pi-castings.co.uk
  www.mpif.org

黏结剂   **金属粉末**

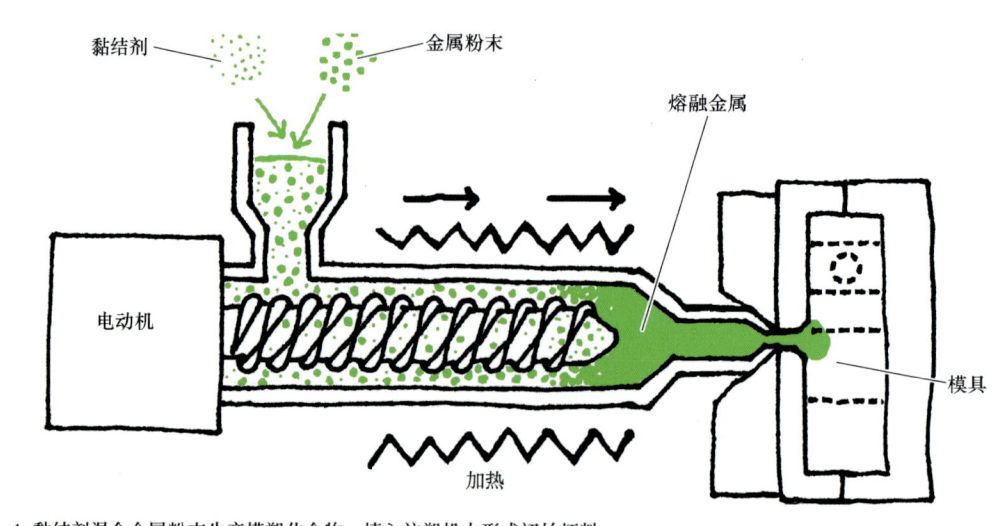

熔融金属

电动机

模具

加热

1. 黏结剂混合金属粉末生产模塑化合物。填入注塑机中形成初始坯料。

黏结剂

加热

2. 形状塑造出来之后，黏结剂从金属颗粒中移除。这个步骤可用多种方法实现，由具体的生产商选择。

3. 剩下的材料经过烧结后，金属颗粒连接在一起，组件大约收缩20%。

+
- 能够用来成型高温合金。
- 用来成型复杂的形状。
- 对于大批量生产，性价比高。
- 无须后续精整。
- 零件强度高。

- 零件整体形状小。
- 相比标准塑料注射工艺（见第194页），可以提供MIM技术的生产商数量有限。

高压压铸

高压压铸是生产复杂金属件最为经济的方法之一。如果你想生产大量复杂零件,可选用此工艺。从这个意义上说,该工艺与金属注射成形(MIM)(见第214页)相似,但与MIM相比,主要优点是其更适合低熔点无须烧结的金属。

产品	莲花汽车模型
材质	锌
生产商	火柴盒公司
产地	英国
日期	1969年

压铸金属玩具是许多人童年记忆的一部分。我儿子的玩具车下边可以看到清晰的文字,说明压铸可以获得良好的细节特征。

首先将熔融的金属倒入储池，柱塞在高压作用下促使液体流入型腔。压力持续到金属凝固，小型顶杆将组件推出模具。

与注射成型工艺（见第194页）一样，压铸所用的模具也要做成两半。

- 产量

严格要求大批量生产。

- 单价与投资成本

模具需要承受高压条件下熔融金属的反复注入，因而价格昂贵。但通过大批量生产复杂零件，最终可使得模具成本下降，产品单价经济实用。

- 加工速度

快，尽管去除飞边的分离过程会增加时间成本。

- 表面质量

好。

- 形状类型／复杂程度

适于生产复杂的、开放式金属件，尤其适合薄壁。与熔模铸造（见第222页）不同，高压压铸需要拔模角。

- 尺寸规格

对于铝合金件，最大重量可达约45kg（100lb）。

- 精度

精度高，但偶尔也有收缩问题。

- 相关材料

低熔点的金属铝和锌是最常用的材料，其他还有黄铜和镁合金。

- 典型产品

各种电子产品的机壳，如计算机、照相机、DVD播放机、家具和湿式剃须刀手柄等。

- 类似方法

熔模铸造（见第222页）和砂型铸造（见第226页），后者生产的产品更大，投入更少，但要求精度高。重力压铸是比较古老的工艺，相比高压压铸，适于小件的生产。

- 可持续问题

与MIM等工艺相比，用于高压压铸的低熔点金属需温度更低，此工艺加工过程更快，因此该过程能耗更低、排放更少。但铸造后多出来的飞边材料需进行修剪，增加了能量使用和浪费。使用结束后，材料可回收循环使用，从而减少了原生金属的使用。

- 更多信息

www.diecasting.org

复杂——高压压铸

1. 将熔融的金属倒入储池。

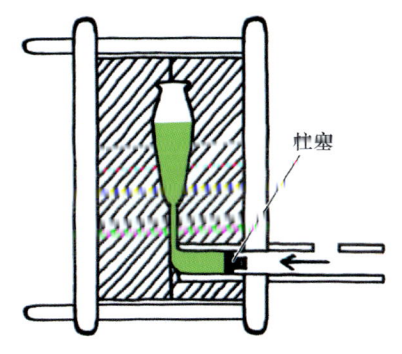

模具

2. 柱塞在高压作用下促使液体流入型腔。

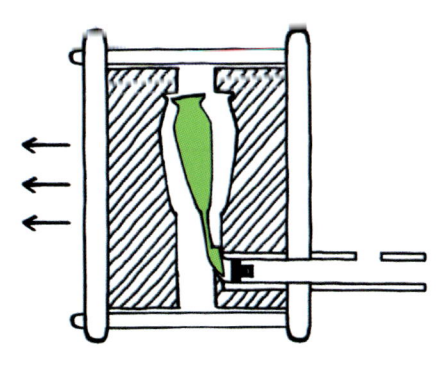

柱塞

3. 压力持续至金属凝固，此时小型顶杆把零件推出模具。

- 适合复杂零件。
- 良好的表面质量。
- 尺寸精度高。
- 可生产小件和薄壁件。
- 零件之间很好的一致性。
- 速度很快，后续仅需少量机械加工。

- 模具昂贵，因此此工艺仅适合大批量生产。
- 生产件带有飞边。
- 零件不能保证较高的结构强度。

陶瓷注射成型（CIM）

陶瓷材料坚硬、抗磨损、抗腐蚀，可应对许多其他材料难以处理的工程挑战。陶瓷注射工艺借鉴塑料注射工艺，可生产形状复杂的零件。该技术生产范围从单件研究到用于商业的大批量产品。陶瓷注射工艺（CIM）非常高效，尤其在医疗领域，可生产用于心脏起搏器和外科手术仪器上的微小型件，且精度高、生物兼容性好。

选择最合适的陶瓷粉末与黏结剂混合，促使混合物流动且可塑造。黏结剂是模塑成型的关键材料，由于它比陶瓷粉末熔点低，后续阶段可利用此特点将两种材料分离。相比传统注射机器，此工艺所采用的机器特别之处在于其耐蚀性更高，通过它将陶瓷和黏结剂混合送入型腔。由于模塑过程中陶瓷会给机器带来磨损，因而对机器的耐蚀性有要求。

组件冷却后，加热模具直至黏结剂材料（不包括陶瓷）熔化，令其蒸发，留下的即为陶瓷材料。完成的零件进行烧结或热等静压（HIP），消除模塑过程中带来的残余应力，使其进一步得到强化。

产品	苹果手表
设计师	苹果设计工作室
材料	氧化锆陶瓷
日期	2016 年

某些版本的苹果手表背面使用了注射成型的氧化锆陶瓷。陶瓷的硬度意味着它们不容易划伤，而且具有先进材料的高级感。

复杂——陶瓷注射成型（CIM）   221

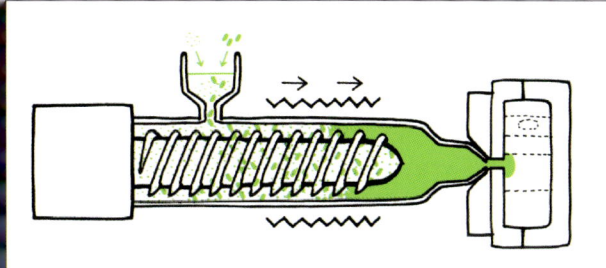

1. 将陶瓷粉末和黏合剂材料送入注射机的料斗，然后将得到的混合物注入模具。

2. 从模具中取出零件后进行加热，蒸发掉黏合剂材料，留下的陶瓷颗粒经烧结熔合后形成最终的陶瓷零件。

– 产量

该工艺生产数以万计的复杂陶瓷件。

– 单价与投资成本

生产模具意味着初始成本是非常高的。随着生产的规模增加，单价降低。

– 加工速度

在同一流程中可同时生产多个部件以节省时间，零件完成分不同阶段需花费很多天。

– 表面质量

由于采用陶瓷材料，可以获得精致的但像石头一样不光滑的表面。

– 形状类型/复杂程度

形状的类型与塑料注射工艺有着相似的限制，主要需要考虑底切和如何将组件从模具内取出。

– 尺寸规格

此工艺生产的组件大小通常小至 1~2mm（$1/25$ ~ $1/12$ in），大至手机的尺寸，但特殊的模具可以生产小到肉眼观察为针状的零件。

– 精度

精度取决于材料的类型，但 ± 0.005mm（$1/5000$ in）是可以达到的。

– 相关材料

陶瓷材料有氧化锆、碳化硅和氧化铝。

– 典型产品

CIM 特别适合小型工程件，陶瓷有着很好的抗磨损性、耐蚀性、化学和生物惰性，以上性质使得此工艺适合多种特殊零件，如牙科植体等。

– 类似方法

注射成型（见第 194 页）。

– 可持续问题

全生产过程中须重点关注烧结期间热量的使用，以及黏结剂的移除。

– 更多信息

www.sembach.com

– 可以用陶瓷生产其他工艺很难生产或者不可能生产的复杂件。

– 模具生产消耗时间长，成本较高。

熔模铸造
（又称失蜡法）

"熔模铸造"的名字源自于一个想法，即用消失材料作为熔模，可生产复杂形状件。此工艺大约有数千年历史，古埃及人最早使用。其实质为，将蜡模浸入陶瓷液体中，形成陶瓷模。蜡模融化消失后，留下的陶瓷模即可用于倾倒熔融金属。由于陶瓷模破坏后露出成品，因此可生产刚性模具所不能生产的带有不同底切的复杂形状件。

蜡模　　　　　　　陶瓷壳　　　　　　　最终产品

产品	"欢庆女神"车外部装饰
设计师	Charles Robnson Sykes
材质	不锈钢
生产商	Polycast Ltd
产地	英国
日期	1911年

上述图片说明了熔模铸造的三个阶段。当设计现代华丽时尚的雕塑时，需选择何种生产方式，此工艺给予了很好的示例。

第一阶段生产模具（通常用铝合金，也可以用聚合物），用于获得蜡模。模样上装上蜡制浇道，形成一个树状结构。组装浇道和蜡模浸入陶瓷浆，晾干后形成坚硬的陶瓷表面。反复浸入陶瓷浆直至形成足够厚的陶瓷层。浇道放入烤箱烘烤，石蜡融化且可以倒出。此时的陶瓷模已具备足够的强度可将熔融金属倒入。待冷却后，打碎陶瓷，从树状模中取出零件。

- **产量**
  取决于零件的大小，一次铸造之后，树状结构上可能有数百小零件。对于大件，树状结构上仅有一个件。熔模铸造工艺产量小到不足一百，多达上万。

- **单价与投资成本**
  相比高压压铸模具更便宜（见第217页），投资更小。同一个树状结构上可生产多个铸件（具体数量取决于零件大小），从而降低成本。

- **加工速度**
  慢，完成一个件需很多步骤。

- **表面质量**
  表面质量好，但很大程度上取决于模具表面。

- **形状类型/复杂程度**
  与高压压铸不同，熔模铸造不需要拔模角，且可生产复杂件。这也是它跟其他成型工艺相比的主要优点。

- **尺寸规格**
  从5mm到大约500mm（20in）长，或大约100kg（200lb）。

- **精度**
  高。

- **相关材料**
  各种黑色金属和有色金属。

- **典型产品**
  从雕塑和雕像到燃气轮机、舰队铁链、珠宝和医疗工具等。一个比较高调的例子是劳斯莱斯汽车车标"欢庆女神"。

- **类似方法**
  高压压铸（见第217页）、砂型铸造（见第226页）、离心铸造（见第159页）等。

- **可持续问题**
  陶瓷碎片打碎之后可收集起来，继续加热至浆料状态以避免浪费，也可进一步减少原始材料的使用。加热和加工阶段获得成品的过程比较耗能。一些铸造厂仍然在壳体中使用醇类黏结剂，处理的时候会给环境带来污染。金属铸造技术的主要问题是在此过程中热量的使用。

- **更多信息**
  www.polycast.co.uk
  www.castingstechnology.com
  www.pi-castings.co.uk
  www.tms.org
  www.maybrey.co.uk

复杂——熔模铸造

1. 生产模具之后,生产蜡模(右边)。

2. 这张图片表示的是一套四个组件将浸入陶瓷浆。

3. 浸入浆料前,蜡浇道上有多个蜡模。

4. 陶瓷壳体内充满金属(用一个完成件做对比)。

5. 这个阶段去除干燥的陶瓷,露出最终的零件。

6. 最后零件和初始蜡样。

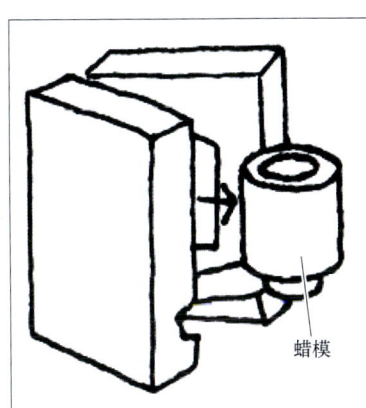

复杂——熔模铸造

1. 用铝模制成蜡模，重复几次获得要求的数量。

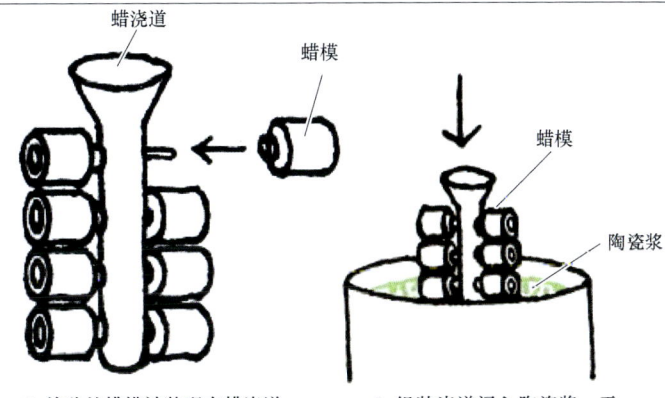

2. 单独的蜡模被装配在蜡浇道上面。

3. 组装浇道浸入陶瓷浆，干燥后形成坚固的陶瓷表面。反复浸入陶瓷浆直至形成足够厚的陶瓷壁。

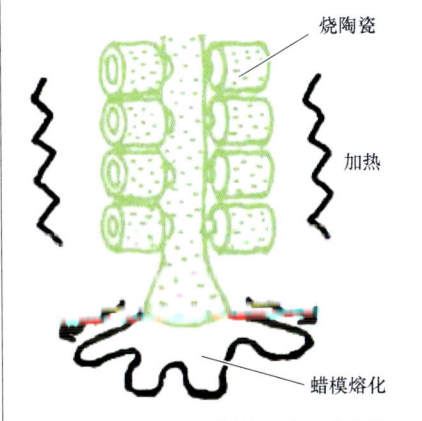

4. 浇口放于炉中将蜡熔化，便于在陶瓷焙烧前倒出。

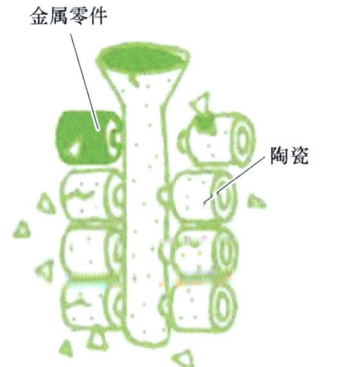

5. 将熔融金属倒入强度足够的陶瓷模内。待冷却后，打碎陶瓷，从树状模中取出所有零件。

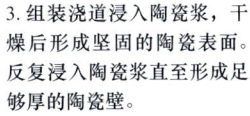

6. 最终铸件。

+
- 中空复杂零件。
- 由于零件中空，重量减轻。
- 高精度的工艺。
- 减少后续的机械加工过程。
- 自由设计。

−
- 包含多个阶段。
- 一些铸造厂仍然在壳体中使用醇类黏结剂，会给环境带来污染。

砂型铸造
（包括 CO^2 硅酸盐砂型铸造和壳型铸造）

砂粒比较突出的特性是耐火。耐火特性表明材料可承受很高的温度，因此可以盛装熔融金属。针对不同的产量需求，砂型铸造有多种类型，但所有类型都遵循一个简单的原理：根据已有产品制得一个模型（或复制品），将模型嵌入到压实的砂粒和黏土混合物中，去除模型后留下的腔体用于倾倒熔融态的金属。砂粒中的浇口和冒口可容纳多余的熔融金属，并且它们都是必不可少的：浇口用于流入金属；冒口容纳多余的熔融态金属。由于随着熔融金属的凝固，液体收缩，此时多余的金属将注入至型腔内以避免铸件产生空洞，因此设置通道是铸造过程中很必要的措施。

基于铸造的基本原理也产生了其他相似工艺。例如用聚苯乙烯泡沫消失材料制成模型，金属注入后材料蒸发。在工厂中用木模来生产小批量工件，另外此过程也可用铝模和程序实现自动化生产。

其他方法还有 CO^2 硅酸盐铸造和壳型铸造。CO^2 硅酸盐铸造是最近发展的一种工艺，用钠硅酸盐代替黏土黏结砂粒。钠硅酸盐在铸造过程中转变成 CO^2，由于钠硅酸盐制得的模型更加坚固，因此铸造精度更高。壳型铸造采用涂有热固性树脂的纯净细小的砂粒，因而其模型的壁厚可以做得很薄（小至 10mm，或 $3/8$ in）但强度很高。相比传统砂型铸造，壳型铸造有很多的优点，譬如精度更高和表面更光滑。

产品	High Funk 桌腿
设计师	Olof Kolte
材质	铝
生产商	首次由 David 设计生产
产地	瑞典
日期	2001 年

产品设想：售卖无桌面的桌腿，顾客买回后直接装到他们的桌面下。

– 产量
砂型铸造既能用于生产单个部件，也能用于大批量的生产流程。

– 单价与投资成本
对于人工砂型铸造，价格依赖于制作木模型的成本，因而部件的单价相对较低；自动化的生产线价格昂贵但可以显著地降低单位成本。

– 加工速度
与高压压铸（见第 217 页）相比，砂型铸造相当耗费时间。

– 表面质量
砂型铸造后的产品表面易出现纹理化，如果要求产品表面光滑，则应进行后续的打磨、抛光工序。采用聚苯乙烯的砂型铸造留下的分模线较少，因此需要的精整加工也较少。壳型铸造也会提供较好的表面质量。

– 形状类型 / 复杂程度
砂子本质上来说是一种脆性材料，所以砂型铸造最适合于相对简单的形状。但目前已发展了许多新工艺，可以生产壁厚和底部切口变化的复杂形状产品。

– 尺寸规格
相较于其他类型的金属铸造而言，砂型铸造可以生产非常大的部件，但是要求部件的壁厚不小于 3~5mm（$\frac{1}{8}$ ~ $\frac{1}{5}$ in），而且表面相对较粗糙。

– 精度
和其他铸造技术一样，设计工艺时考虑冷却收缩因素至关重要。不同的金属有不同的收缩率，但一般不超过 2.5%。其中壳型铸造的尺寸精确度较高。

– 相关材料
简单而言，即低熔点的金属，包括铅、锡、铝、铜合金、铁以及部分钢等。

– 典型产品
汽车发动机组件，气缸盖以及涡轮歧管等。

– 类似方法
有些方法可与之相较但成本更高，包括高压压铸（见第 217 页）和熔模铸造（见第 222 页）。且总体而言，砂模铸造能够生产更复杂形状的产品。

– 可持续问题
用于铸造的原砂能够在加工过程中多次重复使用，但是来自于熔融金属的热量和磨损会最终导致砂子的破损，进而导致不可复用，砂子也成了废料。部分此类废料可以被回收用于非铸造方面的应用，更多的则是被弃置于填埋场。据估计，每年生产的大量铸造用砂只有约 15% 得到回收。和其他任何金属铸造技术一样，主要的问题还是在于加工过程中消耗的热量。

– 更多信息
www.icme.org.uk

www.castingstechnology.com

复杂——砂型铸造

1. 顶部降低后下模型腔清晰可见。 
2. 熔融金属被倒入浇道。 
3. 移去零件和上模，准备精整。

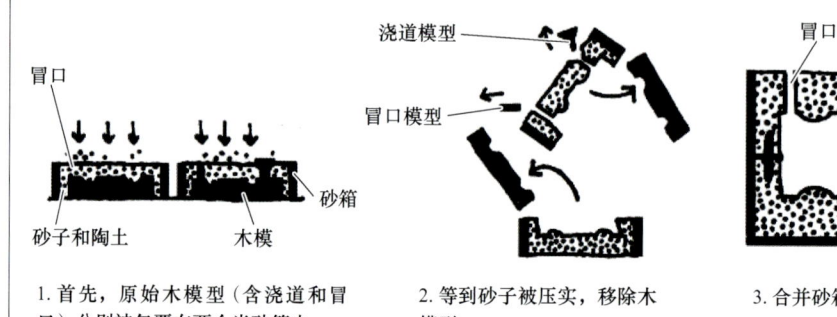

1. 首先，原始木模型（含浇道和冒口）分别被包覆在两个半砂箱中。
2. 等到砂子被压实，移除木模型。
3. 合并砂箱并用定位销固定。 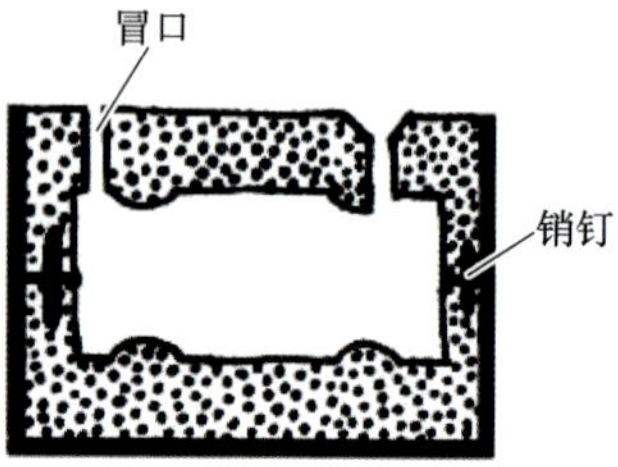
4. 熔融金属被倒入浇道，充满型腔。 
5. 铸件冷却后从砂子中取出。 
6. 最终产品。 

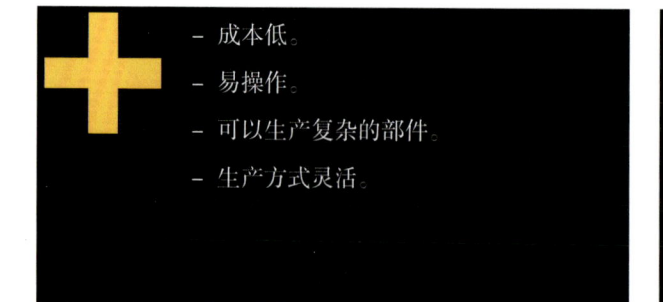

+
- 成本低。
- 易操作。
- 可以生产复杂的部件。
- 生产方式灵活。

−
- 劳动力密集型，当生产小批量产品时单价较高。
- 部件需要大量的精整加工。

玻璃压制

与玻璃喷射成型类似,玻璃压制工艺使得量产复杂的玻璃产品(外部和内部都具有更细致的特征)成为可能。这与玻璃吹制(见第114页)有显著的不同,后者仅能够生产外部具有细小特征的产品。1827年玻璃压制工艺引入后,各类廉价的玻璃制品开始井喷式量产。

玻璃压制工艺的核心包括凸模和凹模,它们被预加热并维持在一个稳定的温度上以确保热的玻璃不会黏结到模具上。一块黏稠的、熔化的玻璃经由凸模和凹模之间的间隙(这个间隙也决定了成品的厚度)被压进模具间。凸模和凹模分别刻画了产品内表面和外表面的纹样,从而决定了产品的形状与样貌。在大规模生产中,机器在一个回转台上工作,回转台上有许多工位分别对应着从填充模具到实际压制的各个步骤。

产品	柠檬榨汁器
材料	钠钙玻璃
国家	中国

我在我们当地的超市里买了便宜的烟灰缸,还有就是这个柠檬榨汁器。它看起来复杂、结实并且够厚,这些都可以通过机械化的玻璃压制实现;相比之下,机械吹制的玻璃制品则通常是薄壁中空的。

此工艺制作出来的厚壁、粗短的产品更偏于实用，而不像高品质雕花玻璃那样经过打磨获得卷曲锋利的边缘。不过就像那些生产带有显著特征的产品的工艺一样，压制玻璃的独特外观和手感使得部分珍品备受收藏家青睐。

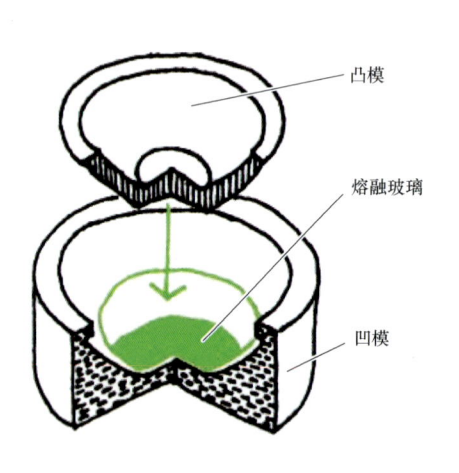

凸模

熔融玻璃

凹模

1. 凸模和凹模被预热并维持在一个稳定的温度上以确保热的玻璃不会黏结到模具上。

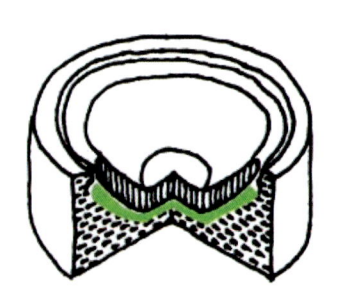

2. 一块黏稠的、熔化的玻璃经由凸模和凹模之间的间隙（这个间隙也决定了成品的厚度）被压进模具间。

- 外表面和内表面都具有更细致的特征。
- 吹制不能实现的表面细节可以通过压制实现。

- 相较于吹制产品（见第114页），最大的缺点在于其不能生产闭合形状的产品。
- 不适合生产薄壁截面的产品。
- 通常而言，用到的设备比玻璃吹制批量生产中所用的设备更贵。

– 产量
玻璃压制既能用于手工操作,也能用于半自动化、全自动化的机械化操作。半自动化生产可以用于生产500件以上的产品,通常用于全自动化生产线前的样件生产。

– 单价与投资成本
在全自动化生产中,产品的单位成本非常低;但是与大多数量产工艺一样,需要昂贵的设备和模具等投资。

– 加工速度
在自动化生产中,一台机器可以被设置成同时抓取多个模具,具体数目随产品尺寸变化。从而获得很高的生产效率——部分可以达到每小时5000件。

– 表面质量
凹痕、锯齿形和菱形花样在压制工艺中都能实现,尽管特征不如雕花玻璃那样明显。

– 形状类型 / 复杂程度
吹制的玻璃制品(见第114页)会趋向于圆形,而压制玻璃会更加通用,因为其能够产生具有复杂细节和装饰的制品。一个关键设计特征需要注意:由于玻璃压制不能生产闭合的制品,就像热成型(见第64页)中的那样,因此拔模角的设计是必不可少的,以便流程结束后模具可以打开。玻璃压制也适合厚壁中空制品的生产。

– 尺寸规格
一些半自动化的产品允许的最大直径约为600mm(24in)。实际上,更大的产品也能生产,取决于产量需求。

– 精度
由于材料的收缩和扩展,玻璃压制能够实现工程制品的高等级公差要求。通常的公差在 ±1mm($1/25$ in)。

– 相关材料
几乎所有玻璃。

– 典型产品
柠檬榨汁器,铁路信号灯,透镜,路灯,展示灯,实验室玻璃制品,玻璃烟灰缸,人行道灯,墙砌块,船舶灯,飞行器灯,机场跑道灯,交通信号灯等。

– 类似方法
雕花玻璃常用于制作精细的花纹,同时也是生产两面装饰的开式玻璃制品的最好方法。对于塑性制品,模压成型(见第172页)也是常用的方法之一。

可持续问题
玻璃是一类广泛回收的可再生材料。回收玻璃可以减少浪费和原材料的消耗,重新加工后的透明度和外观依然非常出色。但是,其生产过程并不是同样的环境友好,因为需要多道加热工序,这会消耗大量的能量。在加工过程中,一些有害的空气污染物和颗粒物也会随之排放。

– 更多信息
www.britglass.org.uk

压力辅助注浆成型
（包括压力辅助空心注浆成型）

压力辅助注浆成型发展自传统的陶瓷注浆成型（见第 138 页）。与传统形式相比，该方法有一些制造上的优点，这些优点会影响生产速度和成品的复杂度。传统的注浆成型采用石膏模，将陶瓷浆料倾注倒至石膏模内。浆料的脱水是通过其与石膏模之间的毛细作用实现的，即浆料中的水通过毛细作用进入到石膏模中，使得陶土相对于模具内壁形成干燥的一层。这个过程进行缓慢，而且石膏模寿命有限。

在压力辅助注浆成型过程中，模具采用了一种复原能力更强、具有更大的孔洞的材料。孔洞尺寸较大意味着毛细作用会受到抑制，取而代之的是使用压力辅助（一般为 1~3MPa 具体取决于产品的尺寸）。这需要将浆料泵入到多孔模中。在此压力作用下，水通过模内自然形成的毛细管渗出。等干燥后，将成型的制品从模内取出，清除缺陷。随后制品被放置于快干设备中进一步干燥，并在烧制之前喷射涂釉。

英国的 Ceram Research 启动了一个名叫 Flexiform 的项目，在压力辅助注浆成型基础上，进一步提出了压力辅助空心注浆成型。采用可加工的塑料模代替传统的合成模，它能够从产品设计师的 CAD 图直接机械加工得到。此工艺具有较多优点，包括工艺装备便宜，以及模具使用后可二次加工，这点在普通压力辅助注浆成型工艺中是做不到的。

产品	浴缸
设计师	Marc Newson
材料	陶瓷
制造商	Ideal Standard
国家	英国
生产时间	2003 年

这个浴缸是一个典型的采用该方法生产的陶瓷样品。

- 产量

  压力辅助注浆成型适合大批量生产，所采用的塑性模通常可生产10000件以上产品。

- 单价与投资成本

  单价较低，这是上文提到的几个因素的共同作用的结果。在Flexiform的压力辅助空心注浆项目中，模具的费用显著降低。

- 加工速度

  传统的注浆成型（见第138页）每一个工序需要近一个小时，如铸造、脱模、干燥等。压力辅助注浆成型通常可以缩短30%的时间。

- 表面质量

  表面质量明显优于传统注浆成型，铸缝减小且比传统方法更加平整。

- 形状类型/复杂程度

  可以生产小而简单的制品，也能生产带有底切的复杂制品。从浴室用品到艺术品再到餐具，几乎可以生产任何物品，甚至厕所下面的U形弯管这类复杂的产品。

- 尺寸规格

  小到茶杯，大到马桶、浴缸。

- 精度

  像所有需要烧制的产品一样，制模的时候也需要考虑产品烧制过后的收缩量。

- 相关材料

  适合于很多类型的陶瓷材料。

- 典型产品

  复杂的餐具，这可能会需要四部分模具来做一个有完整把手的茶壶或者咖啡壶。除了在卫生器具方面有广泛使用，压力辅助注浆成型在先进陶瓷科技中也有独特的吸引力。

- 类似方法

  注浆成型（见第138页）和模压成型（见第172页）。

- 可持续问题

  采用水辅助陶瓷流动，并非以前用到的有机溶剂或胶黏剂。水净化后可回收并在加工流程中循环利用，以此来减少污染物以及原材料的消耗。通过增加塑性模的耐用性以便更多次地重复使用，也可以进一步减少材料消耗。

- 更多信息

  www.ceramfed.co.uk

  www.ceramenuie.net

  www.ceram.com

  www.ideal-standard.co.uk

- 塑性模可承受更大的压力从而可生产较大尺寸的产品。
- 塑性模的使用寿命更长（约可实现10000次铸造）。
- 需要用到的模具更少，因而需要的仓储量更小。

- 塑性模的使用增加了生产的前期准备成本（然而，对于空心注浆而言，Flexiform的模具则显著降低了装备成本）。

黏塑性加工（VPP）

随着材料和加工技术背后的科技发展日新月异，以前存在于不同类型材料之间的真空地带开始建立联系。在现有的生产技术中，塑料是所有材料类型中适用性最广的一种材料。然而其他材料，比如金属和陶瓷，现在都在进行开发以便找到使用塑性态成型技术的量产新方法。这使得那些像陶瓷一样对成型方法有传统限制的材料也能够使用诸如喷射铸造法（见第194页）进行成型。

材料和生产手段必须结合起来考虑，因为材料的性质限制了可用的加工手段的复杂程度。陶瓷成型过程中的一个重要的问题是需要消除其内在的微观缺陷，这些缺陷会降低材料强度，使材料变脆。

产品	玫红色茶杯
设计师	Harold Holdcroft
材料	骨质瓷
制造商	Royal Doulton
国家	英国
生产时间	1962 年

VPP技术被用来增强骨质瓷的性能，所以这些独一无二的英式茶杯可以用注射的方式成型。由于设计优美且成本较低，自1962年以来已经卖出了超过一亿件茶杯。

黏塑性加工（VPP）就是一种可以消除这类缺陷、提高陶瓷性能的方法，这使得生产出来的陶瓷具有很好的柔韧性（即，良好的塑性）。此工艺需要将陶瓷粉末与黏性聚合物在高压下进行混合，混合物随后通过一系列的加工手段成型，比如挤压成型（见第94页）和注射成型等。

- 产量
无可用数据。
- 单价与投资成本
无可用数据。
- 加工速度
无可用数据。
- 表面质量
可以形成优异的表面，这依赖于陶瓷粉末的颗粒大小。
- 形状类型/复杂程度
由此法生产的陶瓷由于增强了其黏弹性，它们在坯体状态下强度很高，可以生产一些相当有挑战性的产品。这种工艺也能够生产标准陶瓷材料的薄壁件，所得产品强度高重量轻。
- 尺寸规格
可以生产大的产品，但并不是所有规格的产品都能生产。换句话说，VPP能够生产长的、壁厚达到6mm（1/4in）的挤压型材或者薄板。

- 精度
无可用数据。
- 相关材料
任何陶瓷材料。
- 典型产品
扁平件、电子元件的基体、窑具、弹簧、棒和管、防弹衣、生物医药应用等
- 类似方法
无可用数据。
- 可持续问题
增强陶瓷强度后，可以生产薄壁件，以此来减少材料消耗并延长使用寿命。强度增加也能帮助减少成型的缺陷，从而使得废料最小化，还能够减少附加的工序。陶瓷与聚合物的混合物的任何一种成型方式都需要大量的热量，所以该方法是能量密集型的。
- 更多信息
www.ceram.com

- 此法可用于非常广泛的陶瓷材料的生产，能够使材料具有好的坯料强度。

- 制造商的数量有限。

7:

先进

——先进的加工技术

238	喷墨打印
240	纸基快速原型
242	轮廓工艺
244	立体光刻（SLA）
248	微模电铸
250	选择性激光烧结（SLS）
253	用于纤维缠绕的 Smart Mandrels™ 工艺
255	金属板料渐进成形
258	3D 针织
260	数字光合成
262	用于活性材料的 FDM 工艺
264	多射流熔融
266	多喷头打印
268	快速液体打印

本章中，大部分工艺的出发点都基于产品外形设计是利用CAD完成的。这降低了工装的消耗，就像Smart Mandrels™做的那样，因而这些工艺也放在这一部分（尽管并不是CAD驱动）。所有这些共同特征表明了与现有的生产规则不一样的新思路。在此基础上，这些方法指出了未来工业生产的方向，也显示了新的技术将会驱动量产件的本质发生巨大的变化。本章包括一系列的加工工艺，有人们所熟悉的立体光刻，还有一些新科技允许消费者自行进行生产。

喷墨打印

桌面打印机使得一个拥有计算机的人将他的工作台变成一个几乎能做所有事的地方。看起来普通的打印机有可能会成为改变制造方式的变革中心。不久的将来，我们将能够下载产品的示意图（比如一个门把手），并从工作台上的 3D 打印机（已装载有合适的原材料）制造出来，就像你晚上在面包机里放入原料第二天早上就可以吃到面包了。当然，在这样的 3D 打印技术真正走进千家万户之前，技术人员还有许多工作要做。

芝加哥的 Moto 餐厅的一位厨师 Homaro Cantu，已经将一台 Canon i560 喷墨打印机改装成了一台制作食物的机器。他换掉了墨盒，将可食用的液体而不是四色油墨打印到可食用的淀粉纸上。为致敬 Willy Wonka（还记得他的巧克力工厂里的可食用甜味花草吗？），Cantu 将打印过程扩展到整个餐馆理念，比如你点菜的方式和你能够吃到的食物。

产品	可食用菜单
设计师	Homaro Cantu
材料	可食用纸以及蔬菜提取色素
制造商	Moto 餐厅（芝加哥）
国家	美国
生产时间	2003 年

这份打印的可食用菜单提供了一个很好的食品与制造业交叉的有趣例子。此外从技术角度看，食物也可作为丰富的试验原材料。

这项科技最不凡的应用应该是全世界科学家都在努力开发的、用"改进的"打印机"打印"活体组织。众所周知,如果将两个细胞放在一起,它们将会融为一体。构建组织的过程中,使用一种热可逆的凝胶作为细胞的支架。研发该技术的团队来自于南卡罗莱纳医科大学,在"打印"过程中,他们使用热可逆的凝胶来支持分布的细胞。这种凝胶本身也很有意思,它们在被外界刺激(比如温度变化)的情况下,能够瞬间从液态变为凝胶态(同时还能变回去)。

– **产量**
一次性物品或小规模的生产均可。

– **单价与投资成本**
2D 打印机大多数人都能够买得起,你可以拆开一台打印机,按你的意愿组装,将油墨换成你想要尝试的任何东西。

– **加工速度**
取决于你想要做什么,但是总体来说速度还是比较慢。

– **表面质量**
当用标准的生产材料制造 3D 产品时,沿着材料放置的方向看,表面有可能会有棱状纹理。

– **形状类型 / 复杂程度**
可以生产高度复杂的形状,只要计算机里能画出的均可生产。

– **尺寸规格**
来自于南卡罗莱纳医科大学的团队宣称,具有细胞尺度并可精确控制的产品也可以实现。

– **精度**
3D 活体组织的生产表明高精确度是能够实现的。

– **相关材料**
此类设备还在探索之中,一般需要液体和固体大分子的基本组合。上文列举的几个例子可供大家参考。

– **典型产品**
该工艺的美妙之处在于上面提到的现今大量 DIY 产品的例子,一群人将技术和机械相糅合,赋予它们以新的功能。两个相对的例子表明对于这样一种"混血"技术,典型产品是不存在的。

– **类似方法**
轮廓工艺(见第 242 页)、选择性激光烧结(SLS)(见第 250 页),微模电铸(见第 248 页)等。

– **可持续问题**
这里提到的可食用的喷墨打印的实现,是一个如何消除浪费的理想范例——报纸都可以被吃掉!尽管鼓励相关试验,但是应注意在测试材料时不要生产过多的废物也不要破坏太多的打印机。在传统的基于油墨的打印中最重要的问题是墨盒的回收和重用。

– **更多信息**
www.motorestaurant.com

– 允许将在计算机中生成的任意图形变成 3D 实体。
– 对于试验具有开放性。

– 仍处于起步阶段。
– 速度慢。

纸基快速原型
（层叠纸）

纸基快速原型设备让普通的喷墨打印机黯然失色，而且用户可以用它完成非常出色的事情。它能够用一种简陋的、日常的A4打印纸生产出任何能想象到的具有各种形状的极其细致而复杂的模型。

它可以将计算机中的制图或扫描图打印成一个用纸片做成的3D实体。为了实现这个功能，设备需要采用相应的软件，将制图或扫描图刨切成与纸张厚度一样的多个层。剖分信息传送至打印机后，打印机将每层纸片裁剪成形并由下至上采用水基黏合剂进行堆叠。堆叠需要花费几个小时的时间，但是可以获得成百上千的纸张堆叠而成的3D模型，其精度非常高。

由于纸张的灵活性，这种工艺可以生产其他基于塑性的方法不能实现的产品，这也意味着由此可以得到与实物更加相近、更加准确的原型。

由于只用到了纸张和水基黏合剂，这些原型可以被回收，这使得这项技术在市场上环境友好的特点表现突出。此外，回收的纸可再次用作原料，且不会影响成型结果。

产品	手机壳
材料	复印纸
生产商	Mcor Technologies Ltd
国家	英国
生产时间	未知

这些手机壳反映了基于纸的快速原型法能够达到的光洁度和细节的水平。

– 产量

作为快速原型法的一种，该工艺适合于小规模的生产。

– 单价与投资成本

有证据表明此工艺制造成本可低至基于塑料加工工艺成本的 1/50，纸张成本低而且随处可得。

– 加工速度

前文提到的手机壳在 5~10h 内完成。

– 表面质量

表面与木头一致，需要微小的精整。Z 轴的分辨率是 0.1mm（$1/250$ in）。

– 形状类型/复杂程度

该工艺适合于那些可以用立体光刻制造的外形复杂的产品。不适合用此法的是那些薄的、细长的产品。

– 尺寸规格

该工艺基于标准 A4 纸，最大堆叠厚度可达 150mm（5in）。

– 精度

通常 XY 方向 0.1mm（$1/250$ in），Z 轴方向 1%。

– 相关材料

标准的复印纸；Mcor Technologies 推荐使用低纤维含量的低等级纸以获得更好的结果。

– 典型产品

该工艺正被应用于医学领域，比如根据 X 射线显示的结果做一个物理模型，以便外科医生在手术前能根据此模型指定更详细的方案；也可以帮助牙医制作牙齿模型，这种方法比用传统的石膏板速度更快。可以预见，这项工艺在工程、建筑、工业设计项目等也有应用的前景，同时也可作为学生使用的传统塑性快速原型的廉价替代品。此外，该工艺也被广泛用于建筑模型，或是用作真空成型、真空灌注、砂模铸造中模具的快速成型工具。

– 类似方法

纸浆成型（见第 147 页）。

– 可持续问题

纸的再生速度快而且目前也在广泛回收。加工过程中没有有毒气体的排放，由于使用了塑性快速原型法，产品在较短的时间范围内即可制成，充分利用了能量。

– 更多信息

www.mcortechnologies.com

- 生产速度快。
- 纸相较于其他可用的塑性树脂而言价格低而且易得到。
- 比用塑料的工艺更加环保。

- 目前限制于 A4 大小的纸张。

轮廓工艺

这是一个有望给建筑行业带来革命的工艺。来自南加利福尼亚大学的 Behrokh Khoshnevis 博士已经研发了能够"打印"房子的机械。正如他指出的那样,制造业自动化自工业革命以来在稳步增长。相比之下,建筑行业同期的发展则显得乏力。

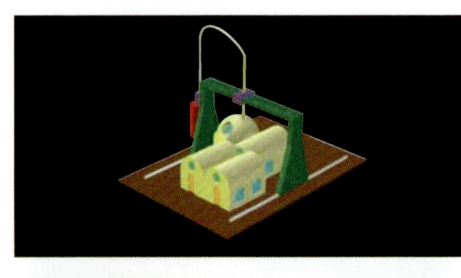

Khoshnevis 博士计划使用他称为"轮廓工艺"的技术来做一些改变,此项技术采用混凝土喷射的方式。

此项在 2008 年实现商业化的技术在一定程度上与喷墨打印(见第 238 页)和挤压成型(见第 94 页)类似,其核心是"打印机"。与喷墨打印等相比,轮廓工艺的规模大得多,基于 CAD 图像而不是 2D 图,在六轴方向上的移动打印并逐层形成产品。

"打印"喷嘴通过悬挑架支撑,内部储存了快干混凝土,并通过液压缸活塞系统驱动集成的泥刀对混凝土进行塑形。轮廓工艺的另一个特征是系统允许电力导管、管道、空调风道等实用设备嵌入到结构中。

产品	轮廓工艺原型和 CAD 设计图
设计师	由 Behrokh Khoshnevis 博士开发
材料	混凝土
制造者	Khoshnevis 博士,在美国国家科学基金会和海军研究处支持下制造
国家	美国

这些例子虽然还未达到常规的建筑尺度,但它们反映了可以用轮廓工艺创造的产品类型。上图是一个 CAD 设计的例子,通过 CAD 驱动喷射过程。

– 产量
轮廓工艺的关键特征在于它是一种自动化的建造方式,通常而言,建筑需要一座一座地建。

– 单价与投资成本
事实上很多房屋都能够用单一的机器进行建造。Khoshnevis 博士估计建造一座平均大小的美国房屋花费是用传统方式建造花费的 1/5~1/4。

– 加工速度
使用该法可以在 24h 以内建成 2000ft^2 的房子(含电力和管道)。

– 表面质量
使用不同类型的泥刀可以生产不同的混凝土表面,且表面质量良好。在粉刷之前也无须对混凝土表面进行其他加工。粉刷工序甚至也可以包含到轮廓工艺本身中去。

– 形状类型/复杂程度
形状仅受限于 CAD 图像和建筑的强度要求,即使是像拱门这样的造型也可以通过喷嘴生成。

– 尺寸规格
Khoshnevis 博士指出,此法可用于从小房子到高楼大厦在内的任何建筑。

– 精度
由于喷嘴可以沿六轴方向移动,所以在很大范围内都可达到很高的精度。

– 相关材料
水泥,含有诸如纤维、砂子、碎石等添加物。

– 典型产品
通过这种工艺,可制造耐用房屋、建筑和复合式建筑群等。

– 类似方法
在如此大尺度下,此工艺是独一无二的。基于 CAD 的系统使得它与许多小尺度的快速原型法类似[比如立体光刻(SLA),见第 244 页]。

– 可持续问题
具有高速的"打印"系统,轮廓工艺相较于传统建造方法可以显著减少建造时间,因此也能够减少能量消耗。由于混凝土的使用是非常精准的,所以几乎没有材料浪费。

– 更多信息
www.contourcrafting.org
www.freeformconstruction.co.uk

- 允许快速建造。
- 由于是基于 CAD 的,因此很方便修改设计。
- 允许使用其他加强材料。
- 成本较低。
- 可实现自动化。

- 还在起步阶段。

立体光刻（SLA）

立体光刻（SLA）是快速原型法中的最广为人知的一类方法。基于 CAD 文件，通过激光扫描一池光敏树脂，逐层堆叠后形成产品。紫外激光束聚焦在液体表面上，沿着部件的横截面逐层将液态材料变成固态。固态部分放置在一个逐渐下降的基座上，在加工过程中它始终处于液面下，直到成型完成。

所有的快速原型工艺都具有其他工艺不能提供的几何自由度。SLA 非常典型，因为它允许在量产之前对产品进行测试。选择工艺一般基于部件的几何形状、所需的表面质量以及想要用到的材料。比如，激光烧结（SLS，见第 250 页）的质量就不如 SLA。

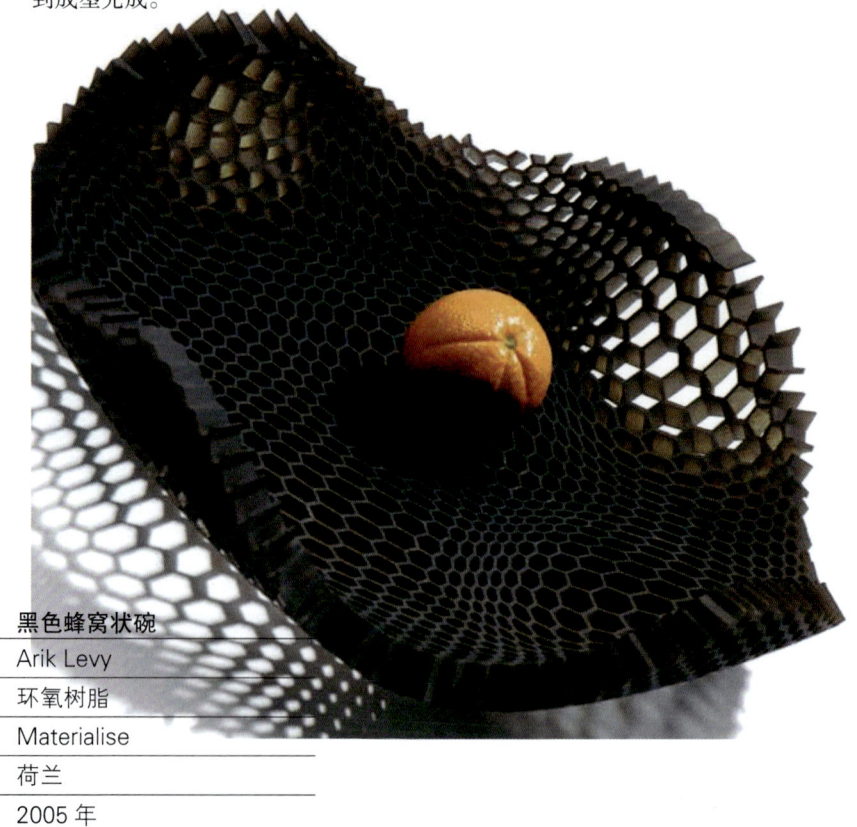

产品	黑色蜂窝状碗
设计师	Arik Levy
材料	环氧树脂
制造商	Materialise
国家	荷兰
生产时间	2005 年

这是一个美观的开式结构，体现了该工艺能够实现非常复杂的结构。

SLA尽管并不是最准确成型方法，但是其精度也相对较高。适用的材料没有真空铸造广，但也涵盖了较大的范围。（真空铸造适合于生产小批用于原型制造或者模型制造的相同部件，它需要一个母板制成硅胶模具，随后将塑料树脂填入硅胶模具。此过程采用真空环境，生产出来的产品精确度高、特征清晰并具有很薄的壁截面。）

1. 基于CAD文件，激光扫描一池光敏树脂，逐层堆叠形成产品。

2. 紫外激光束聚焦在液体表面上，让首部的横截面这层厚度材料变成固态。固态部分放置在一个逐渐下降的基座上，在加工过程中它始终处于液面下，直到成型完成。

光敏树脂

可调基座

激光束

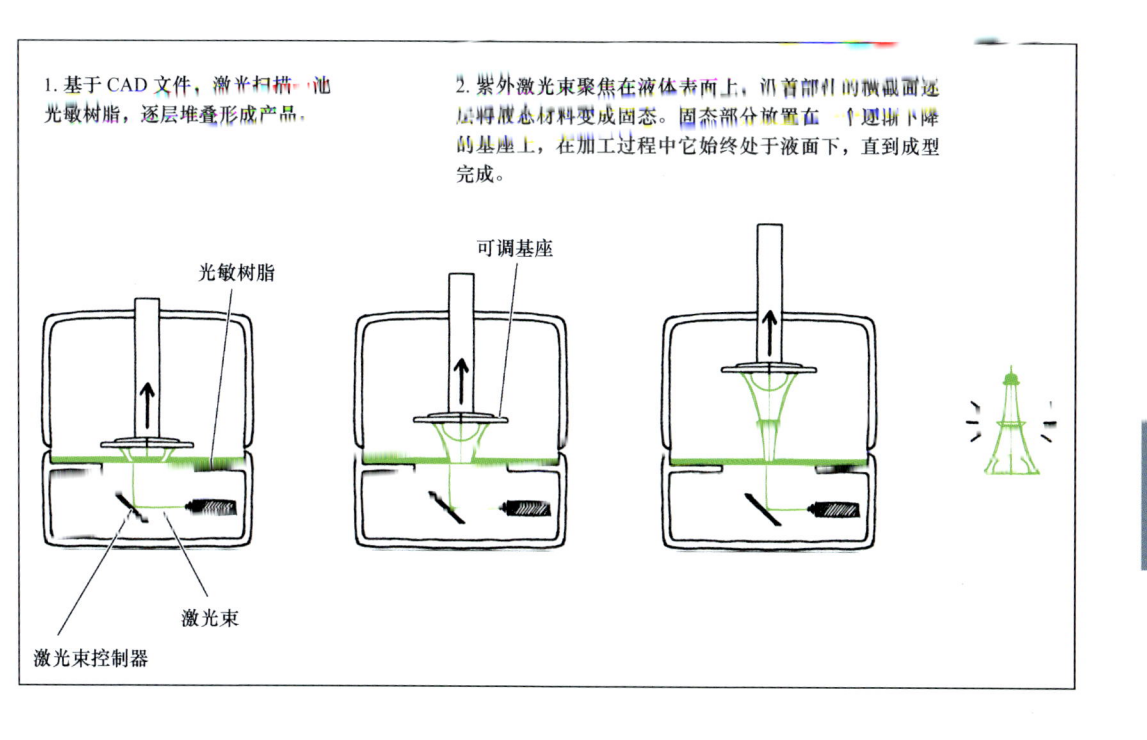

激光束控制器

先进——立体光刻（SLA）

1. 这个图是设计师 Patrick Jouin 的 CI 椅，它显示了从液体聚合物中取出来的成品的样子。在实际生产过程中，由于椅子是由激光制造的，所以只有其顶部才是可见的。

2. 这时可以看见完成的椅子上有一个起支撑作用的白色块体，如果没有这个块体，椅子将会垮塌。

3. 移除支撑块之前的椅子全貌。

4. 带有透明质感和幽灵感觉的成品椅子。

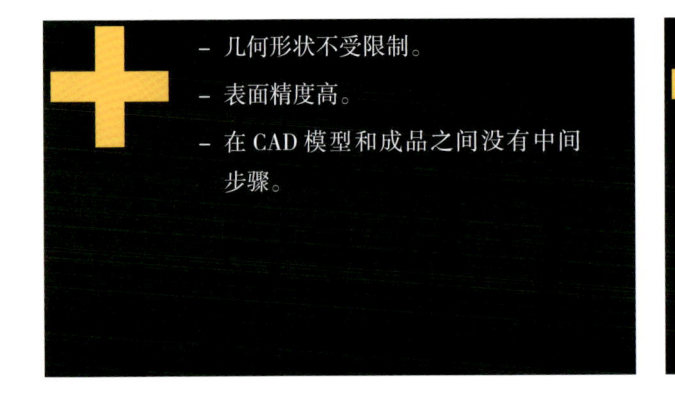

＋
- 几何形状不受限制。
- 表面精度高。
- 在 CAD 模型和成品之间没有中间步骤。

—
- 单件成本高。
- 只能用光敏树脂。
- 有两个方向不精确。
- 常需要支撑结构。
- 成型不像其他原型工艺那样迅速。

– 产量

由于完成单件产品的时间较长，因此 SLA 仅用于小批量生产。

– 单价与投资成本

由于不需要模具，因此即使单件造价较高，SLA 仍是最合算的快速原型制造工艺之一。

– 加工速度

加工速度受一系列因素的影响，比如产品体积、所用材料、操作者设置的粗糙度等；另一个因素是产品的取向，比如一个饮料罐，平放与直立放置相比，激光扫过的次数较少，工艺速度会更快但是精确度会降低。

– 表面质量

逐层加工会导致所谓的步进效应，这可以通过调整每层的厚度进行控制。此外，小的梯度会产生像地图上的等高线一样的线条，大梯度和垂直壁会有更光滑的表面。但是无论哪种情况产品可能都需要喷砂处理。

– 形状类型/复杂程度

所有用计算机可以描绘的东西。

– 尺寸规格

标准的 SLA 设备可以制成 500mm × 500mm × 600mm（20in × 20in × 24in）的产品。如果需要制造比这个尺寸更大的产品，则需要分块制造然后组装。但是，有一些公司自己设计制造的 SLA 设备，生产的产品可以达到几米（英尺）长。

– 精度

高度方向精度最低，因为需要的激光照射的次数逐渐增加，但是一般来说公差为 ±（零件尺寸/1000+0.1mm）左右。

– 相关材料

陶瓷，塑料或者橡胶都能够使用，最普遍的是工程聚合物，比如 ABS、PP 和类丙烯酸聚合物。

– 典型产品

没有典型这一说，所有你想要制作的都能实现。

– 类似方法

真空铸造（见第 245 页），选择性激光烧结（SLS）（见第 250 页）以及喷墨打印（见第 238 页）。

– 可持续问题

SLA 需要紫外激光来扫描光敏树脂，根据产品的复杂性生产周期可能会很长，导致这个工艺非常消耗能量。大多数的模具都需要额外的支持结构，这也会增加材料消耗和浪费。然而冲洗掉的未固化的树脂是可以回收并重新使用的，这可以减少材料的使用。和所有快速生产方法一样，不需要模具，且可实现本地化生产，从而消除运输成本。

更多信息

www.crdm.co.uk

www.materialise.com

www.freedomfcreation.com

微模电铸

瑞士公司 Mimotec 已经将电铸（见第 162 页）发展成为可以用于制作微模的工艺。但在描述 Mimotec 的工艺本身之前，我想要指出的是微模不同于微型的喷射成形模具。微模类似于极小的、纳米级尺度的模具，而不仅仅是小的模具。其重量约几千分之一盎司，并具有仅几微米厚的细节部分。

尽管微模背后的思路比较传统，但其用来制造模具的方法相当有吸引力。微模可以由很多不同的方法制作，包括微细铣削（去材料工艺）。而 Mimotec 则通过电铸工艺来生产这类微模。

Mimotec 工艺首先要用到一层沉积在玻璃片上的未聚合的光刻胶，然后将光刻胶在成型产品形状的遮挡下置于紫外光下照射，使得接受光照的光刻胶开始聚合，而未接受光照的光刻胶可以被冲洗掉，剩下来的部分用金涂层，随后又包覆一层光刻胶。用这种方式生产的部件可进一步用于生产更加复杂的部件，如用作定型块或者注塑通道口。这项工艺是众多生产纳米级产品工艺的一种，也昭示了这个领域的工艺设计将会不断涌现出更先进的研究成果。

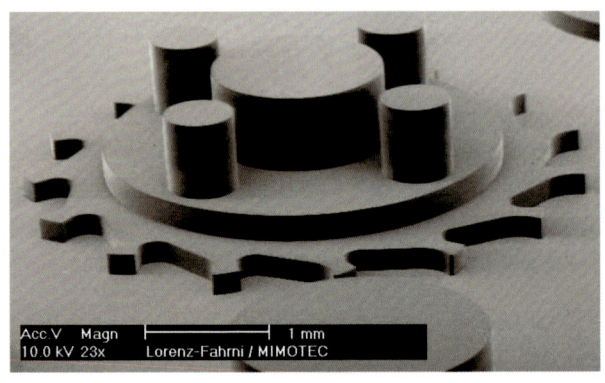

产品	微模
制造商	Mimotec
国家	瑞士

上图是一个成品的特写图片，反映了本工艺可以达到的尺度；下图的模具具有一个 0.6mm 的小齿轮孔，在一侧有微型刻印。注意用针指示位置的薄片，它的尺寸仅为 5mm×9.8mm×1.2mm（$\frac{1}{5}$ in × $\frac{3}{8}$ in × $\frac{1}{20}$ in）。

– 产量
使用这类微模可以生产成千上万件产品。

– 单价与投资成本
由于基于 CAD 思路，所以生产的准备成本较低。

– 加工速度
沉积 100μm 厚的层需要花费约 7h，但几千个模具可以在同一个玻璃片上制得。

– 表面质量
用这种方式生产的微模，其细节特征精度和光洁度都非常高。

– 形状类型/复杂程度
本工艺不适合生产带锥度的模具或者其他不是垂直边的模具，尽管步骤上是可能的，但是时间花费太大。

– 尺寸规格
本工艺可以制造包含约 40μm 宽管道的体积约 100μm³ 的块体，最大的产品尺寸约 100mm × 50mm（4in × 2in）。

– 精度
±2μm。

– 相关材料
微模本身由镍合金涂层的金制成；而由微模制得的产品通常由聚甲醛（POM）和缩醛树脂制得。

– 典型产品
微模可用来生产像生物医药装置和电子元件、钟表零件以及通信工具等这类小型产品。

– 类似方法
电火花线切割（见第 44 页）和微细铣削。

– 可持续问题
尽管工艺过程非常缓慢，但是用这个方法制作的模具不需要热处理或者类似抛光之类的后续处理，所以能够明显减少能量消耗。由于产品是依照实际设计轮廓进行逐层堆积的，不需要额外的机械加工，所以这个方法能够充分利用资源减少消耗。生成的模具寿命高于平均值，可供持续使用。

– 更多信息
www.mimotec.ch

- 能够保证高精度。
- 电铸的低准备成本使得该方法非常适合原型机制造。

- 用这种方式制作微模，单件进度相当缓慢。
- 目前的技术限制下，只有镍和磷镍合金才能用于制作微模。

选择性激光烧结（SLS）
[与选择性激光熔化（SLM）]

快速原型方法的迅速发展在近年来已经开始引领生产技术的整体革新，设计师逐渐能够通过计算机中的 CAD 文件直接实现某件独一无二的产品制造。选择性激光烧结（SLS）是其中典型代表之一，它开创了快速原型方法的新局面。

烧结（见第 166 页）是粉末冶金领域的一个重要部分，而且可以用于很多不同的生产工艺中。选择性激光烧结是一种改进了的、精细化的烧结形式，可以在粉末块体的具体位置进行精准固化以生成轻量化部件。与其他烧结工艺一样，SLS 作用于粉末状材料（插图所示为金属）。基于 CAD 文件，激光对粉末进行反复加热，逐层融化粒子使得它们合为一体，直至完成产品。这种工艺也因此被称为选择性激光熔化（SLM）。

运动鞋已成为探索新制造技术的领先行业，这款鞋表明阿迪达斯认为消费者喜欢赶时髦，愿意为大规模生产前的新技术支付溢价。

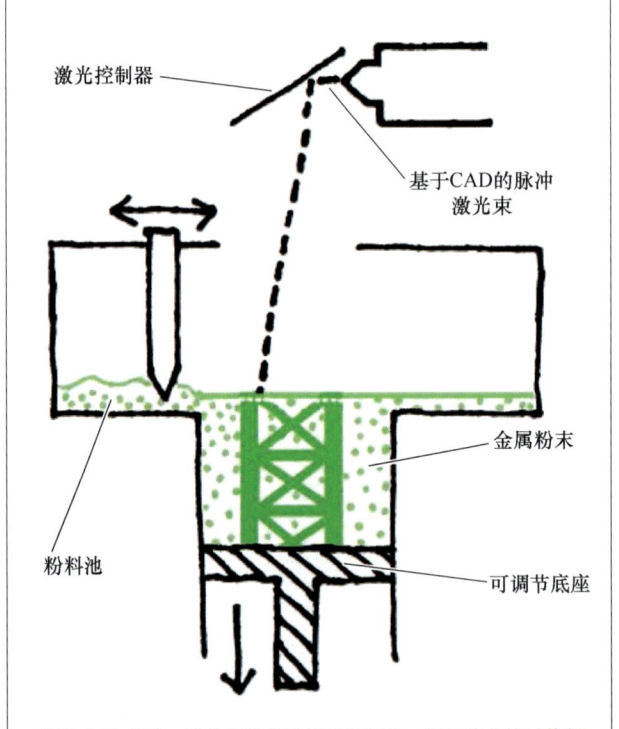

基于 CAD 文件，激光对粉末进行反复加热，逐层熔化粒子使得它们合为一体，直至产品完成。

先进——选择性激光烧结（SLS） 251

产品	阿迪达斯 Futurecraft 3D
设计师	阿迪达斯
材料	TPU
生产商	Materialise
产地	比利时
日期	2016 年

阿迪达斯对 Futurecraft 3D 中底的愿景是，你可以到他们的任何一家门店，在跑步机上简单地跑一跑，然后就能立即根据你的脚型打印出 3D 中底。Materialise 的 3D 打印软件和解决方案正在帮助阿迪达斯更好地打造未来的高性能鞋类。

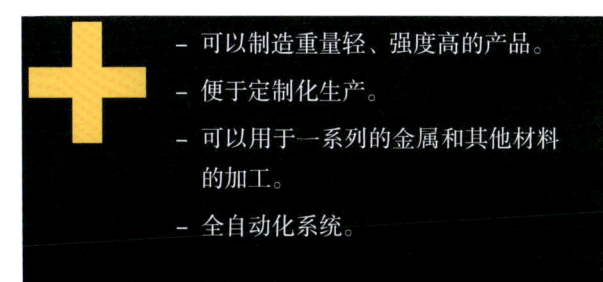

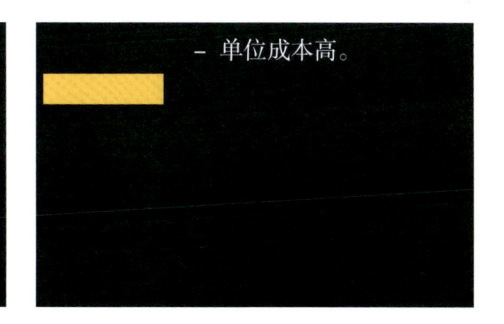

+
- 可以制造重量轻、强度高的产品。
- 便于定制化生产。
- 可以用于一系列的金属和其他材料的加工。
- 全自动化系统。

−
- 单位成本高。

- **产量**

每件产品单独制造。

- **单价与投资成本**

不需要模具但是单价很高,因为每件产品都是单独制造的。

- **加工速度**

尽管据估计选择性激光烧结最终将会被更广泛地用于高端生产,但是目前它还是一种相当慢且生产率低的工艺,最适合于制作原型样机。

- **表面质量**

表面粗糙度值非常小,约 20~30μm。

- **形状类型/复杂程度**

仅受制于 CAD 设计能力本身,矿业产品和化工产品的微结构都反映了制造复杂形状的产品时,该方法可以做得跟设计图不相上下。

- **尺寸规格**

理论上可以生产非常细小的特征,比如厚度约 1mm($1/25$ in)的垂直薄壁,但是产品的整体尺寸受机器能够承受的粉料池尺寸的限制。

- **精度**

极高。

- **相关材料**

任意可用于粉末冶金的微粒状材料:金属(包括钢和钛)以及塑料。

- **典型产品**

SLS 是快速原型法的一种,最初用于大批量生产之前的模型测试。但是后来设计师们将这项工艺推广到了成品的生产。目前已经几乎可以生产任何产品,包括珠宝、计算机散热器、医用植入器等。

- **类似方法**

与其他基于 CAD 的工艺类似,比如沉积原型(如轮廓工艺,见第 242 页),立体光刻(SLA)(见第 244 页)以及 3D 打印技术(如改进的喷墨打印,见 第 238 页)。

- **可持续问题**

为了充分利用材料,减少浪费,产品是依据设计的实际形状逐层制造的,因此,无须后续二次切割或机械加工。由于可以实现复杂的微结构,因而可降低材料用量及产品重量。因为制成的产品尺寸较小,所以可以在粉末层中生产,从而提高生产力和能量利用率。与立体光刻(SLA)不同,SLS 不需要支撑结构,这部分材料也可以节省。与所有的快速原型法一样,SLS 也不需要模具,并且适用于本地生产可消除运输成本。

用于纤维缠绕的 Smart Mandrels™ 工艺

具有形状记忆功能的合金和聚合物曾在材料界引起轰动。它们可以预先设计成一个特定的形状,一旦加热软化后,允许弯折和变形成为一种新的形状,并在冷却后被固化。体现智能化的是,一旦重新加热,产品将会回复到原始设定的形状。

美资公司 Cornerstone 研究集团是世界上从事形状记忆技术研究的主要单位之一,他们已经利用这些材料研发了专利化的工具系统 Smart Mandrels™ 来生产用于纤维缠绕的芯轴(见第 156 页)。这个系统可以被用于两个方面。一方面,单个形状记忆芯轴可以被做成特定形状,用来生产相关产品,然后重新加热成形,进而为一个完全不同的产品重新形成一个新的芯轴。另一方面的应用是制造复杂的芯轴,比如由于底切等的存在,若不用这种芯轴则无法从成品内部移除。

用 Smart Mandrels™ 进行纤维缠绕意味着缠绕在芯轴上的纤维在随后被加热软化并恢复成其"设定"的直管形状。这样便于移除已完成缠绕的纤维。

1. 开始往紫色的 Smart Mandrels™ 上缠绕。

2. Smart Mandrels™ 加热变软,易于从完成的缠绕中取出。

– 产量

目前仅能支持小规模的生产和原型生产，但是这项新工艺将同样适合于大规模的生产，因为芯轴比较耐用可以生产许多产品。

– 单价与投资成本

Smart Mandrels™ 用于小批量生产的成本较低。由于不需要昂贵的模具，因而小批量生产的单件成本与大规模生产的单件成本处于同等水平。

– 加工速度

每个产品的生产周期需要几分钟，但这比采用刚性芯轴的传统纤维缠绕（见第 156 页）要快得多，原因在于这种方式不需要对每一个产品进行芯轴的装拆。

– 表面质量

不需要后续的精整，但是产品都具有纤维缠绕产品的典型特征。

– 形状类型 / 复杂程度

使用 Smart Mandrels™ 的主要优点在于它们能够使用纤维缠绕生产更复杂形式的产品。包括通常不能生产的底切和回炉料，采用一般缠绕工艺，芯轴无法从上述产品中移除。

– 尺寸规格

可以布置机器实现纤维缠绕的大规模量产。唯一的尺寸限制在于形状记忆合金和聚合物可制造的尺寸以及记忆有效的尺寸限制。

– 精度

如果要求极高尺寸精度的话，本工艺不适合。

– 相关材料

任何热固性的塑性材料、玻璃和碳纤维。

– 典型产品

航空器部件、坦克、火箭的外壳。

– 类似方法

挤压成型（见第 97 页）和接触成型（手糊成型或喷射成型）（见第 150 页）。

– 可持续问题

纤维缠绕基本是自动化的，所以需要电能来驱动发动机。机器所能实现的高速使得量产时能量可以充分利用。产品的高比强度也明显地减轻了重量。

– 更多信息

www.crgrp.net

- 能够生产适用于各种用途的形状。
- 由于芯轴容易被移除，所以减少了劳动力成本。
- 可复用和可调整的模具。
- 容易从产品中移除芯轴。

- 具有纤维缠绕产品的典型特征。
- 由于具有专利，使用受限。

金属板料渐进成形

当前制造业的主要研究领域之一是"工业生产工艺",这里的工艺指的是不需要特殊的模具、允许使用灵活的方式进行量产的一类技术。金属板料渐进成形技术有望革新板料成形,使得板料成形更加适合于特定部件的小规模生产。

具体而言,板料渐进成形是一种使用移动压头的金属板料的快速原型方法,所以不需要任何特定的模具就可以实现几乎所有的3D壳型件。它包含了一系列的板料成形方法,通常采用单点压头在三个轴向对金属板料进行加压(工件被夹具夹持),压头的移动路径由CAD文件提供。

这个方法已经投入使用约15年,但是它的潜力在工业界尚未被完全开发,主要是因为难以保证成形件的几何精度。然而,丰田公司已经探究了将这个方法用于原型车的部件生产,其中使用了单边模以得到更好的精度控制。

产品	渐进成形板样例
材料	不锈钢
制造者	剑桥大学工程系制造研究院
国家	英国
生产时间	2006年

剑桥大学的研究者Julian Allwood和Kathryn Jackson致力于将该方法拓展应用到工业领域。图中所示的台阶反映了压头的路径:压头沿着金属板缓慢地按压,直至成形。

有众多的研究者探究了这个方法的不同形式，有些同时使用了两个压头，工件的两边一边一个；也有采用凹模或凸模提供几何精度和表面精度。

上图显示了单点压头悬在夹住的板料上方的情景，板料将要成形。

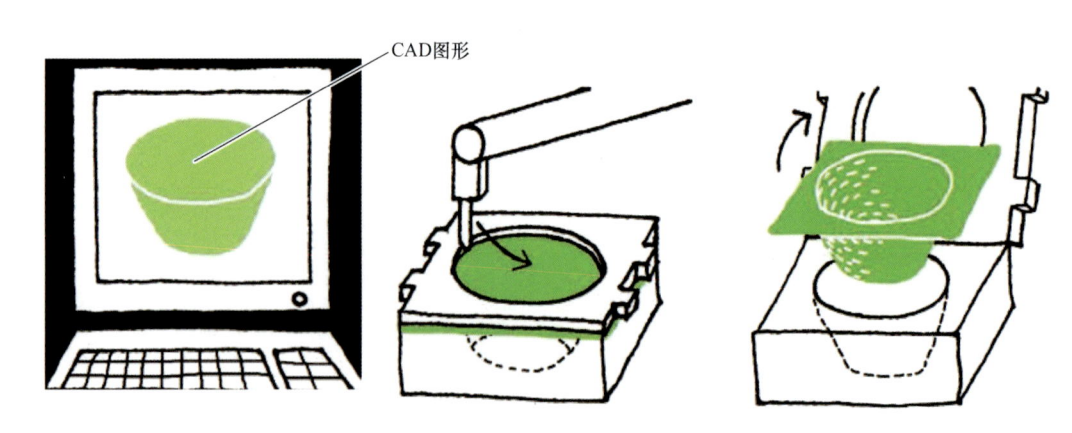

CAD图形

1. 将产品的外形用CAD软件画好。

2. 用夹头夹住金属板，用单点压头按压成形。

3. 移出成品。

＋
- 这个方法的主要优点在于可使用一般工具生产复杂的产品，意味着对于小批量或者一次性成形不需要模具成本及准备成本。

- 实用性有限。
- 仍在发展初期。

– 产量

金属板料渐进成形越来越为人认知，并更具吸引力，这与它能够实现小批量的经济生产密不可分。它已被用于生产原型产品，包括丰田的一款原型车。其他应用诸如牙齿修复（这要求每个产品都是独一无二的）也陆续涌现。

– 单价与投资成本

该方法的显著优点在于它能够实现极低的模具成本和准备成本下的小批量生产。

– 加工速度

典型送进率可以达到 50mm/s（2in/s），普通的产品需要 20~60min 的时间生产，这取决于表面质量要求。

– 表面质量

取决于工具的连续移动步长。步长约 0.1mm/次（$1/250$ in/次）时可以实现 A 级表面——这个评定来源于车身制作者。若同时使用模具则表面质量也可提高。

– 形状类型 / 复杂程度

取决于是否用到了模具，但是产品通常只能是壳状的。但在不远的将来，通过上压头和下压头的同时使用，旋转件也可制造。

– 尺寸规格

取的产品的面积大约为 150×400mm²（$1/4$ ~ $1/2$ in²），平均厚度为 1mm（$1/25$ in）。日本的研究者可以制造长度从几毫米（不足 1in）到 2m（$6\frac{1}{2}$ ft）的板。

– 精度

取决于是否用到了模具。初次几何精度较差（超过 2~5mm，或 $1/12$ ~ $1/5$ in），即使压头路径按照 CAD 模型走的是一个的简单轮廓。这种情况可以改善，但需要采用试错的方式。如果用到了模具，精度则会大大改善。

– 相关材料

很大范围内的材料，包括铝合金、铁合金、不锈钢、纯钛、黄铜和纯铜。

– 典型产品

目前已有一些相关的尝试，包括车身板的制造和维修、特制的医用设备以及建筑用板料等。

– 类似方法

金属板渐进成形来源于金属旋压（见第 56 页），但是在快速成形和灵活制造方面有着非常大的优势。另一个相近的方法是金属切割（见第 59 页）。

– 可持续问题

– 在每一个产品生产时都不需要使用特定的模具，而且显著减少了模具制造所需的材料以及相应的能量消耗。缺陷板可以简单地重做，而不必重新加工或者报废，这可以使能量消耗达到最小，而且允许预成形件的简单修正。相比量产和原型生产，加工速度和能量使用比其他竞争技术更具优势。

– 更多信息

www.ifm.eng.cam.ac.uk/sustainability/projects

3D 针织

产品	耐克 Flyknit Racer
设计师	耐克设计
材料	未知纺线
产地	美国
日期	2012 年

耐克 Flyknit 鞋在 2012 年伦敦奥运会上首次亮相，采用数字工程 3D 针织工艺制成。该结构是将一个编织而成的平坦鞋面与中底连接起来。

类似 3D 打印技术加工塑料，3D 针织工艺用于加工织物，即利用 CAD 数据在单一工序中编织出复杂的形状，这就避免了将多件织物缝合在一起，从而生产出单一、无缝的服装或产品。这也意味着每件衣服都可以按照不同的尺寸制作，从而生产出量身定做的服装，为消费者提供了除了传统 S/M/L 尺码外的选择。这项技术的不断发展可能意味着未来将大规模运用人体扫描来提供完美合身的衣服。

尽管这不是一个新工艺，但自 20 世纪 90 年代中期以来，机器已经变得更加高效并具有成本效益，可以进行大规模生产。此外，一些运动鞋也采用了这一工艺，这有助于提高其知名度，并为其他试验打开了大门，在这些试验中，纺织品不仅可以被重新设计为鞋子和衣服，还可以用来替代耐用品。

3D 针织机接收计算机指令。这些指令操控大量的织针运动，以构造和连接管状针织物，在单一工序中制成一件服装。

- 实现无接缝 3D 造型。
- 织物可以做成复杂的曲线。
- 织物可集成细节，例如有盖口袋。
- 产品的制作和测试不需要任何准备成本。

- 尽管准备简单，但设计织物还需要了解工艺和纺线两方面的技术知识。

– 产量

可单件生产，也可批量生产。

– 单价与投资成本

显著特点之一是产品可以直接基于 CAD 设计得到成品。唯一需要考虑的是机器的准备过程，根据产品的复杂程度，这可能会耗时很长。

– 加工速度

3D 针织加工速度较高的原因在于它无须将各个单独部分缝合在一起。一个 8g 的针织机织一件毛衣可能需要 30~60min，具体取决于机号、设计、尺寸等。

– 表面质量

表面质量不是只由编织的图案决定，更多地是由纺线类型决定。超细纺织品 – 常用细纺线 – 粗针织物均可生产。表面质量由纺线规格确定，规格反映了纺线的粗度和厚度，规格范围一般为 2.5~9？

– 形状类型 / 复杂程度

可以生产以往用针织机很难或不可能创造的各种拓扑结构，包括连接的管子、开放式长方体甚至球体（例如头盔的外壳和内部口袋）。

– 尺寸规格

针织物理论上可以无限长，但实际限制于机器宽度。最大宽度用针数衡量，并且还取决于机器制造商。Stoll 是针织机的主要供应商之一，在撰写本文时，该公司有一台针数为 1195 的机器。虽然具体取决于纺线，但所织物大约相当于 180cm（70in）。这些机器的平均尺寸约为 699 针。

– 精度

无可用数据。

– 相关材料

对可供使用的纺线的限制很少，最有趣的发展之一是智能纤维，可用于一系列技术，例如身体温度调节以及用于制造内部电路的导电纱线。

– 典型产品

很大程度上是制鞋业通过一些备受瞩目的产品（例如 Nike Flyknit）让消费者和设计者注意到这一工艺。除了鞋类之外，服装也是使用这一工艺的最大行业之一。随着可穿戴设备的兴起，3D 针织技术具有能够在服装中集成电池盒和手机支架等他们的优势。在其他行业，3D 针织技术已被用于编织碳纤维线生产结构部件，碳纤维线在编织完成后，就会用树脂浸渍以使其变得坚硬。

– 类似方法

3D 针织实际上是手工针织在大规模生产层面上的演变。在生产定制部件方面，塑料增材制造技术与之具有可比性。

– 可持续问题

该工艺仍直接利用材料，毫不浪费，因此可以说对环境更有利。

– 更多信息

www.stoll.com

数字光合成

不言而喻,工业生产中最受关注的话题之一就是增材制造。增材制造是一个术语,它包含了许多不同的技术,涉及从数据中生成3D物体的大规模生产。它允许对每个物体进行定制,并生产出复杂的几何形状。多年来,这种生产方法一直预示着一场新的工业革命。

数字光合成技术(DLS)是一种最近才出现的特殊技术,它的独特卖点在于,它生产的零件没有其他增材制造工艺的传统缺陷,包括表面需要后处理才能达到光滑的效果,而且与标准生产方式中使用的其他一些材料相比,它可以使用具有优异机械性能的材料。

该工艺利用光透过液态树脂进行投射,业内领先企业之一的 Carbon 公司将其称为 CLIP(连续液相界面固化)技术。这种光以一系列紫外线图像的形式,通过一个透氧窗口投射到平台上的紫外线固化树脂库中,随着平台的升高,树脂库中的树脂也随之升高,从而形成零件。未固化的树脂层被 Carbon 称为"死区",只有头发丝的三分之一厚,位于零件和窗口之间,通过让树脂在固化过程中流动,使零件获得高质量的表面效果。其他的光聚合方法通常只能生产强度较低的零件,而 CLIP 工艺通过在烤箱中烘烤零件的二次工艺来克服这一问题,从而引发二次反应,增强零件强度。

产品	阿迪达斯 Futurecraft 4D 鞋
设计师	Carbon 和阿迪达斯设计
材料	紫外线固化树脂和聚氨酯的混合物
产地	美国
日期	2018 年

Carbon 与阿迪达斯合作制造中底。

- 产量

  正如 Carbon 所说,"从一到一百万,无所不包。"

- 单价与投资成本

  除了用计算机制作零件的 CAD 文件外,不需要其他投资成本。

- 加工速度

  Carbon 公司已将现有的生产周期缩短了 40%。

- 表面质量

  其他 3D 打印零件分层打印,表面粗糙,而 DLS 系统则与之不同,它生产的零件更接近于注塑成型零件,因此表面质量更高。

- 形状类型/复杂程度

  阿迪达斯 Futurecraft 鞋说明其可用于高度复杂几何形状的制造。

- 尺寸规格

  Carbon 提供不同的机器,在撰写本书时,最大的机器的体积为 189mm × 118mm × 326mm(7.5in × 4.5in × 12.8in)。

- 精度

  像素分辨率为 75μm。

- 相关材料

  该工艺可用于具有不同性能和工程特性的硬质和柔性塑料,生产出的零件质量上乘,可用于生产最终产品。这些材料包括生物相容性硅酮、各种刚性和柔性聚氨酯、环氧树脂和其他塑料。我们还可以根据客户的个性化需求定制材料。

- 典型产品

  由于表面质量高,而且可以使用高性能材料,阿迪达斯公司使用 DLS 制作了 Futurecraft 鞋,鞋底是用弹性体材料打印而成,采用网格结构,具有很强的缓冲作用。其他应用领域包括医疗行业,特别是牙科模型。

- 类似方法

  其他塑料增材制造工艺包括 FDM(见第 202 页)和 SLS(见第 250 页)。

- 可持续问题

  与所有增材制造方法一样,它具有很高的能源和材料利用率。如果机器位于客户所在地,还可以减少运输成本。

- 更多信息

  www.carbon3d.com

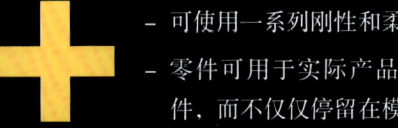

- 可使用一系列刚性和柔性材料。
- 零件可用于实际产品中的生产零件,而不仅仅停留在模型上。
- 与其他增材制造工艺相比,表面质量极高。

- 在撰写本书时,只有少数几家公司可以使用此技术。

用于活性材料的 FDM 工艺

熔融沉积成型（FDM）是最常见的 3D 打印技术之一，通过喷头挤出各种类型的材料丝来制造零件。虽然这个产品并不是 FDM 的典型成果——FDM 通常用于层层叠加地制造零件——但它展现了设计领域最令人兴奋的趋势之一，即设计师不仅要开发最终产品，还要尝试如何实际制造产品，从而重新定义设计学科。

FDM 被用作 Self-Assembly 实验室创建可编程材料的原理之一。在这一过程中，特定材料的性质有助于零件的成型。在这里重点介绍的产品中，织物的天然弹性和张力被用于自成型零件。通过这种 FDM 方式，刚性材料（本例中为聚丙烯）被印刷到纺织品（本例中为 Lycra）上，同时还可以保持平整和张力。一旦张力被释放，聚丙烯提供的位移约束就会将织物拉伸成 3D 形状。最终的结果可以说是材料特性和加工工艺的完美结合，创造出令人惊叹的产品，正如 Self-Assembly 实验室所说的，"自己制造自己。"

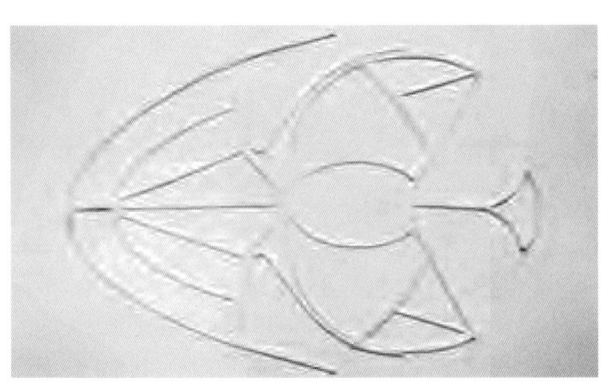

图片展现的是在张力释放前织物上平面几何图形的印花轮廓，其中塑料的印花层厚不一。

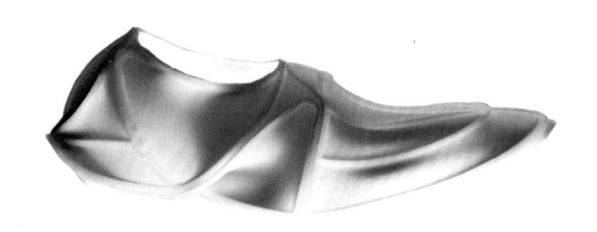

印制的几何图形限制了织物局部区域的运动，从而形成了这种可自我转换的 3D 结构。

产品	运动鞋
设计师	Christophe Guberan 和 Carlo Clopath
生产商	Self-Assembly Lab MIT
材料	纺织物和塑料
产地	美国
日期	2015 年

这个研究项目旨在探索鞋子是如何生产出来的。在这里，一条线以编程模式 3D 打印在一块拉伸织物上。当布料松开时，它就会自我转化为鞋子的结构。

– 产量

一般来说，FDM 既可用于在办公桌上生产单个零件，也适用于建立 3D 打印工厂使用多台机器生产数量庞大的相同零件。

– 单价与投资成本

通常，FDM 机器的价格非常实惠，许多公司都在销售。与所有增材制造一样，除了需要一台计算机来生成零件的 CAD 文件外，不需要其他投资。

– 加工速度

加工速度因具体机器而异。

– 表面质量

一般来说，FDM 打印零件的表面是该工艺的一大缺点，其构建线非常明显，如果想获得光滑的表面，就必须去除这些构建线。也可以通过在不容易产生构建线的方向打印零件来减少这种问题。此外，还可以用一些创新技术进行二次加工去除纹路。

– 形状类型 / 复杂程度

几乎可以生产任何形状的产品，这是任何增材制造工艺最重要的优点之一。

– 尺寸规格

其规模受到机床尺寸和织物尺寸的限制。不过，如果您想制作大型作品，有一种方法是使用移动机床将织物送入 FDM 机器。

– 精度

3D 打印零件的本质意味着该工艺的打印部分具有很大的公差，尽管没有同样能很好制造薄壁部分的多喷射打印那么高，然而自成型阶段的精度更难控制。但这与其他纺织品加工方法没什么区别。

– 相关材料

可用于 FDM 的材料范围不断扩大，包括标准聚乳酸（最广泛使用的材料之一）、聚碳酸酯和软热塑性聚氨酯等工程材料。

– 典型产品

要举出典型产品的例子几乎是不可能的，就像注塑成型不可能举出典型产品的例子一样，这完全是因为潜力是无限的。然而，由于材料和机器的可用性，FDM 的主要用途之一是为设计师和业余爱好者制作快速原型。事实上，可以使用聚碳酸酯和热塑性聚氨酯等生产材料，这意味着可以生产实际部件。

– 类似方法

与 FDM 相似的方法有 SLS、SLA、材料喷射工艺和快速液体印刷工艺。

– 可持续问题

由于可以进行本地化生产，该工艺在能源和材料消耗方面具有很高的效率。由于材料是热塑性塑料，因此可以重新熔化并重复使用。

– 相关信息

www.selfassemblylab.net
www.christopheguberan.ch

- 传统的 FDM 可用于多种材料。
- 工艺广泛应用，机器成本低。
- 准备简单，用途广泛。

- 传统 FDM 的表面质量较差，需要进行精加工。

多射流熔融

增材制造是指通过添加材料来制造产品的过程,与需要切割过程的减材制造不同,它已成为描述 3D 打印的一个总称。这是一个不断发展、演变,并变得更加重要的领域,有望引发一场新的工业革命。因此,新的增材制造技术不断涌现。惠普公司(HP)发明并开发的多射流熔融就是其中的一种。

多射流熔融的工作原理与多喷头打印(见第 266 页)类似,即在一系列沉积层中沉积生成粉末状聚合物,通过逐层构造零件的横截面来制造零件。

它采用了与喷墨打印机类似的铺层方式,即打印头在控制体素(惠普命名)的基础上,通过多次打印,一层一层地构建部件,每秒最多可打印 3000 万滴。这些体素的尺寸非常微小,相当于二维打印像素,大小约为 50μm,每个体素将来都有可能在颜色或材料方面进行定制。

它与多喷头打印的一个重要区别是,多喷头打印采用的紫外线固化光被多射流熔融的熔融剂取代,后者可将聚合物颗粒熔化并粘合在一起。然后涂上所谓的"细化剂",以改变粘合效果,制作精细的细节和平滑的表面。通过测量材料上数百个点的温度来确定哪些区域接受更多的能量,从而对机械性能进行高精度控制。熔融完成后的产品需要冷却,冷却过程可以在将工作箱放入后处理站准备脱粉的阶段完成。

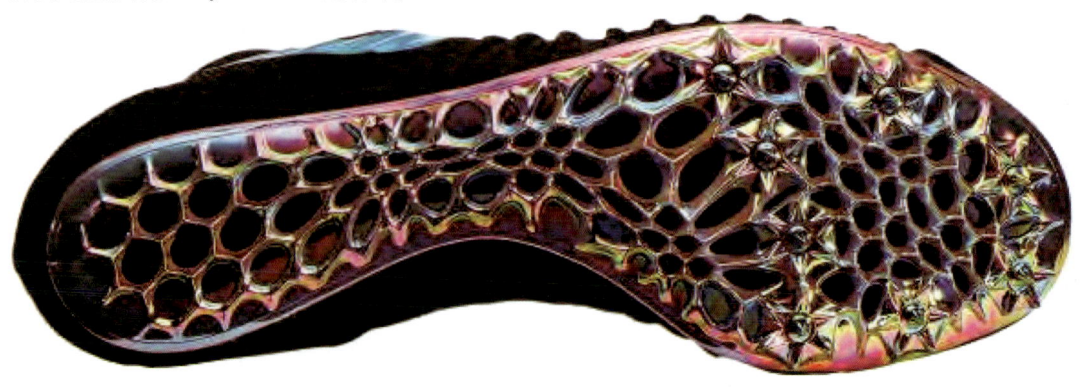

产品	Nike Zoom Superfly Flyknit
设计师	耐克和惠普设计
材料	聚丙烯
生产商	耐克
产地	美国
日期	2016 年

这双鞋是利用多射流熔融 3D 打印技术为奥运金牌得主 Allyson Felix 定制的。

- **产量**

  惠普公司生产不同的机器，产量最大可达每周 1000 个零件。

- **单价与投资成本**

  这种机器的配置不同于其他增材制造机器，所以价格也较高。包括一台打印机、一个构建单元（用于存储材料并在构建过程中固定零件）以及一个用于冷却和精加工的加工站。惠普声称最终产品的成本效益非常高。

- **加工速度**

  据惠普公司称，该工艺是最快的塑料 3D 打印技术，打印速度是 FDM（见第 262 页）或 SLS（见第 250 页）工艺的十倍以上。例如同样时间内，它能生产 12000 个齿轮，而 SLS 只能生产 1000 个，FDM 只能生产 460 个。

- **表面质量**

  成型线清晰可见，与 FDM 相比成型线非常细，但与其他增材制造工艺的零件一样，如果使用刚性材料制造，可以打磨得非常光滑。

- **形状类型/复杂程度**

  除非打印实心物体，否则需要预留支撑材料。

- **尺寸规格**

  在编写本书时，使用惠普多射流熔融打印机进行制造的最大打印尺寸为 380mm×284mm×380mm（15in×11in×15in）。

- **精度**

  在分辨率为 1200dpi 的情况下，该工艺的最薄层为 0.07mm（1/3500in）。

- **相关材料**

  各种等级的聚丙烯 12（PA12）粉末是标准材料，但根据惠普的开源方法，今后还将增加其他材料。

- **典型产品**

  基于 HP 机器高端的大批量生产能力，该工艺适用于具有 PA12 性能特性的产品模型和最终部件。

- **类似方法**

  该工艺的原理与多喷头打印工艺类似，都是将塑料分层铺设。此外，它也类似于黏合剂喷射工艺。

- **可持续问题**

  以种 3D 打印工艺需要加热来融合材料，作为一种热固性材料，机器使用的聚丙烯粉末可以回收利用。惠普还声称，这些粉末和熔融剂是无害的。

- **更多信息**

  http://www8.hp.com/us/en/printers/3d-printers/3dcolorprint.html?jumpid=reg_r1002_usen_c-001_title_r0003

- 可对机械性能进行微调。
- 最快的增材制造工艺之一。
- 精度非常高。

- 目前的使用仅限于单一塑料（PA）。

多喷头打印
（又称光聚合物喷射）

简而言之，这是一种工作方式与喷墨打印类似的工艺，但打印的不是墨水，而是感光塑料。以 CAD 文件格式生成的原始设计被切割成二维截面。然后将这些单独的横截面逐层"喷射"或固化，最薄可达 16μm（0.016mm）。每沉积一层，在下一层聚合物沉积之前，第二道紫外线照射会使树脂固化。随着每一层的形成，一个用于打印的构建平台也随之下降。如果零件结构比较复杂或有凹槽，则需要添加支撑结构。

谈到与其他增材制造方法的差异，有几个方面需要强调一下。例如，与 SLS 一样（见第 250 页），该工艺使用各种紫外线固化材料零件，这意味着它们并不适合实际使用，因为它们很容易在紫外线再次照射下发生降解。

该工艺的一个独特而有价值的方面是，多喷头打印是唯一能同时打印刚性和柔性多彩零件的 3D 打印技术之一，因此可以实现包覆成型的一次性打印。

- 零件可由刚性和柔性材料制成。
- 可生产多彩零件。
- 可用于添加到现有零件中。

- 材料只适合原型制作，不适合生产。

- **产量**

从单件到大批量均可以。

- **单价与投资成本**

这些机器不像 FDM 机器那么便宜。但与所有增材制造一样，除了需要一台计算机来生成零件的 CAD 文件外，不需要其他投资。

- **加工速度**

对于 $10cm^2$（$1\frac{1}{2}in^2$）的相对较小的零件，多喷头打印是最快的 3D 打印技术之一。超过 5in 后，多喷头打印的加工速度会变慢，因为打印喷头在打印极薄的一层时需要走更远的距离。

- **表面质量**

与其他增材制造方法（尤其是 FDM 和 SLS）相比，它的表面效果更出色。该工艺还能将 CMYKW 全色融入单次打印中，从而生产出逼真的零件。

- **形状类型/复杂程度**

与所有增材制造技术一样，这种技术具有无限的可能性。多喷头打印尤其适用于打印薄壁结构。

- **尺寸规格**

这种工艺非常适合成批生产，以降低单价。在撰写本书时，最大制造体积为 $381mm \times 292.1mm \times 381mm$（$15in \times 11\frac{1}{2}in \times 15in$）。

- **精度**

这是一种非常精确的工艺，也适用于薄壁结构。

- **相关材料**

虽然可以使用透明、硬质、软质等多种材料，但这些材料并不是其他一些增材制造中用到的高性能材料，这意味着它们很难像注塑成型工艺那样制造实际使用的零件。它们应该被看作是模拟高性能塑料的材料。

- **典型产品**

这种工艺的一个局限性是其材料只是对生产用到的高性能材料的模拟，这意味着不建议用这种工艺制造实际零件。在此基础上，它应被用于制造模型、特效、展示品，以及一般不需要承受任何机械应力的零件。

- **类似方法**

虽然这与惠普公司开发的多射流熔融工艺非常相似，但实际上略有不同，因为它不会将材料颗粒熔融在一起。它也类似于 SLS 印刷，因为它使用的是紫外线固化的光聚合物。

- **可持续问题**

与 SLS 相比，这种 3D 打印工艺熔化粉末所需的热量更低。

- **更多信息**

www.stratasysdirect.com

快速液体打印

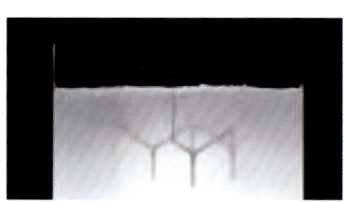

产品	快速液体打印
设计师	Christophe Guberan、Kate Hajash、Bjorn Sparrman、Schendy Kernizan、Jared Laucks、Skylar Tibbits
材料	橡胶、泡沫材料和塑料
生产商	麻省理工学院 Self-Assembly 实验室
产地	美国
日期	2017 年

这些图片展现了凝胶浴使零件在生产过程中悬浮起来,可以看到这些零件正在通过喷头打印出来。

这个试验项目的假设始于这样一个问题:增材制造工艺能否像传统制造工艺一样快速、大规模地制造出零件,而不是像常见的 3D 打印方法一样。该项目由麻省理工学院 Self-Assembly 实验室与 Christophe Guberan 合作开发,其生产方法可概括为一个挤压过程,即在水基凝胶浴中以 X、Y、Z 轴打印零件。

这种工艺基于一个非常简单的前提,即一个可至少在三轴机头上移动的喷头,喷头将双组分复合材料挤压到浓稠、高黏度的液体凝胶浴中,凝胶浴的作用是在材料固化时悬浮并固定这些挤出物。或者更简单地说,想象一下在空间中沿着一条连续的线挤出牙膏,在挤出的过程中建立一个自支撑结构。它解决了最初的加工速度问题,因为它只打印实际组件,而不像其他常见的增材制造方法中还要打印附加支撑结构。由此避免了在构建支撑结构上的材料和时间的浪费。

这一工艺的背后是一种基于化学反应

- 相较于其他增材制造工艺,更适合加工大型零件。
- 相较于其他增材制造工艺,加工速度很快。
- 零件的轮廓可沿其长度方向改变。

- 仍在开发阶段。

的材料，当基础材料和催化剂从喷头末端挤出时，两部分相遇就会发生化学反应。材料需要在凝胶浴中固化，固化时间可快至 20s（取决于具体材料）。这种工艺仍处于起步阶段，在撰写本书时还不能用于商业生产。

- 产量

如果该工艺商业化，它将成为既适合于小批量又适合于大批量生产的优选方案。

- 单价与投资成本

与所有增材制造方法一样，关键在于不需要模具及其他工装。

- 加工速度

本项目一个重要的目标就是希望加快增材制造的速度，因为不用移除支撑材料，使得该工艺的加工速度高于一般的增材制造过程。

- 表面质量

零件的厚度、轮廓和表面质量取决于三个参数：喷嘴的尺寸和形状、打印头的移动速度以及压力。扁平的喷嘴在移动过程中可以改变轮廓的方向，从而在生产线上形成弯折的带状轮廓。这一过程需要严格控制，以确保材料中不会形成气泡，从而保证表面光滑。

- 形状类型/复杂程度

为了利用该工艺，最好以连续的线条为基础设计结构。在打印头移动时改变其速度也可以制作出沿长度方向厚度不均的零件。

- 尺寸规格

尺寸没有限制。实际零件的尺寸仅受凝胶浴池的限制，但也可以在打印头挤出材料成型时，让凝胶浴池也在滑道上移动，以此来容纳很长的零件。

- 精度

这种工艺不像立体光刻等其他增材制造工艺那样具有很大的公差，但精度相差不是很大。这也是这种工艺更快、更适合中等尺寸物体的原因。

- 相关材料

既可以使用柔性和刚性生物树脂和泡沫材料，也可以在同一个零件中结合使用不同种类的塑料。

- 典型产品

这种工艺制作的零件的几何形状不是基于实心或空心体积，而是基于连续的线条。在这方面，最适合的应用是那些结构性部件，否则这些部件将由实心棒材或管材制成。因此，该工艺最适合于家具支架、框架、具有线性结构的室内和建筑构件等应用。鞋底、充气物品、防水物品和箱包都是如此。

- 类似方法

就原理而言，最接近的方法是挤压成型，因为两者都是基于连续长度制件，快速液体打印与其主要区别在于零件是三维成型，而不是单向成型。另一种经常被爱好者使用的技术是巧克力打印，当然两者的规模完全不同。

- 可持续问题

该工艺加工速度快，不需要加热或模具，也不需要辅助材料，能源和材料利用率高。凝胶是水基的，可以使用生物树脂制作零件。用同一种凝胶还可以生产多个零件而无须更换。

- 更多信息

www.selfassemblylab.mit.edu

www.christopheguberan.ch

8：

表面加工工艺

Ezio Manzini 在他具有前瞻性的书籍 *The Materials of Invention*（《材料的发明》）中这样定义物体的表面：物体材料的终结之处、外部环境的开始所在。

产品表面往往是新发明最简单可行的突破口。2010 年，生活器具制造商 Miele 推出了一个具有桃色植绒表面的特别版真空吸尘器，从而将来源于非常普通的高光塑料产品变得具有完全不同的视觉和触觉体验。

这部分内容介绍了许多标准的常见表面处理工艺，包括喷漆、电镀、包覆等技术。此外还简单介绍了一些近期快速推出的、用于给产品添加新功能的高科技和智能涂装技术。

272	染料升华印染 真空金属喷涂
273	植绒 酸蚀
274	激光雕刻 丝印
275	电解抛光 移印
276	绒面涂料 热箔冲印
277	包覆成型 喷砂
278	i-SD 系统 模内装饰技术
279	自愈合涂层 防液涂层
280	陶瓷涂层 粉末涂层
281	磷酸盐涂层 热喷涂
282	表面硬化 高温涂层
283	厚膜金属化 防护涂层
284	喷丸 等离子弧喷涂
285	镀锌 去毛刺
286	化学抛光 金属蒸镀
287	汽蒸 酸洗
288	不粘涂料（有机） 不粘涂料（无机）
289	镀铬 阳极氧化
290	收缩性薄膜包装 浸涂
291	陶瓷上釉 搪瓷

装饰

染料升华印染

染料升华印染仅用于三维塑料产品的预成型装饰。像上图中的出自Massimo Gardone和Luca Nichetto的环形玫瑰桌子一样，它可以实现各种颜色、图案和形状，但不提供任何保护性措施；它起到的装饰效果甚至不能减轻对基体擦伤的影响。不像丝印或者喷涂，该方法能够生产全色谱的颜色、图像和设计。

用到的特殊染料受热蒸发，与塑料基体的分子产生键合，使得颜色能够渗入产品20~30μm深。由此，这种表面洗不掉也擦不掉，非常耐用并抗擦。这项技术在被用来给大量的产品制造装饰性表面，包括Sony的VAIO笔记本电脑的盖子。这款笔记本电脑用了多样的颜色和形状来装饰，以显得其个性化和独立化。

— 典型应用

该方法也被用于打印具有照片品质的图案，固体染料受热，在重回固态之前渗入纸张，由此打印出颜色。这可以产生很多比喷墨打印机、激光打印机更加高质量的图像，而且打印制品不易褪色和失真。

— 可持续问题

该方法十分有效，对于环境也很安全。然而生产过程需要很高的温度，因此能量使用是一个重要问题。

— 更多信息

www.kolorfusion.com

www2.dupont.com

真空金属喷涂

这个方法不能生产全金属产品，但可以使塑料产品表面带有金属光泽。用传统电镀的方式很难镀铬，但是真空金属喷涂则能达到类似结果，而且成本低，因而应用广泛。

在真空金属喷涂的过程中，铝在真空室里蒸发，随即凝结并与基体产生作用形成镀铬一般的表面层。随后，在这层表面上再附加一层保护层，这种涂层比镀铬便宜得多，而且也更加环保，但达不到镀铬同样的耐久性和耐蚀性。虽然塑料制品不具有真正金属那样的重量和冰冷的手感，但是那些不会被使用者用手接触的部分还是可以考虑使用这个方法的，这样更易产生金属错觉。在照明领域，这个方法可用于手电筒的聚光锥角。Tom Dixon用这种方法制成了一个聚碳酸酯表面真空喷涂的铜罩子（以上见www.tomdixon.net）。

— 典型应用

手电筒末端和汽车车灯的锥形反射器、带有镀铬光泽的汽车内饰都用了真空金属喷涂。

— 可持续问题

真空金属喷涂采用铝来制作一种镀铬光泽的效果，这比实际镀铬更加环保。

植绒

植绒表面的触感与视觉效果可以让人产生联想：绒毛触感、20世纪70年代妈妈的墙纸、轻质绒毛表面用手指划过的阻感等。植绒是一种传统上用于装饰的工艺，但也有许多其他的实用优势，比如隔声、隔热，这使得这项工艺应用前景十分广阔。一个特别的案例即上图中的Miele 56真空吸尘器的特制版。

植绒涉及利用静电将精确裁剪长度的纤维附着在产品表面。这制成了没有接缝的纤维状包覆层，多达23250段纤维/cm^2。纤维长度和类型取决于最后一道工序的类型。

– 典型应用

植绒通常被视作简单的装饰工艺，但是它拥有很多优点，这些优点使得这项技术有着非常广泛的应用。比如在眼镜盒、珠宝盒、装饰品盒上经常可以见到植绒表面。植绒也可以减少冷凝，所以广泛应用于住房、汽车、船和空调系统。两个最具有创新意义的设计应用是陶瓷餐具包覆植绒层和上面提到的特别款的真空吸尘器。

– 可持续问题

任何多余的、没有附着到表面的植绒可以被收集并重新利用。植绒产品也能够被回收，这取决于纤维类型和所用的基底材料类型。

酸蚀

酸蚀也被称为化学铣切或者湿法刻蚀，非常适合于在薄的金属平板上生产繁复的花纹。实施这种工艺，需要在待处理的物体表面先喷一层防护层，它可阻挡酸腐蚀，这使得酸只能腐蚀暴露在防护层外的金属。防护层可以采用线性排列的花样或者照片或者两者的任意组合。

– 典型应用

酸蚀常用于精确电子元件，比如开关触点、传动装置和微型屏幕。设计师Tord Boontje使用该工艺生产他的"星期三之灯"（见上图），其灯罩来源于酸蚀后的不锈钢板，看上去难以置信的精巧。酸蚀被用于军事领域来生产导弹等武器的触发装置，它依据气压水使得导弹更加近工目标。

– 可持续问题

许多金属都可以回收；在现行的酸蚀工艺中，有毒化学物质的使用已经最小化，这使得该工艺的环保等级较好。

– 更多信息

www.precisionmicro.com

激光雕刻

你可能对于雕刻是怎么一回事有一些了解，而且熟悉将其用于奖杯、奖章的刻字。然而，激光雕刻能够产生非常精确的微观细节，甚至能够用于生产纸币的印版。尽管有多种多样的雕刻，但是常用的是借助于激光的方式，因为这有利于量产也有利于生成复杂的细节。

使用激光的雕刻机器运作起来就像一支铅笔——通过计算机控制来追踪材料表面的花样。方向、速度、路径、深度和尺寸都能够调节。激光雕刻不使用刀头，在任何情况下也不会接触物体表面，所以部件不必像手工雕刻时那样要求端正放置。

– 典型应用

在珠宝行业可以发现一些极高质量的手工雕刻作品，但是珠宝匠发现激光雕刻能以快得多的速度雕刻更精确的作品。因为激光能够切开平面和曲面，所以这项工艺在这个领域相当有效。

激光雕刻还有另一个不常见的应用——在建筑模型中，它可用来雕刻非常精细的细节和图案。

– 可持续问题

不像许多其他表面装饰工艺那样，激光雕刻不涉及消耗品或者有毒副产品。然而，有一些材料在经受激光切割时的确会释放出危险气体。

– 更多信息

www.norcorp.com

www.csprocessing.co.uk

丝印

丝印大概是所有印刷技术中使用最广的。它可以用于许多不同类型的材料，包括织物、陶瓷、玻璃、塑料和金属等，而且能够被用在任何形状、任何厚度、任何大小的物体表面，这使得它的应用非常广泛。

这项工艺依赖于一个紧绷在架子上的编织丝网。图像通过人工或者借助于光化学工艺遮盖掉负相区域产生于丝网。油墨通过丝网线用辊子或者橡胶辊轴注入，随即流到漏字板的敞开区域。这会在表面产生锐利边缘的形状。用到的油墨类型、线的直径、丝网的经纬密度都会影响最终的图像。

– 典型应用

丝印最常与服装相联系，但是这项工艺还有很多其他应用，比如用于钟表的表盘。更加激动人心的是，该工艺现在正被用于更加先进的领域，比如在陶瓷材料顶部的电路中敷设电阻。

旋转丝印机已经用来加速 T 恤和其他产品的打印。在美国，有一半以上的服装企业使用了丝印技术。

– 可持续问题

丝网经清理后能够重复使用。丝印生产印刷品的速度比其他类似方法要快得多，因而更节省能量。

电解抛光

许多金属其实并不像它们看起来和摸起来那样光滑。在显微镜下检查一个表面，可以看到它其实布满了细小的缺陷，这可能会影响金属在使用过程中的表现。这时，电解抛光就出现了。它运用电化学方法去除金属表面的一个薄层，使得暴露在外面的金属层更加干净、明亮、光滑。

电解抛光是电镀的反作用过程，因为电镀是往表面上添加材料。这项工艺开始时将工件浸入电解槽中，其中通有电流。这会开始一个氧化反应，使得金属表面溶解。随着时间增加，移除的金属变多。上图表示的是 KX 设计师将该工艺用于制造 Berta Vilagrassa 长椅的情形。

– 典型应用

电解抛光可去除表面所有的氧痕迹，还会很大程度上限制细菌的生长。基于这个原因，它在食品行业被广泛用于食品加工器具。

该工艺对于用铜等合金制成的小而复杂的产品十分理想，因为几乎其他所有涂装工艺都会损伤这类软金属。

– 可持续问题

尽管电解抛光涉及潜在的有害物质的使用，但是电解池可以对于大量的产品重复使用，从而减少废料的产生。

– 更多信息

www.willowchem.co.uk

移印

移印是一种可以用于几乎所有材料或表面的通用工艺。可以在复杂表面上产生高标准的图像或装饰，它能在较小的、受限的或弯曲的表面上打印图像。但是它只能产生没有颜色梯度的纯色。

图像首先精确地印在一张薄膜上，然后将它用化学腐蚀的方法转到一个阳极板上，阳极板随后被放置在移印机上，表面均匀地涂上油墨，然后阳极板被刮擦干净，使得油墨只存在于腐蚀后的图像中。然后用一个硅胶垫贴到阳极板上，油墨即印到硅胶垫上。再接下来用硅胶垫将待印的图像移动并压印到物体表面。

– 典型应用

移印是一般商业促销品（如笔和钥匙扣）上印制徽标的主要印刷方法，此外它也适合用于计算器、收音机、钟表和手电等产品。

– 可持续问题

移印机是由 CNC 控制的，而且使用了激光来准确、快速地设置部件，这使得整个工艺的能量使用非常高效。

绒面涂料

想象一下一个桃皮绒或者精细植绒的表面，随后加入轻微的橡胶质感，你会感受得到20世纪90年代的绒面涂料产品。Nextel® 是一种摸起来有桃子表面那样的天鹅绒触感的表面涂层，它的开发来源于NASA对某些特殊优异性能的要求。Nextel® 最初用于太空舱的内表面，要求抗静电、化学惰性好并且不反射、抗刮擦。然而，现今工业里的应用都是为了装饰和实用两方面的考虑。

Nextel® 非常容易使用，并且由包含在特殊载体中的氯丁橡胶颗粒组成。涂层包括三层：第一层是基体；第二层的底料涂覆在它上面；等到干了之后，上色并且添加构成第三层的氯丁橡胶小颗粒。其中用到标准的工业喷射设备，涂层的干燥可在空气中或低温炉内实现。

– 典型应用

Nextel® 的应用基本上没有限制，但是用于涂覆的材料使得它适合于内部设计。它的表面质感和美学性质使得它很适合用于办公室或家用家具。

这种涂层也被广泛用于交通运输领域，比如汽车仪表盘、火车或者飞机的座椅等，提供耐磨且柔软的表面。

– 可持续问题

Nextel® 修饰了基体表面的诸如针孔等缺陷，从而减少了所需的工艺，因此可以节省能量。在涂层应用的过程中基本不产生污染物。

– 更多信息

www.nextel-coating.com

热箔冲印

热箔冲印是一项"干"的工艺，这意味着不用油墨或者溶剂，冲印后的工件可以直接拿取。该法非常通用而且可以适合所有的材料。冲印结果是可以得到用油墨达不到的绝佳的装饰效果。

首先要把图像刻蚀到金属上并制成冲印模或者冲印盘。将模具放置于冲印机上，它包括一卷箔和箔下面的用于放置打印材料的架子。当模具下压到箔时，模具的热和压力使得箔内的色素释放并以模具上凸起的图案转移到材料上。热箔冲印经常与浮雕法联合使用，从而使得图像更加突出。

– 典型应用

热箔冲印的典型应用包括书本封面、商务名片、玩具和高档包装。这项工艺也有一些不同寻常的用途，比如标记鞋子和信用卡上的全息特征。

– 可持续问题

热箔冲印不需要使用大量的能量，尽管不可避免会浪费一些材料。

– 更多信息

www.glossbrook.com

包覆成型

包覆成型装饰常被视为注射成型的扩展，而不是一个独立的加工手段。然而，由于它允许将不同材料组合在一起，因此它已经成为设计师用于给产品添加特色的重要工具。

尽管它能够用于生产极其复杂的产品，但是这个工艺本身非常直接。首先在第一个模具内成型，然后转移至下一副模具，在这副模具内第二种材料可以在基体的周围、上面、下面甚至穿透完成成型。

– 典型应用

包覆成型常用于生产个人移动设备，包括手机、掌上电脑和笔记本电脑等。

许多手机壳的表面有小块状的织物纹理。你也许会觉得添加织物会需要一整套新的工艺，但是包覆成型允许塑料与其他材料共同成型，因此省略了后续的精整加工。

– 可持续问题

回收包覆成形材料非常困难，因为它们包含多种难以分离的材料。这对于设计师而言是个大问题，设计师应当将此牢记于心并确保材料能够被有效地拆分。

– 更多信息

www.ecelectronics.co.uk

喷砂

这项工艺非常实用，可被用来打磨、成型，也用于生产类似于刻蚀或者雕刻的装饰。

喷砂工艺内容与字面意义一致：用于研磨的粒子通过喷枪以高速射出，有效地轰击工件。显而易见，使用这项工艺最安全的方式是在密闭的腔室里进行。考虑装饰性，喷砂玻璃非常高效，而且自可能会制成一种艺术品形式。使用镂空模板，并简单调节研磨粒子的速度和角度，将会产生不同的阴影、深度效果，从而可以生产各种各样的装饰花纹。

– 典型应用

除了装饰以外，喷砂还被用于修复汽车部件、建筑结构和机械零件等，因为它能够去除灰尘和锈蚀。它也被用作喷涂之前的预处理。小的研磨粒子确保所有的缺陷都能被平整化，也能去除灰尘，使得涂料能够更好地黏合。它一个很大的用途在于做旧牛仔布。然而吸入喷砂过程中产生的灰尘会有很大危害。目前已有立法规定工厂运转时须配备合适的装备，甚至在有些国家和场合，这项工艺被禁止使用。

– 可持续问题

目前用来清洁或调整材料表面的方法大多采用化学方法，相比之下，喷砂这样一种使用空气（相对耗能低）和砂粒的工艺更环保一些。

– 更多信息

www.lmblasting.com

功能

i-SD 系统

i-SD 是一种新的表面涂层技术，它提供了一种传统水转印方法的替代方法。它可以在复杂 3D 表面上不失真地印上非常清晰的图像。基于原始的高分辨率图像，用油墨包覆整个物体形状，包括孔洞、深坑、精细的表面纹理在内。这项工艺与许多基体材料兼容，包括塑料、木头、金属、玻璃和陶瓷。使用 PBT 塑料的话，图像将会被嵌入塑料中，从而不会磨损。

– 典型应用

这项工艺目前在汽车行业被应用于那些需要高耐磨损的部件上，此外在手机壳和其他易耗电子产品的装饰表面也有很好的使用前景。

– 可持续问题

通过与注射成型联合，可缩短整体生产周期，因而其能耗比其他有类似效果的装饰工艺要低得多。

– 更多信息

www.idt-systems.com

模内装饰技术

（薄膜嵌入成型）

模内装饰技术是一种向注射成型塑料件中添加装饰表面的很经济的技术，近年来得到了很好的发展。它省略了额外的印刷步骤，随着手机和其他电子产品等个人消耗品上图案和铭牌的使用越来越多，这项技术变得越来越重要。

模具装饰技术首先将图案印制于聚碳酸酯或者聚酯薄膜（即一般所说的箔）上，随后剪裁成形。根据所要的产品形状，箔以带状或者被剪成单独的内置块添加进模具。

– 典型应用

该工艺不仅可以制造黑白图像，也可以生产带色彩和表面花纹的产品。有趣的是，箔能以自愈合的方式添加使用，这会使得产品保持光泽并免刮擦。其他应用包括装饰性的手机壳、数字手表、小型键盘和汽车内饰等。

– 可持续问题

模内装饰技术相比于涂覆或者喷涂而言更加环保，因为后两者会释放挥发性的有机物（VOCs）。

– 更多信息

www.macdermidautotype.com

自愈合涂层

这类洁净的聚氨酯覆层有自愈合的能力，加热后能够修复产品表面的小刮擦和瑕疵。在高温下，这类塑料覆层的分子网络变成弹性的，并产生收缩，使得它能够消除刮擦，类似于蜡烛用蜡在受热时的反应过程。覆层提供了超凡的耐用性和抗力，可以使得刮擦问题消失无踪。

关于它用途的最好例子当数车身。当热天的时候车身暴露在日光下，金属板上的小刮擦会简单汇聚，提高光滑度和光彩。

– 典型应用

它在车身金属板上已经得到了应用，但是它将来可能的应用领域是非常广泛的——甚至包括自愈合的建筑表面。

– 可持续问题

自愈合覆层由于所用溶剂量非常少，因而比较环保。

– 更多信息

www.research.bayer.com/en

防液涂层

传统的防液涂层需要将织物或者其他材料表面处理包覆一层防渗透的涂层，这个涂层完全改变了原本材料的外观和手感。而 P2i 基于等离子增强的蒸镀技术生产纳米级的防液涂层。这使用了一种特殊的脉冲等离子体，在室温下的真空室中进行操作，使得防液单体聚合并附着到需要保护的材料表面。这项工艺在物体表面仅产生几纳米厚的、耐久的保护性涂层，使物体完全防液，并且它的其他性质都没有发生改变。这项工艺对于很大范围的材料都适用；甚至由多种不同材料组成的复杂3D产品也能够用 P2i 工艺成功处理。

– 典型应用

这项工艺可以为很大范围的材料提供防液保护，包括 P2i 的 Aridition™ 品牌下的电子产品和 ion-mask™ 品牌下的鞋类产品。所有的产品，包括接缝和接头，都可以在一道工序中完成涂覆。实验室器具和医疗用品也都是这项工艺的重要应用领域——比如，当将此工艺应用到吸液管时，它能够保证全部液体都能够被释放，从而得到精确的结果。

– 可持续问题

该工艺只需要少量的保护性单体，浪费量很小，使得它与传统方法（如浸涂或者喷涂）相比更加高效。

– 更多信息

www.p2i.com

陶瓷涂层

Keronite® 是一个超硬、极其耐磨的陶瓷涂层品牌，可以将这种涂层用于轻金属和轻合金，而且已经改变了表面工程。相比涂铬硬化和等离子喷涂来说，陶瓷涂层是一种更加环保、高效和精确的替代方案。

此工艺首先将产品浸没在电解质溶液中，并通以电流。在等离子体电解氧化（PEO）的过程中，产生了等离子放电，形成一个薄基础层。接下来是功能性的硬层，其中硬的晶体已经被包含进晶体基质了，而晶体基质则包覆着产品。尽管整个过程与阳极氧化类似，但是它在使用更少的污染环境的碱性电解质的同时能够产生厚得多也硬得多的涂层。

– 典型应用

Keronite® 具有优异的性能，它对于很多种类的产品都是理想的。它在航天业的卫星硬件上的应用已被证实：欧洲太空总署开展了热冲击试验，将 Keronite® 交替地浸入沸水和液氮中以模拟太空的环境。

它在建筑领域的优点也已开始被注意到。薄层的 Keronite® 使得铝合金更稳定并且更适于用作建筑材料。上图是出自 RockShox 的一个 "启示录世界杯 2011" 上展示的可调节的自行车前叉。

– 可持续问题

该工艺中用到的电解质不含危害环境的物质，所以可以不经处理直接排放。Keronite® 的回收率是百分之百。

– 更多信息

www.powdertech.co.uk
www.keronite.com

粉末涂层

粉末涂层是一个完全干燥的工艺。涂层来源于精细研磨的树脂、色素粒子和其他原材料的组合，随后将涂层用于物体表面。比传统的涂层韧性要好，可以喷得很厚且不会流挂。该工艺可选择使用热塑性基体或热固性基体材料。在加热的时候，热塑性材料会重新熔化，而热固态材料的状态一旦设置好就不会改变。

粉末涂层常采用喷涂方式，使用静电使得覆层与基体相结合。物体首先是电接地的，随后用喷枪进行喷涂，使得粉末通过电极给粒子充电，静电荷可以保证形成均匀的一层粉末。在此之后，将物体放置于炉子中，粉末颗粒在其中熔化并融合形成连续的表面。

– 典型应用

粉末涂层的韧性和稳定性使得它适合于一些要求较高的领域，比如自行车架和汽车部件，刮擦或者天气不好对喷涂会造成影响。

由于基体需要接地，所以粉末涂层最初只适合于导电材料，比如金属。但是，有很多方法可以绕过这个问题，所以现在也有可能涂覆其他材料，比如玻璃和 MDF。

– 可持续问题

该工艺不会排放任何有害的有机物（VOCs）到空气中去。此外，未被使用的或者喷涂多余的粉末可以被恢复并重新使用。

– 更多信息

www.dt-powdercoating.co.uk

磷酸盐涂层

该工艺在20世纪末初步发展，现今还在普遍使用，一般用作一种增强铁或钢零件性能的方法。这层涂层的作用有点像金属的底漆，在其上还可喷涂其他涂层以抵挡腐蚀和磨损。

与许多其他的精整工艺一样，这个工艺需要对于待涂物体表面进行清理。根据物体的形状和大小，它会被放置于架子或者篮子中并浸入溶液，随后一种细小的磷酸盐晶体会在物体的整个表面形成。

用到的磷酸盐有三种。磷酸锌给涂覆提供了一个高质量的基底，并具有极高的抗蚀性；磷酸铁则形成一种用于连接其他材料的优质表面；磷酸镁的吸油能力很强并且耐蚀性也很好。

– 典型应用

磷酸盐涂层用于延长很多领域的机械件的使用寿命并最小化它们的维持费用，相关领域包括汽车、航空和其他重工业。它们与矫形植入物和牙科植入物具有很好的生物相容性，从而减小了生物体排异的风险。

– 可持续问题

磷酸盐涂层工艺涉及有害物质的使用。但是，涂层的耐蚀性和防锈保护非常好，可能大大延长产品的使用寿命。

– 更多信息

www.csprocessing.co.uk

热喷涂

这是一项能够延长产品的使用寿命、提高性能的非常有效的方法。尽管热喷涂分为四种，但基本原理非常接近：粉末或者线材通过喷枪送进，加热直至熔化或软化，随后喷射到基体上。热喷涂可以在大面积的区域上形成厚的涂层，而涂层的密度取决于所用的材料。

不同的工艺形式分别为：火焰喷涂、电弧喷涂、等离子喷涂和高速氧燃气火焰喷涂。每一项用到的材料都适合于多种应用领域。为了抵抗大气腐蚀，热喷涂是电镀或者涂覆的一个很好的替代方案，而且具有环境危害小的优点。

– 典型应用

热喷涂已被成功应用于外科手术刀的电绝缘和提高自行车制动性能等。

由于成本高，它主要用于航空、汽车和生物医药行业，以及印刷、电子和食品加工设备。

– 可持续问题

不使用有害的有机化合物（VOCs），这使得它十分环保。

– 更多信息

www.twi.co.uk

表面硬化

表面硬化是用来硬化低碳钢的一个简便方法。高碳钢由于碳含量高，可以通过热处理强化；但是低碳钢中的碳含量太低。采用的替代方案是迫使碳进入金属表面以产生表面硬而心部软的低碳钢。

这项工艺首先要加热钢材直至红热。如果只有一个小截面需要硬化，则可以选择部分加热。随后钢材被投入渗碳溶液中，接下来又进行加热并置于冷水中冷却。这项工艺可以重复使用以增加硬化表面的深度和硬度。

– 典型应用

这项工艺有很多应用，几乎适合所有需要承受高压和高冲击的部件。基本上，通过表面硬化处理，可使低碳钢这类易于成形的材料提高硬度与耐久性。处理后的部件难以用锯子切开，轻易也不会破碎。

– 可持续问题

表面硬化不是特别的高效，而且难于回收废料。

高温涂层

Diamonex 是一个薄的但又极耐磨、有钻石外观的涂层。通常，该方法在低于 150℃（300℉）的温度下也能够应用，这意味着 Diamonex 可以用于很大范围的材料，包括塑料。它除了具有优异的耐磨损和抗腐蚀性能，还具有化学惰性，并且硬度高、摩擦因数小。

– 典型应用

这种非常通用的涂层可被用于上至喷气式飞机发动机下至超市的条形码阅读器的几乎所有产品，以实现高韧性、抗腐蚀和小摩擦。Diamonex 也适合于许多医学应用，包括植入物和外科器具。

– 可持续问题

Diamonex 是一种高效的涂覆工艺，不会产生太多的废物。但是涂覆后的产品难以回收再加工。

– 更多信息

www.diamonex.com

厚膜金属化

厚膜金属化技术可以在塑料或者陶瓷表面印刷一层金属。换句话说，它能够在基体表面直接印刷电路，而不需要单独的电路板。涂层可以采用丝印、喷涂和辊涂等方式，或使用激光，这样金属化的图样可以被直接"印刷"到产品表面。

– 典型应用

厚膜金属化最普遍的应用之一是无线射频识别标记（RFID）。这些常被用于船舶业来追踪货物，也被用于无线售票系统，比如伦敦的公共交通 Oyster 卡。但是，它的用武之地远不止如此。目前，新一代的快速原型机械已经包括了厚膜金属化工艺，使得设计师们在这些原型的基础上升级工作流程。

– 可持续问题

由于金属是直接沉积到部件表面的，厚膜金属化只浪费了少量的材料。然而，在回收产品中的塑料的时候，必须先除去表面的金属。

– 更多信息

www.americanberyllia.com
www.cybershieldinc.com

防护涂层

玻璃的表面通常被认为是完全光滑的，但是在显微条件下它也是粗糙的，存在细小的凸起和凹坑，这会使得灰尘黏结到表面上。Diamon-Fusion® 是一类提高玻璃性能并且提供保护的玻璃涂层。涂层与玻璃融合形成防水层，可以提高可见度，也能够增强材料的最大载荷到十倍以上。Diamon-Fusion® 也适合用于陶瓷和大多数硅酸盐基材料，包括瓷和花岗岩。

Diamon-Fusion® 是通过一种称为"化学蒸镀"的工艺流程实现的。首先，待处理表面被清理干净，并用液体催化剂进行涂层。随后，一台特殊的机器释放分子结构变化所需要的特殊化学物质。整个过程发生在一个腔室内，腔室足够大以便容纳大型的产品。只需花费极短的时间就可完成处理，而且玻璃随后就可以用。

– 典型应用

这种涂层技术用途广泛，从浴室器具到汽车挡风玻璃等玻璃和陶瓷等均可使用，其中涂在汽车挡风玻璃上可有效提高可见度以及在糟糕天气下保持洁净的能力。Diamon-Fusion® 也可抵御公路碎石、冰雹、雨以及酸雨和紫外线照射等造成的伤害，而且这类涂层还适合于水下环境。

– 可持续问题

一旦涂层应用于玻璃，它会是化学惰性的而且全然无毒。用来制作 Diamon-Fusion® 的蒸镀工艺也是环境友好的。此外，使用了这类涂层可以减少清洁循环，这对环境有利，而且使用更少的能量。

– 更多信息

www.diamonfusion.com

喷丸

喷丸是一种用于冷成形金属表面以提高强度和整体物理性质的加工工艺。为了弄清楚这个工艺,可以想象霰弹猎枪——喷丸采用许多小的球形粒子轰击金属表面。当粒子轰击表面时,会造成许多坑洞,随着表面以下的金属试图自修复,会产生了一层大应力的压缩层。

表面看来,喷丸与喷砂非常相似,只是并没有用到研磨粒子。这说明在喷丸过程中去除的金属更少,而且在某种情况下喷丸更适合于成形。

在某些情况下,该工艺可以使疲劳寿命提高10倍以上。除了增加强度,喷丸也可预防部分锈蚀,因为处理后的表面难以形成微裂纹。

– 典型应用

喷丸适合于各式各样的应用:从建筑包材到增强的飞行翼,这些部件都希望能有更高的强度。不同于简单的表面涂层,有时候也将这项工艺用于航空工业的成形。此外,这项工艺可以被用于材料经修复后的增强处理。

– 可持续问题

由于喷丸是一种冷作工艺,它比需要加热的表面处理工艺使用更少的能量。不像喷砂那样,喷丸产生的灰尘更少。

– 更多信息

www.wheelabratogroup.com

等离子弧喷涂

等离子态常被称为物质的第四种状态。就像足够低的温度可以使材料凝固那样,许多金属加热到一定程度就会变成等离子态。等离子体与气体十分相似,但是它也具有独特的性质:它能够导电。等离子弧喷涂提供了抵御高温、锈蚀和磨损的保护。它也可被用于填补磨损的材料或者提高材料的导电性。这种涂层能够适应很大一部分的基体材料,而且可以制成不同厚度的涂层。

喷涂材料通常是粉末,需要在喷枪里受热熔化,一旦材料开始熔化,电极和喷嘴之间的气流会驱使材料到达工作表面。当材料轰击表面时,会快速凝固并形成涂层。

– 典型应用

等离子弧喷涂所能提供的高温保护对于航空业至关重要,涡轮发动机的很多部件都是喷涂产品,以便它们能够在极端环境中服役。

等离子弧喷涂非常有效的另一个领域是药物领域。涂层具有生物相容性,这使得植入物和组织之间能够建立很好的连接关系。

– 可持续问题

浪费的喷涂料可以被收集并重新加工,这使得该方法效率很高。

镀锌

镀锌的一个最独特的优点在于它的结构。金属间的作用使得镀层与基体金属融为一体，从而提高韧性并延长金属件的寿命。

这项工艺涉及许多的准备工作，原因在于所要镀锌的部件必须高度清洁。所以部件首先用除油溶剂进行清洁，随后用水进行清洗，再置于酸洗池中除去陈垢。一旦整体都被清理干净，将它置于熔融锌当中，这使得锌和基体金属在整个表面上形成坚韧的不可分离的保护层。最初的反应速率很快，很大一部分的厚度都是这时候形成的。部件通常没入熔融锌 4~5min，如果是更大的产品可能会更久。

- **典型应用**

在建造业中广泛使用镀锌钢件。镀锌钢筋、螺栓、钢锚件、钢条都被用于增强型混凝土，高速公路上的镀锌防撞护栏也是利用了镀锌工艺提供的增强的耐久度和韧性的特点。

- **可持续问题**

镀锌涉及一些相当有害的化学物质和酸的使用，但是如果管理得当，这项工艺并不会造成严重的环保问题。

- **更多信息**

www.wedge-galv.co.uk

去毛刺

从切边到钻孔的所有机械加工工艺都会不可避免地在金属上产生不整齐、锋利的边缘，这在工业上叫作毛边，去毛刺就是用来去除毛边的工艺。有许多方式可以用来去除毛刺，取决于所用的金属和产品的形状。最普遍的是用一个转动筒，将部件和许多小金属片一同放置在筒内。随后机器一直转动，直到所有的锋利边缘都被磨平。该工艺也可清洁、软化尖角，有时甚至提高产品强度。

- **典型应用**

去毛刺工艺是航空业中零件制造的非常关键性的步骤。比如，用于涡轮发动机的部件在使用时将会遭受极高压和极高温，这意味着它的所有的边缘都必须是光滑的，且有较大的圆角半径。这是一项相对简单的金属件的后清洁工艺。

- **可持续问题**

自动化的修边机耗能巨大。

- **更多信息**

www.midlanffeburrandfinish.co.uk

化学抛光

（又名电解抛光）

许多用于电子设备的器件都需要有极高的几何精度和表面精度。化学抛光实现了制造业中的高精度，可达到表面光滑几乎无微观特征，而表面和结构损伤最小化。

该工艺是将部件暴露到一个酸洗池中进行精确控制的化学溶解。酸会优先腐蚀不平整的表面，使得它们比平整表面溶解更快，从而实现完美的光滑表面。如果你熟悉电镀，将电解抛光视作电镀的反过程，这里金属离子是从表面移除而非添加到表面。

– 典型应用

化学抛光被用于高精度的产品，比如电子元件、珠宝、医用设备、剃刀片和钢笔等。

– 可持续问题

所用的化学物质具有腐蚀性但却是可控的，而且多余的材料可以被回收。

– 更多信息

www.logitech.com
www.electropolish.com
www.delstar.com

金属蒸镀

金属蒸镀可能不是一种广为人知的表面处理工艺，但是它已经快速地成为一种生产镜子的最普遍方法。它能够实现明亮的、有反射性的金属涂层，非常高效地涂覆到一系列的基体材料上，比如塑料。金属蒸镀在某些领域还能被用作电镀的替代方案，可包覆一个表面的某些部分并使得其余部分不包覆。

将待处理部件用夹具固定，先涂一层黏性基体涂层以提高金属蒸镀效果并使得涂层耐久。基体涂层在炉子里加热，随后部件被放置在真空室里，蒸发的铝（也有用镍或铬的，不过较少）在部件的整个表面形成一个均匀的层。有时候也会在表层采用一层保护性的涂层。

– 典型应用

因为金属蒸镀后的部件能够抵挡水的腐蚀，所以这项工艺可以被用于许多汽车部件，包括反光镜、门把手和车窗。厨房和浴室用具也常使用这种工艺，另外还有金属光泽的聚会用的氦气球。

金属蒸镀也能用于给塑料增加一个导电的金属涂层。包装业也是一个重要的应用领域，比如从一包土豆片中你就可以看到塑性薄膜上会有金属涂层。

– 可持续问题

金属蒸镀相比于有类似功能的方法（如电镀）更加环保，因为它更加干净而且不产生有害物质。

– 更多信息

www.apmetalising.co.uk

汽蒸

该工艺用于将照片图像或者其他图形印于不同的基体上。在基体材料用一层聚氨酯涂覆，随后在高达200℃（390℉）的加热温度下使用丝印或者胶印进行印刷。加热导致油墨和聚氨酯熔化，形成非常耐用、抗刮擦的表面。

由于该工艺制造的表面具有很好的韧性，且可以涂覆的材料范围较广（包括塑料、金属、玻璃和中密度纤维板MDF等），因而它非常实用。而且适合用于从建筑内外装饰、交通和户外广告以及其他各种各样的消费品。

– 典型应用

汽蒸工艺非常适合于高要求的建筑应用，比如浴室和厨房，以及建筑外围，因为它能够防紫外线、耐磨、耐洗擦。它也适合于一些难维护的区域，比如公共交通工具、站台和运动场等。

– 可持续问题

用这种工艺制造的表面不能被回收，但由于涂覆后的产品具有较好的韧性和耐久度，因而会减少材料的使用、维护和替代问题。

– 更多信息

www.decall.nl

酸洗

这里所说酸洗并不是一种腌制食物的方法，而是一种用来清洁不同金属表面的方法。从切割到焊接的几乎所有加工工艺都会留下氧化造成的残留物，使得金属变灰暗。在添加任何涂层之前，必须要去除这些残留物。这个工作通常可由酸洗完成。

将金属件浸没于清洁剂池中并加热，这需要花费少到几分钟多到几个小时。在这之后金属将会被移出并清洗。对于大的部件，可以采用化学物质喷洒或者用刷子来涂抹特定部位。

通过提高耐蚀性，酸洗显著延长了产品的生命周期并提高了其服役性能。使用的清洁物质取决于要处理的金属类型，包括可以去除表面极薄层和任何氧化垢的酸液。

– 典型应用

酸洗常被用于珠宝的清洁。其金属（通常包括铜、银、金等合金）的表面质量非常重要，其上经焊接或者熔融后的任何氧化垢都应该被去除。如果可能，也可以买一个酸洗锅自己在家里处理。

– 可持续问题

酸洗产生的废物会有危害，但是废液可以被重新处理并提供给肥料厂，也可以被回收并用于钢材制造。

– 更多信息

www.anapol.co.uk

不粘涂料（有机）

Xylan® 是一类基于植物细胞的可以提高材料性质和可用性的含氟聚合物涂料。像 PTFE（更为人所知的名字是"特氟龙"）一样，Xylan® 也用于不粘表面；两者的区别在于部分表面 PTFE 无效，而 Xylan® 则效果很好。

首先将待涂部件脱脂并清洁，以便涂层可以有效黏结。随后采用喷雾的形式进行涂覆，其中含有含氟聚合物。而后将产品置于加热炉内，Xylan® 融合并形成薄层。涂层厚度取决于要用的涂层层数。

– 典型应用

Xylan® 具有增强多类产品使用寿命和表现力的特性，因而它非常适合用于汽车行业。铝由于重量轻而在汽车上得到广泛应用，但是铝的耐用性相对不高。喷涂 Xylan® 后，铝的抗磨损能力提高，并能够抵抗热、油和摩擦等环境因素。

– 可持续问题

产品的寿命和表现显著增加，这减少了原材料的使用。

– 更多信息

www.ashton-moore.co.uk

不粘涂料（无机）

特氟龙（Teflon®）是一个广为应用的品牌。这类塑料材料的学名比较拗口——聚四氟乙烯（polytetrafluoroethylene），简写成 PTFE，所以我们应该感谢杜邦的工程师们想出了这样一个顺口的品牌名字。

运用传统的塑料成型的方式加工这种材料极其困难，这也是特氟龙几乎总是被用作涂料的原因。这项工艺须先往基体上喷射特氟龙材料，然后在炉子中加热后涂层与基体融合。在炉子中特氟龙形成了一个具有韧性的均一表面，并具有超凡的特性：出色的自润滑和不黏结特性，以及化学惰性和耐热性。其他非特氟龙不粘材料包括 Xylan®。

– 典型应用

特氟龙最为人知的应用是喷涂在炊具上，但是这类涂层也被广泛应用于防雨服上，比如 GoreTex®。它也被用于医疗设备，它的耐热和化学惰性能够帮助实现真正的清洁无菌。

– 可持续问题

特氟龙，尤其是它的一种成分 PFOA 常被提到对于环境有潜在威胁。值得注意的是杜邦已经将 PFOA 从特氟龙的生产过程中去除了，而且美国环境保护机构并不反对日常使用不粘炊具和 PTFE 涂层的全天候服装。

– 更多信息

www.dupont.com

装饰与功能

镀铬

镀铬通常被用于需要特别的抗腐蚀、耐磨损的物体表面。有两种典型的镀铬方法：最普遍的是薄的、装饰性的、明亮的镀铬，应用范围非常广泛；另一种是镀硬铬，它更厚并且常用在工业设备中以降低摩擦和磨损。

为了获得光滑、平整的表面，零件必须要被彻底地清洁抛光。随后通电并浸入同样通电的含铬溶液中。电荷在零件表面和溶液之间形成一种吸引，这会在零件的整个表面产生一层均匀的涂层。

– 典型应用

镀铬具有出色的抗腐蚀性能，在汽车行业成为主流工艺，用来处理保险杠、把手和镜子等。

浴室设备是镀铬的另一个重要应用领域，镀铬件可在潮湿的状况下服役。它也被用于纯装饰领域，比如 Ron Arad 设计的 Pizza Kobra 灯。

– 可持续问题

铬难于回收，而且它的一些化合物有毒并且危害环境。尽管镀铬产品的生产会排放有害物质，但是这种工艺自 1970 年以来已经改善了很多，越来越适应环保要求。

– 更多信息

www.advanceplating.com

阳极氧化

这项工艺最有意思的特点之一在于它是生长自铝的保护层，并使得金属内原有的氧化物变韧变厚。首先，待氧化部件应被彻底清洁，随后浸入到含硫溶液中。通以电流并翻转部件使形成氧化铝层。涂层的厚度和硬度取决于电流强度、溶液温度和部件浸入溶液的时间。根据要求是生产还是装饰，有多种多样的阳极氧化形式可供选择。尽管铝是阳极氧化主要的金属，但钛和镁也可以实现阳极氧化。把铝、钛、镁这三种金属看成三剑客好了。

– 典型应用

苹果的 iPod Mini 和 iPod Shuffle 使用阳极氧化来为铝合金外壳创造一个韧性的保护层，并且提供了一系列诱人的色彩。另一个设计是 Maglite® 手电筒（见第 18 页），它使用了阳极氧化来诠释工业美学。铝合金的质轻和阳极氧化的耐久性、耐蚀性的结合，非常适合这一类的应用。

– 可持续问题

比其他许多表面处理工艺更加环保，排放的污染物较少。阳极氧化表面是无毒的，而且用过的化学槽常可以被回收再利用。

– 更多信息

www.anodizing.org

收缩性薄膜包装

收缩性薄膜包装在大量产品上用作保护层来满足日常需求。包覆套是用薄的塑料膜制得,一旦受热,它会急剧皱缩并包覆产品。由于膜的加工制造工艺,分子无序排列,这样皱缩才会发生。薄膜受热使得分子重排来减小薄膜尺寸。收缩性薄膜覆套对于不同厚度、不同透明度、不同强度和不同皱缩比例的情况都适用。包覆套可以设计从一个方向(单向)或者两个方向(双向)发生皱缩。

薄膜上可以直接印刷品牌或者其他图案,这比在包装上印刷要容易得多。

– 典型应用

收缩性薄膜包装普遍用于多种类型产品的外包装,包括饮料罐和饮料瓶、CD和DVD、纸箱、书本或者甚至整个托盘货物,也可被用作像奶酪、肉等食物的基础包装。

– 可持续问题

收缩性薄膜包装可以与其他塑料一起回收。

浸涂

浸涂与浸塑有点像,但是它们之间有一个最大的区别:用浸塑生产的塑料件是要移除模具的,而用浸涂的方法会在其他材料(常为金属)制成的物体表面产生一个永久的塑料层。浸涂提供了一个非常稳定并具有保护性的装饰涂层,而且符合人体工程学,可用于提高把手等产品的抓持性能。

从工艺上,首先对待涂零件进行加热,然后将它置于一个容器内并从其上各个方向鼓入塑料粉末以形成均匀的一层。零件上的热量使得塑料开始熔化并黏结到表面。浸涂件随后回炉重新加热,直至塑料层完全光滑。接下来零件可以被取出干燥。

– 典型应用

浸涂适用于制造钳子、大剪刀等工具的抓持端,因为塑料能够提供比金属体更软也更舒服的抓持感受。其他应用包括户外家具、汽车塑料夹和健身设备等。

– 可持续问题

如果把大量的产品同时浸涂的话,它在长时间生产过程会更节省能量。

– 更多信息

www.omnikote.co.uk

陶瓷上釉

由于陶瓷材料多孔，很多基于它们的产品如果不上釉的话无法盛装液体。釉使得陶瓷表面类似于玻璃，而且是不渗透的，还可以保护其下的表面装饰。

为了上釉，使用喷枪将干粉涂遍陶瓷件，或者将陶瓷件浸入粉末中。随后陶瓷件在窑中加热，这时粉末软化并在瓷器表面流动。陶瓷和粉末之间的作用产生了很强的键合。值得一提的是，尽管如此，产品中与窑接触的部分必须没有釉，不然的话产品将会与烧窑粘死——如果你曾好奇过为什么茶杯的底座与其他部分纹理不一样，就是这个原因。

– 典型应用

陶瓷上釉在众多陶瓷产品上已经被使用了数千年，至少在餐具、花盆、储存容器及其他部件上还有广泛应用。

– 可持续问题

釉通过产生一个高强、耐用、防水的涂层，显著延长了陶瓷产品的使用寿命。主要的环境问题是在烧制过程中需要大量的热。

– 更多信息

http://glasstechnologys.com/

搪瓷

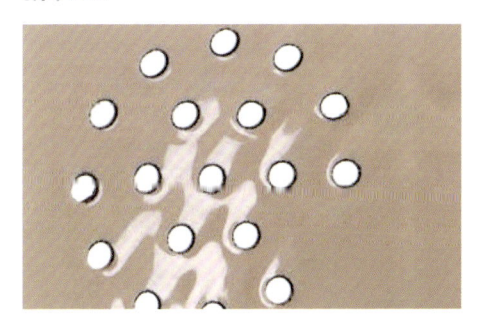

搪瓷由于其装饰效果和保护作用已被使用了数千年。它本质上是一个使用热来熔化一薄层玻璃粉末到金属表面的成熟工艺。使用不同的矿物质，可以生产出不同的颜色。

需要搪瓷的金属表面首先雕刻出所需要的图案或形状，随后将粉末状的玻璃小心地倒入雕刻后的槽内，接下来将物体放入烧窑内烧制。粉末状玻璃受热熔化，产生的液体在形状内均匀流动。当零件冷却，搪瓷也变硬而形成坚硬、光滑的玻璃表面。

– 典型应用

搪瓷耐热耐磨损，所以常被用作日常用具，比如厨房的炉灶面、炖锅和洗衣机滚筒。

由于涂层防水并且数百年颜色不变，搪瓷适合户标牌或者其他图案——比如英国伦敦地铁著名的车站标记和地图。

– 可持续问题

搪瓷产品极其耐用，而且最初鲜艳的色彩即使是数百年后看也还是鲜艳如初。主要的环境问题是在烧制过程中使用了大量的热。

– 更多信息

www.kingfisherenamelling.com

9：

连接

材料和部件的连接通常是制造过程中不常考虑的一个因素。然而，为了材料的回收再利用，零件的拆解变得愈发重要，相关的连接技术也越来越受到重视。本章介绍了一些用于平面和三维组件连接的常见方法和极具创新性的解决方案，包括采用高压熔合不同的金属（金属包覆）、玻璃的隐形接头（UV粘合），甚至是利用声音将材料熔合（超声波焊接）在内的各类技术。此外，还包括一种利用振动连接木材的创新方法。

296	金属包覆	301	等离子表面处理
	UV粘合		塑料和金属的纳米粘合
297	高频(HF)焊接	302	激光焊
	超声波焊接		热塑性焊接
298	点焊	303	搅拌摩擦焊
	气焊		摩擦点焊
299	电弧焊	304	黏合剂粘合
	氩弧焊		
300	钎焊	305	纺织品连接技术
	摩擦焊(线性和旋转)		组装

连接方法

	连接类型	可逆性	连接不同类型材料
连接方法			
金属包覆	平面		*
UV 粘合	三维		*
高频 (HF) 焊接	平面		
超声波焊接	平面	*	
点焊	平面		
气焊	三维		
电弧焊	三维		
氩弧焊			
钎焊	三维	*	
摩擦焊（线性和旋转）	平面		*
等离子表面处理	板材 / 三维	*	*
塑料和金属的纳米粘合	三维		*
激光焊	三维		
热塑性焊接	平面 / 三维	*	
搅拌摩擦焊		不完全	
摩擦点焊		不完全	*
黏合剂粘合	三维 / 平面	*	*
纺织品连接技术			
缝合	平面	*	*
熔接	平面		
超声波焊接	平面		*
热密封	平面		*
传热层压	平面		*
组装			
压接	三维	*	*
悬臂卡扣	三维	*	*
环形卡扣	三维	*	*
卡扣式铰链枢轴	三维	*	*

连接——连接方法 295

塑料	金属	大理石	玻璃	木材	纺织品
	*				
*	*	*	*		
*					
*	*				
	*				
	*				
	*				
	*				
*	*				
*	*	*	*		
*	*				
*	*				
热塑性					
	*				
	*				
*	*	*	*		
				*	*
					*
			*		*
					*
			*		
*					
*					
*					
*					

金属包覆

不需要加热，不需要黏合剂——只需要施加巨大的压力，就可以将不同的金属压成永久结合的状态。

在结合过程开始之前，金属的表面必须加以清洁，这样就不会有污染物干扰材料原子间的接触。金属清洗完后，会被送入高压轧机，并压合在一起。

– 材料

金属包覆技术能用于连接纯铜、黄铜、青铜、钢和铝等材料。常用的涂层有金、钯、铂、银及其合金。然而，非贵金属，如镍、锡、铅、铝、铜、钛和不锈钢也可用作涂层。之所以选择这些材料，是为了提高焊接能力、焊接性以及导电性。

– 典型应用

金属包覆常用于电气、电子、汽车、电信、半导体和家电等行业。主要用途之一是将导热材料与装饰材料结合起来制成散热片。

– 更多信息

www.materion.com

UV 粘合

使用这种方法一般出于两个原因。第一，当你想确保获得一个极其牢固的连接；第二，获得一个完全透明的连接。该工艺涉及单组分黏合剂，通过紫外光激活达到固化效果。根据专家的说法，UV 粘合的粘结处比它所粘合的材料更牢固。由于表面需要暴露在紫外光下，因此它最适用于透明材料，该方法也因此成为粘合玻璃表面的最有效方法之一。此外，黏合剂不会随时间的推移而发黄或降解。UV 固化的时间从 5s 到几分钟不等，具体取决于所使用的 UV 光谱、材料和黏合剂。

– 材料

除玻璃，金属、木材和大理石都可以用此法粘合，只要其中一种材料是透明的即可。

– 典型应用

这是迄今为止最清洁，且最牢固的粘合玻璃的方式。因此该技术被用来建造玻璃家具和玻璃展柜，同时也用于光学工业和医疗技术领域。

– 更多信息

http://na.henkel-adhesives.com/uv-cure-adhesiive-14962.htm

高频（HF）焊接

高频（HF）焊接也被称为射频（RF）焊接，该过程不使用任何胶水或机械固定装置，而是通过电磁场提供高频能量，结合压力来连接材料。这种方法通常用于塑料的连接。在连接过程中，电极提供的能量使材料中的分子振动生热，导致材料软化、进而熔合形成自锁连接。整个过程会产生热量，但没有引入外部热源。

– 材料

PVC 和 PU 是最常用来连接的热塑性塑料，因为高频焊接只能用于那些在交变电场作用下会产生分子振动的材料。当然，该技术也可以焊接其他聚合物，包括聚酰胺、EVA、PET 和一些 ABS 塑料。

– 典型应用

该技术用于张力结构、液罐、水床和软膜天花吊顶等终端产品。充气产品，例如沙滩球、小艇、充气城堡等，是其最大的应用市场。

– 更多信息

https://www.afpt.com/resource-center/rf-high-frequency-welding/

超声波焊接

超声波焊接，顾名思义，是一种使用高频声音造成材料振动，将两材料表面连接在一起而不需要胶的连接工艺。虽然这种方法与使用电磁射频能量的高频焊接有所不同，但两种方法都须施加压力到连接物上。这是一个高速的过程，可以形成密封接头。

– 材料

该技术可用于硬塑料和软塑料，如半晶体塑料，还可以用于焊接金属，如有色软金属及其合金（铝、纯铜、黄铜、银和金）以及连接金属，如钛和镍。

超声波焊接也适用于连接不同的材料，如塑料和金属。

– 典型应用

该技术可应用于不同行业，如汽车零部件组装、医疗器械、食品包装密封以及各种跑鞋零件。面向纺织品，它可用于服装无缝接缝，避免因使用黏合剂导致服装肥大。

– 更多信息

https://app.aws.org/wj/2001/01/features/

点焊

点焊是最简单的焊接形式之一,无论是在教学工厂还是大型工厂,都会采用这种方式来连接板材。点焊是一个非常简单的过程,通过生成一个小的熔接点将金属板重叠在一起。该工艺使用两个小铜电极,将焊缝集中到单个点上。当板料被压在一起时,大电流通过电极,使金属熔合在一起。电流须根据金属的类型和厚度来确定。不同于其他焊接技术,点焊不需要焊剂,因此相对清洁。但是,点焊会在表面留下可见的斑点。

– 材料

该技术通常用于焊接特定类型的金属板或金属丝网。对于具有高导热性和导电性的铝合金和金属,需要使用大的焊接电流。

– 典型应用

汽车生产是点焊最常见的应用场景之一。电影中经常有机器人在装配线上实施焊接的场景。

– 更多信息

https://ewi.org/resistance-spot-welding/

气焊

对于重工业,氧乙炔气焊是最常见的金属焊接工艺之一。它通常用于黑色金属和钛,该工艺会将氧气和乙炔在喷嘴中相混合,点燃时会产生约3500℃的高温火焰。气体混合物会对金属进行预热,随后高纯度氧气被注入火焰中心,使得金属迅速熔化。该工艺最适合于厚的材料和大型结构,厚度低于8mm的薄板金属可能会发生工艺变形和高温变形。

– 材料

通常用于黑色金属和钛。

– 典型应用

重工业,包括建筑、造船和机器部件。

– 更多信息

www.twi-global.com/technical-knowledge

电弧焊

想象一下在工厂或建筑工地里戴着防护面罩的工人师傅，以及那种火花四溅的场景，你就会对这种焊接有初步的认识。电弧焊常用于重工业，利用电流来加热金属，直至其熔化，进而实现金属的连接。它之所以被称为电弧焊，是因为在电极、棒或线与基材之间会产生电弧，使金属熔化。其中一个电极连接到电池的 +/- 端子，随后将工件用鳄鱼夹夹住，连到另一个 +/- 端子。电极棒沿着待连接工件的边缘移动。电极不仅用于导电，还会用作填料。当金属达到一定高温时，它们会与空气中的元素发生反应，从而影响接头的强度。许多电弧焊工艺会采用气体保护罩覆盖电弧和熔融金属池的方式来避免接头强度受到影响。与其他金属焊接方法一样，电弧焊可以在水下进行。

– 材料

电弧焊可用于钢、铝合金和铁等材料，但它不适合薄壁金属。

– 典型应用

汽车领域，以及在建筑行业中的大量应用，包括用于修理船舶、石油钻井平台和管道的水下结构。

– 更多信息

www.bakersgas.com/weldmyworld/2011/02/13/understanding-arc-welding

氩弧焊

氩弧焊（TIG 焊）不同于电弧焊，但同样通过电流生热来连接金属。该技术使用钨电极棒来产生电流，焊接区用保护气体保护。与电弧焊相比，该工艺对焊工的要求更严格，因而所建立的连接更牢固、精确。但这依然是一个手工焊接的过程，一手电极，一手气体喷嘴。

该工艺的一种变体是等离子弧焊。与电弧焊一样，在钨电极和工件之间会形成电弧。电极位于割炬的主体内，将等离子弧与保护气体隔开，等离子体会被迫通过细孔铜喷嘴。

– 材料

TIG 焊通常用于铜、镁等有色金属，以及不锈钢薄壁型材的焊接。

– 典型应用

TIG 焊可应用于所有工业领域，尤其适用于高质量焊接。

– 更多信息

www.twi-global.com/technical-knowledge

钎焊

（包括银焊和铜焊）

钎焊是一种古老的用于连接金属的工艺。有证据表明，早在5000年前人类就开始使用这门技术。钎焊过程涉及三样物件，即焊料、热源和助焊剂。钎焊与其他形式的金属连接技术的最显著差别是，在焊接过程中需要连接的材料不会熔化，取而代之的是一种被称为焊料的填充物，它会在较低的温度下熔化，在两种金属之间形成粘合。根据情况的不同，会使用不同类型的焊料。由于焊料的熔点较低，通过简单加热便可以使焊料熔化，所以焊接过程是可逆的。在连接区会使用助焊剂，以解决金属表面杂质问题。不使用助焊剂的话，会使得连接不牢固。助焊剂有助于增强焊接处焊料的流动。

铜焊与钎焊类似，但不同于钎焊使用低熔点的焊料作为填充物，而是使用更高的温度以使连接更加牢固，其过程是不可逆转的。由于要用较高的温度，铜焊通常需要用火焰生热，而不是钎焊所使用的小型手持熨斗。

– 材料

银焊常用于珠宝首饰中贵金属（如金、黄铜、银和纯铜）的焊接。

– 典型应用

钎焊在许多方面有所应用，如电子领域的PCB组装，以及用于珠宝加工的银焊。该技术也用于管道连接。

– 更多信息

www.copper.org/applications/plumbing/techcorner/soldering_brazing_explained.html

摩擦焊（线性和旋转）

摩擦焊是通过摩擦生热使材料连接的工艺，热量是由两个表面一起高速旋转或线性摩擦而来。旋转摩擦焊是在车床、钻床或铣床上通过旋转一个零件来实现的，转速可以高达16000r/min。无论是线性摩擦焊还是旋转摩擦焊，其中一个待连接工件须加以固定，同时将另一个工件旋转并加压，产生大量摩擦热，使两个工件熔为一体。取决于每种材料的力学性能，上述焊接过程将持续进行，直到工件之间的摩擦热达到足以焊接零件的水平。这种类型的焊接是一种易于组装的永久连接，设备成本较低，且可立即组装。焊接过程不需要固化时间，也不需要额外材料。

– 材料

该工艺常用于金属和大多数热塑性塑料，也适用于焊接不同材料。

– 典型应用

摩擦焊广泛应用于航空和汽车领域，用来焊接金属和热塑性塑料。

– 更多信息

www.weldguru.com/friction-weld

等离子表面处理

等离子表面处理的一个核心优势在于它能使通常不相容的材料表面实现粘合，以及为新的材料表面结合创造条件。

等离子处理是一种对表面进行深度清洗前处理的方法，它可以改变表面的反应性，以提高附着力，并在相似和不相似的材料之间实现永久的粘合。表面处理也可以提高材料的可印刷性，为使用更亮、更耐刮擦的装饰创造条件。表面在等离子喷流下暴露几秒钟，经处理后可使用最常见的油漆、溶剂、天然水基或现代无溶剂UV黏合剂进行粘合。

– 材料

大气压等离子预处理是一种最有效的表面处理技术，用于塑料、金属（如铝）或玻璃等材料的清洗、活化或涂层。

– 典型应用

广泛应用于各种行业，如包装、印刷、消费电子产品疏水性表面，以粘合原本很难粘合的材料。

更多信息

www.plasmatreat.com

塑料和金属的纳米粘合

这是一个相当独特的工艺，最近才由一家日本公司开发出来，而本节中的许多其他方法都是常用的。众所周知，注塑装配技术的发展是为了在注塑成型过程中实现不同塑料与铝的模内结合。其内在的科学原理，是基于纳米技术在铝表面压痕，从而对树脂起到锚一样的作用。纳米表面是通过将铝浸在溶液中来实现的，表面会由板状结构转变为多孔结构。随后，将金属板坯放入模具并注入树脂。由此产生的结合非常牢固，接头强度与材料基体相当。除通过减少组装时间来降低成本外，它还能改善性能，实现一些其他方法无法适用的材料组合之间的连接。

材料

目前，该技术仅适用于铝和树脂（如PBT和PPS）。

– 典型应用

移动产品（如PDAs和计算机）、自行车、汽车应用，甚至是用于架构的大规模组件。该技术还可提供柔软的质地，这对吸收冲击能和防滑很有用。

– 更多信息

www.taiseiplas.com/e

激光焊

激光焊是一种利用精密激光快速加热被连接材料表面的工艺。虽然被连接材料的表面各有不同,但这一工艺既可以用于金属,也可以用于塑料。在塑料激光焊中,其中一个被连接表面需要被激光透过,不过这并不意味着它必须是透明的。激光穿过这个表面,在撞击第二个要连接的表面时产生热能,从而将两部分熔合在一起。由于大多数塑料都能被激光穿透,所以底层通常需要特殊塑料或添加剂来吸收激光,这样才能产生热量。整个工艺非常精密,能实现气密性良好的连接。

尽管会产生火花,但与其他焊接方法(如电弧焊)相比,它不需要导电性材料。它的装置成本通常会比较高。塑料激光焊工艺在小型复杂薄壁塑料零件中的应用效果非常好。

– 材料

激光焊可用于大多数的铝、钢和钛。大多数具有相近熔融温度的透明和不透明热塑性塑料也适用。

在特定情况下,可以在金属和塑料之间形成混合接头,但在这种情况下,金属不会熔化。

– 典型应用

激光焊可用于许多行业,从车体焊接到医疗技术中的精细焊接,以及珠宝和电子行业的精密焊接。

– 更多信息

www.weldguru.com/laser-welding/#metals

热塑性焊接

本质上是用类似热烙铁的工具重新熔化热塑性塑料,并使它们熔合。这种工艺仅限于具有相近熔融温度的材料。

开始焊接过程前,需要将热塑性材料的表面加热至熔点,然后将材料压在一起,直到冷却下来,这样就能实现两部分材料的分子间结合。

– 材料

最常用的是 PP、PE 和 PVC。

– 典型应用

包装行业是热塑性焊接的典型应用领域,在各种应用中使用 PP 涂层织物。其他应用包括帐篷、横幅、标志和管道。

– 更多信息

www.weldmaster.com/materials/thermo-plastic-welding

搅拌摩擦焊

搅拌摩擦焊（FSW）是一种固态连接工艺，不需要熔合或填充材料。将一个旋转的 FSW 工具插入两块夹紧的板之间，工具与材料间的摩擦导致生热。工具沿着连接线移动，就可以将两块金属混合在一起。这种方法可用于铝这类难焊接材料，且能实现高品质焊接。

– 材料

难焊接材料，如铝。

– 典型应用

该工艺被应用于多种工业领域，如计算机、机器人和制造领域。它正成为交通工具（如船、火车和飞机）轻量化结构制造的首选工艺。

– 更多信息

www.twi-global.com

摩擦点焊

跟搅拌摩擦焊一样，摩擦点焊也是一种不需要任何填充材料的技术。这一工艺是通过使用旋转的圆柱工具对金属板材施加压力来完成的。对于摩擦点焊，工具始终保持在一个点上。

该技术过程是，圆柱工具旋转，同时推向上板表面。摩擦作用使得材料升温，但不足以使其熔化。工具前端的搅拌头会进入软金属，但不会穿透底层板料。工具继续旋转，搅拌头则会被拉回，使得材料搅拌在一起。当材料混合在一起后，将工具从板材中取出。整个过程大约持续两秒，具体时长取决于具体材料。

– 材料

该工艺适合于焊接异种材料，包括钢、铝合金或厚度不均匀的涂层材料。目前轻质合金（铝和镁）与热塑性塑料以及复合材料的连接工艺尚在研究中。

– 典型应用

宝马、大众和奥迪等汽车制造商一直在考虑在未来汽车中使用聚合物和复合材料，以此来达到减重和减少油耗的目的。为实现如此差异化材料的连接，需要用到新的连接技术。这项技术也被用于飞机结构的连接。

– 更多信息

www.assemblymag.com/articles/93337-friction-stir-spot-welding

黏合剂粘合

尽管它种类繁多，且方法简单，但如果没有粘合工艺，本节关于连接方法的介绍显然不够完整。粘合可以是永久性的，也可以是暂时性的。在某些情况下，还可以重复使用。粘合需要用到一种聚合物黏合剂，经由化学或物理反应形成接头。取决于待连接的材料，表面可能需要通过研磨或化学溶剂进行预处理。根据使用环境的不同，胶水可能会随时间的推移而降解。与其他连接方法相比，其另外一个缺点是，粘合失效通常瞬间发生，而非逐渐失效。

– 材料

任何材料都可以进行粘合。主要考虑的因素有：粘合持续时间、粘合强度以及粘合的外部环境，如高温、水下、化学品等。

– 典型应用

应用非常广泛，大至将建筑物和飞机粘在一起，小至把一张纸粘在教室墙上。

– 更多信息

www.adhesives.org/adhesives-sealants/fastening-bonding/fastening-overview/adhesive-bonding

纺织品连接技术

缝合是通过将细纤维穿过纺织品表面来实现多层织物连接的。许多技术都可用来完成织物的接缝，以防止磨损。尽管这是一种传统的纺织工艺，但最近依然在工业化规模生产中被用于连接木制单板。通过拆线，该工艺在任何情况下都是可逆的。

熔接用于在两个织物之间创建永久性连接。它可用于小型工艺项目，也可用于工业化规模生产。可采用台式压力机进行小批量生产，也可采用带输送机构的压力机实现长距离熔接，进行大批量生产。

超声波焊接也可用于纺织品，详见第297页。

热密封也可用于纺织品，上文已解释过。

传热层压用于在纺织品（如弹性织带）上形成永久性、功能性和装饰性的高品质元素。该工艺也被称为无针缝合或热密封技术。传热层压使用热塑性黏合剂，将其夹在两种织物或薄片材料之间，包括天然纺织品、合成纺织品、PU 甚至皮革。黏合剂在高温下开始熔化，同时在压力作用下形成永久性的粘合。传热层压与传统缝合相比具有显著的优势，包括更好的耐用性、防水性和更高的舒适性。这项技术彻底变革了体育用品制造业，取代了传统的缝合技术。试想一下那些无缝构造的泳装、跑步服装和鞋子。

传热层压不仅适用于胶带生产，还适用于可激光切割各类图形的大型片材。这些图形可为纺织品提供装饰，也可用于突出细节或强化局部区域的控制。

组装

压接利用摩擦力来将两组件固定在一起，一个典型的例子就是乐高积木。乐高积木是由 ABS 材料制成，且具有很高的精度，因而能拼接在一起又容易分开。

悬臂卡扣是最常见的一种组装类型，例如电池的舱盖。连接悬臂卡扣接头时，带有悬臂钩的突出梁在进入孔时会稍微偏离其直线路线；当钩子通过边缘时，梁恢复笔直。

环形卡扣是一种接头类型，这种接头允许笔帽在书写时卡在笔的顶部。另一个例子是药瓶用儿童防护盖。为了使卡扣起作用，其中一个部件必须比另一个部件更灵活。当使用相同材料时，其中一个部件必须更薄，以便更加灵活。

卡扣式铰链枢轴，这是生产枢轴铰链的好方法。单一组件由圆形钉状突出物制成，分成两半。将其插入孔中时，两半会被挤压在一起，随后在松开时发生偏斜，从而将部件固定到位。